山西省关闭煤矿剩余资源潜力评价

齐福辉 张星星 周宝艳 朱炎铭 陈尚斌 著

中国矿业大学出版社
· 徐州 ·

内 容 提 要

本书针对山西省800余座已关闭煤矿开展关闭煤矿的剩余煤炭、煤层气、矿井水、地下空间等资源潜力评价工作，旨在通过摸清关闭煤矿各类剩余资源赋存地质条件及资源家底，为我国关闭废弃矿井资源精准开发利用研究提供基础指导资料，加快山西省关闭废弃煤矿资源的整体规划和开发利用步伐，提高资源的综合利用水平。本书摸清了山西省关闭煤矿剩余煤炭、煤层气、矿井水和地下空间等剩余资源量；剖析了山西省关闭煤矿剩余煤炭、煤层气、矿井水和地下空间资源赋存特征；对关闭煤矿各剩余资源潜力进行了分类分级评价；构建了山西省关闭煤矿资源调查成果数据库。

本书适合从事能源矿产地质工作的科研人员和工程技术人员参阅。

图书在版编目(CIP)数据

山西省关闭煤矿剩余资源潜力评价 / 齐福辉等著.
徐州 ：中国矿业大学出版社，2024. 8. — ISBN 978-7
-5646-6367-4

Ⅰ. TD98

中国国家版本馆CIP数据核字第2024AX7330号

书　　名 山西省关闭煤矿剩余资源潜力评价
著　　者 齐福辉　张星星　周宝艳　朱炎铭　陈尚斌
责任编辑 路露　潘俊成
出版发行 中国矿业大学出版社有限责任公司
（江苏省徐州市解放南路　邮编221008）
营销热线 (0516)83885370　83884103
出版服务 (0516)83995789　83884920
网　　址 http://www.cumtp.com　**E-mail**:cumtpvip@cumtp.com
印　　刷 苏州市古得堡数码印刷有限公司
开　　本 787 mm×1092 mm　1/16　**印张** 14.25　**字数** 365千字
版次印次 2024年8月第1版　2024年8月第1次印刷
定　　价 60.00元
（图书出现印装质量问题，本社负责调换）

前　言

当前山西省部分煤矿已经达到其生命周期末尾或因资源整合、企业破产、无证乱采、去产能等而永久关闭。一般情况下，关闭煤矿的剩余矿产资源仍赋存在原地，资源枯竭的煤矿仍赋存大量的残余煤炭资源，同时还会赋存煤层气、矿井水、地下空间等多种可利用资源。此类关闭煤矿废置不仅造成了资源的巨大浪费，还可能引发安全、环境及社会问题。关闭煤矿的处置是能源环境领域面临的关键问题，影响着资源开发与环境协调发展。

开展关闭煤矿剩余资源潜力分析并对剩余资源进行二次开发利用，不仅能够减少资源浪费、变废为宝，提高关闭煤矿资源开发利用效率，而且可为关闭煤矿企业提供一条转型脱困和可持续发展的战略路径，推动资源枯竭型城市转型发展。一是有利于增强能源保障和供给，大幅度减少安全、环境和社会问题，推动山西省能源革命综合改革；二是有利于加快山西省关闭废弃煤矿资源的整体规划和开发利用步伐，提高资源的综合利用水平；三是关闭煤矿资源是当前研究的重点和热点，项目具有明显的前瞻性、针对性和应用前景，其经济和社会效益十分可观，不仅具有重要的学术价值，而且有着广阔的应用前景。关闭煤矿剩余资源评价和开发利用对促进能源结构调整，保障国家能源安全和经济持续健康发展具有重大意义。

山西省自2005年进行煤炭资源整合和有偿使用，到2020年煤矿企业去产能阶段结束，书中梳理了这15年间共计838座关闭的煤矿资料。通过资料收集、数据分析、地质调查、遥感解译、地质钻探、试验测试等手段，获得了关闭煤矿的主要参数。根据相应的评价方法，计算了剩余的资源量，分析了剩余资源赋存特征、剩余资源潜力以及剩余资源利用前景。

全书由齐福辉、张星星、周宝艳负责撰写，朱炎铭、陈尚斌负责内容设计、修改、统稿、定稿。其中，前言、第1章、第2章、第3章由齐福辉撰写；第4章、第5章、第6章由张星星、周宝艳共同撰写；第7章和参考文献由齐福辉、张星星、周宝艳共同撰写和整理。参加本书撰写和整理工作的人员还有杜玉河、屈晓荣、陈启浩、刘正、狄效斌、李卫兵、宋文龙、石莹、向杰等。

本书撰写过程中得到了宋儒教授级高级工程师、张永东教授级高级工程师、姚强岭教授和王猛教授的帮助，还得到了山西省煤炭地质物探测绘院有限公司、山西省煤炭地质一一四勘查院有限公司相关领导和技术人员的大力支持，在此一并表示感谢。

由于作者水平所限，书中不妥之处在所难免，欢迎读者批评指正。

著　者

二〇二四年二月

目　录

1 绪　论

1.1 研究背景和意义

关闭/废弃煤矿是指受资源整合、资源枯竭及去产能政策等影响，在当前经济技术条件下停止开采的煤矿（任辉等，2018；袁亮等，2018）。关闭煤矿中通常赋存有大量可利用资源，包括剩余煤炭资源、煤层气资源、矿井水资源、地下空间资源和地面资源等（苏育飞等，2020；袁亮等，2021）。关闭煤矿直接废置不仅具有安全、环境隐患，也可导致大量可利用资源浪费。近年来，学者们针对典型关闭煤矿开展了相关能源化、资源化及功能化利用研究，然而，受不同的地质-工程条件限制，关闭煤矿剩余资源赋存、富集具有明显的差异性（谢和平等，2018；袁亮等，2018；刘汉斌等，2019）。因此，厘清关闭煤矿剩余资源赋存条件、特征及潜力对其综合开发利用至关重要。

作为全国重要的煤炭大省和能源基地，山西省含煤地层覆盖面积约 $5.66\times10^4\ km^2$，可采煤层赋存于上石炭统太原组、下二叠统山西组及中侏罗统大同组中，具有 6 大煤田及 17 个国家煤炭规划矿区。2023 年全省规模以上工业企业原煤产量为 13.57 亿吨，居全国首位，近十年来，累计煤炭产量占全国 1/4，为保障国家能源安全做出了重大贡献（郭建军，2022）。山西省煤炭开采历史悠久，在产出大量煤炭资源的同时，形成了数量众多的关闭煤矿，时间跨度长、分布广泛、关闭原因多样；尤其是 2004—2012 年，随着资源整合、落后产能淘汰及兼并重组推进，关闭煤矿数目剧增（主要为年产 30 万吨以下的小煤矿）；2016 年以后，随着化解过剩产能的推进，关闭煤矿数量继续增加（张农等，2019）。

关闭煤矿剩余资源的普查、评价也得到相关政策支持，其中包括《关于贯彻习近平总书记在推动中部地区崛起工作座谈会上重要讲话精神实现高质量发展的意见》、《关于在山西开展能源革命综合改革试点的意见》（厅字〔2019〕40 号）及《山西能源革命综合改革试点行动方案》等文件。本书依托山西省自然资源厅 2020 年度地质勘查基础项目以及铝土矿、煤炭类项目“山西省关闭煤矿剩余煤炭、煤层气、矿井水、地下空间等资源普查”，通过大量关闭煤矿资料收集、整理及相关试验测试工作，基本摸清了山西省关闭煤矿现状以及关闭煤矿剩余资源潜力特征，为下一步剩余资源精准化、综合化利用提供数据支撑。

1.2 山西省关闭煤矿分布

1.2.1 关闭煤矿形成历史

（1）2005—2007 年煤炭资源整合和有偿使用阶段

2005 年 6 月，山西省人民政府出台了《关于推进煤炭企业资源整合有偿使用的意见（试行）》（晋政发〔2005〕20 号），该意见指出，按照“资源整合、关小上大、能力置换、联合改造、淘汰落后、优化结构”的发展思路，全力推进小煤矿资源整合，实施联合改造，实现减少矿点数量、扩大单井规模、优化矿井布局、增强安全保障程度、提升整体开发水平的目的；鼓励和支持国有重点煤炭企业和地方国有骨干煤矿采取收购、兼并、控股、参股等多种形式整合、改造地方乡镇煤矿，组建和发展大型煤炭企业集团。

通过实施资源整合和关闭淘汰模式，在 60 个主要产煤县和 31 个非重点产煤县淘汰年产量 9 万吨以下的矿井，全省煤矿由整合前的 4 389 座，整合保留为 3 026 座（其中单独保留 2 318 座，整合 708 座），共整合压减和关闭淘汰 1 363 座，整合后生产能力为 59 459 亿吨。截至 2007 年年底，全省共有 1 937 座生产煤矿。其中，按照隶属关系划分：国有重点企业合计生产煤矿为 111 座，产能占 44.2%；地方煤矿合计生产煤矿 1 826 座，产能占 55.8%。按矿井规模划分：90 万吨/年以上大型煤矿占 7.0%，30～60 万吨/年中型煤矿占 24.7%，30 万吨以下小型煤矿占 68.3%。通过采煤方法改革，全省年产 60 万吨以下矿井实现了“一井一面”，小煤矿实现了壁式开采（张广慧，2008）。

此阶段关闭煤矿为淘汰年产 9 万吨以下的小煤矿，非法和不具备安全生产条件的煤矿，不符合安全、资源、环保和煤炭产业政策的煤矿，通过资源整合和技术改造，淘汰落后小煤矿。根据收集到的矿业权数据，将现有采矿权 1 053 座煤矿范围与 2006 年整合前 4 389 座煤矿范围进行对比，结合野外实地调查，统计出 2009 年兼并重组前单独关闭小煤矿及古窑约 513 座（均不在现有采矿权范围内），面积约 375 km^2。这些关闭煤矿属乡镇煤矿，位于保留煤矿周边，煤层埋藏浅，接近煤层露头，60%的矿井煤炭储量在 300 万吨以下；投资体为村、乡镇集体或个人，投资少，设备简陋，工艺简单；采煤方法不规范，采煤方法大多为巷柱式、房柱式、残柱式，甚至有部分煤矿存在以掘代采现象，且大部分矿井仍采用人力、畜力、三轮车运输；采区回采率低，仅有 20%～30%，资源回收率不到 15%。

（2）2008—2011 年煤矿企业兼并重组阶段

2008 年 9 月，山西省人民政府出台了《关于加快推进煤矿企业兼并重组的实施意见》（晋政发〔2008〕23 号），该意见规定煤炭资源并购整合，以资源为基础，以资产为纽带，通过企业并购、协议转让、联合重组、控股参股等多种方式，由大型煤炭生产企业兼并重组中小煤矿，并鼓励大型煤矿企业之间的联合重组。

依据上述政策，2008 年山西省开始进行煤炭资源整合重组，对煤炭工业进行了史无前例的“大手术”。经过 3 年的艰苦工作，减少近六成的矿井，全省矿井个数由 2 598 个减少到 1 053 个；超九成的办矿主体，因不具备办矿能力、产业水平低下而全部退出，大型煤炭集团成为兼并重组的主体企业，办矿主体由 2 200 多个减少到 130 个，形成了国有、民营、混合所有制企业比例为 2∶3∶5 的多元办矿格局。全省年产 30 万吨以下的小煤矿全部淘汰，重组后原煤生产能力达到 12.6 亿吨，70%以上的保留矿井年产量达到了 90 万吨以上，矿井回采率由平均不足 20%提升到 80%以上，采煤综合机械化程度由 25%提升到 81%（王昕，2013）。

此阶段的关闭煤矿主要为年产 30 万吨以下的小煤矿，主要包括因安全生产事故关闭的煤矿、资源枯竭的煤矿、非法违法的煤矿，涉及自然保护区、森林公园、风景名胜区、重点泉域的煤矿等。根据收集的矿业权数据，将现有采矿权范围与 2009 年兼并重组前煤矿范围进行对比，结合野外实地调查，统计出此次兼并重组中单独关闭的煤矿共 167 座（均不在现有采矿权范围内)。这些煤矿位于现有煤矿周边,煤层埋藏浅,接近煤层露头。大多采煤方法以房柜式、刀柱式炮采,壁式、高落式炮采为主,支护方式方面,井筒用料石砌碹,大巷用工字钢架支护,工作面用坑木支护,采用防爆三轮车运输、顶板管理为自然垮落法。

(3) 2016—2020 年煤矿企业去产能阶段

2016 年 4 月,山西省人民政府出台了《山西省煤炭供给侧结构性改革实施意见》(晋政发〔2016〕16 号),文中强调淘汰落后过剩产能,保障国家能源安全,促进煤炭行业可持续健康发展。该意见指出,受煤炭产能严重过剩影响,煤炭价格持续大幅下跌,生产企业亏损严重、职工收入下降等严峻问题,影响全省经济社会发展大局;其根本原因主要是供需失衡、管理落后、清洁高效利用不足。解决好煤炭问题,必须坚持远近结合、标本兼治、统筹推进、综合施策;要按照党中央、国务院部署,贯彻落实宏观政策要稳、产业政策要准、微观政策要活、改革政策要实、社会政策要托底的要求,着力去产能、去库存、去杠杆、降成本、补短板,全力推动全省煤炭供给侧结构性改革,实现煤炭产业“六型”转变,促进全省“六大发展”。

此阶段关闭煤矿为按照国家政策依法淘汰关闭开采范围与自然保护区、饮用水水源保护区等区域重叠的煤矿;淘汰生产能力 60 万吨/年以下的发生重大及以上安全生产责任事故的煤矿;“僵尸”煤矿、资源枯竭煤矿、高硫高灰煤矿、严重资不抵债煤矿。根据山西省钢铁煤炭行业化解过剩产能实现脱困发展领导小组煤炭行业办公室公布的《2016—2020 年化解过剩产能关闭退出煤矿的公告》及《中央企业在晋去产能煤矿公告》,此阶段山西省关闭煤矿共计 158 座,其中去产能关闭煤矿 139 座,面积约 946 km^2,2016—2018 年中央企业在晋去产能关闭煤矿 19 座,面积约 174 km^2。

据本次工作调查情况,2016—2020 年煤炭行业化解过剩产能期间的关闭煤矿为煤矿企业兼并重组后形成的煤矿。按资源整合方式分为单独保留煤矿和整合保留煤矿。单独保留煤矿的矿井开发历史悠久,经过多次技术改造后井下生产系统完整,矿井服务年限久,井巷空间支护稳固、安全条件好;采空区平面上呈区连片分布。整合保留煤矿兼并重组后,矿井按批准的《矿产资源开发利用方案》进行改造建设,井田由几个小煤矿资源整合而成,各个煤矿均布置独立生产系统,遗留的井巷空间规模小而分散。按矿井类别分为生产矿井、停产矿井、基建矿井。生产矿井兼并重组以来一直生产,井巷空间支护经生产期连续维护,结构牢固;停产、基建矿井为多年未进行生产的“僵尸”企业,遗留的地下空间主要为兼并重组前形成的,距今时间久远,井巷空间支护设施因年久失修会产生损坏。

1.2.2 关闭煤矿分布

整体来看,全省关闭煤矿共计 838 座。从关闭原因和历史来看,2009 年兼并重组前因资源枯竭、企业破产无法采证及淘汰落后产能等而关闭煤矿约 513 座,煤矿所占面积合计约 590 km^2,此类煤矿基础资料缺失,规模极小,井下布设大多不规范,属不可再利用煤矿类别;兼并重组中因年产量低于 30 万吨关闭的煤矿约 167 座,此类煤矿因产能低下、综合资源整合及去产能政策而关闭,矿区所占面积约为 160 km^2,此类煤矿剩余煤炭资源不连续,多数属于资源枯竭型煤矿;2016 年后去产能关闭的煤矿合计 158 座,矿区所占面积为全省关闭煤矿所占面积的 64.2%。

从平面分布来看,山西省关闭煤矿主要分布在六大煤田中的 17 个矿区内,各矿区关闭煤矿面积分布情况如图 1-1 所示。其中,晋城矿区关闭煤矿面积最大,为 272.12 km^2,占全省关闭煤矿总面积的16%；大同矿区次之，面积为211.26 km²，占总面积的13%；第三为霍州矿区，面积为184.94 km²，占总面积的11%。各矿区关闭煤矿中去产能关闭煤矿面积占比最大(表1-1)。

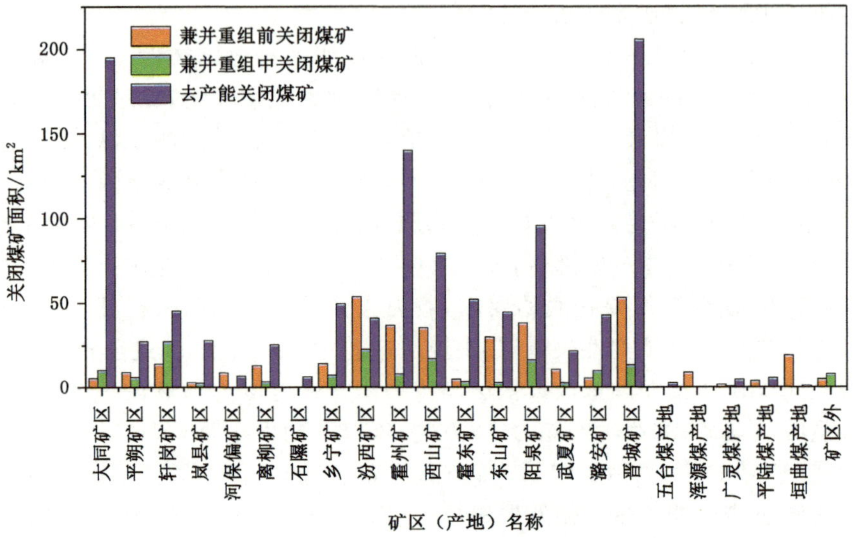

图1-1　各矿区关闭煤矿面积分布统计图

1.3　主要调查评价方法概述

1.3.1　调查方法概述

(1) 资料收集

通过煤矿资料调查发现，2006年资源整合和2009年兼并重组阶段关闭煤矿无相关矿井地质资料，自2016年起去产能关闭煤矿相关矿井地质资料详细，故本次工作重点收集2016—2020年去产能关闭的158座煤矿资料。从山西省自然资源厅、各市自然资源局、山西省地质博物馆及煤矿主体共收集了150座煤矿的相关资料，其中91座煤矿编制了闭坑报告(47座完成了评审)，收集了其闭坑报告等资料；未编制闭坑报告的煤矿27个，收集了其最新的储量年报、储量核实报告等资料；未编制闭坑报告的基建矿井32个，收集了其储量核实报告等资料。另有8座煤矿未收集到资料。整体上，2016—2020年去产能关闭的150座煤矿资料收集齐全，可以满足本次调查评价工作要求。

(2) 数据统计

数据统计包括4大类，分别为煤炭资源数据、煤层气资源数据、矿井水资源数据及地下空间资源数据。煤炭资源数据包括闭坑原因、开采方式、批采煤层、批采煤层起止标高、煤层厚度、煤体结构、煤质、资源量、顶底板岩性、构造特征等。煤层气资源数据包括瓦斯含量、瓦斯浓度、瓦斯涌出量、采空区面积、采空区高度、甲烷浓度等。矿井水资源数据包括闭坑前水文地质条件、采空区面积及积水情况、带压开采情况、垂向采空区沟通情况、闭坑前周边煤矿分布情况等。地下空间资源数据包括井巷长度、井巷断面积、采空区估算高度、采

表 1-1 山西省关闭煤矿分布统计表

矿区(产地)名称	兼并重组前关闭煤矿		兼并重组关闭煤矿		去产能关闭煤矿		总数量/座	总面积/km^2	占比/%	备 注
	数量/座	面积/km^2	数量/座	面积/km^2	数量/座	面积/km^2				
大同矿区	10	5.7	9	10.52	25	195.04	44	211.26	13	统计面积不包括晋华宫矿南山井、山西大同新东西沟煤矿
平朔矿区	8	9.23	3	6.24	7	27.31	18	42.78	3	统计面积不包括平朔井工二矿
轩岗矿区	20	13.99	24	27.25	9	45.27	53	86.51	5	
岚县矿区	5	2.96	5	2.61	3	27.86	13	33.43	2	
河保偏矿区	11	8.88			2	6.96	13	15.84	1	
离柳矿区	9	13.09	4	3.63	4	25.49	17	42.21	3	
石隰矿区					1	6.49	1	6.49	0	
乡宁矿区	23	14.12	4	7.48	7	49.51	34	71.11	4	
汾西矿区	66	53.73	22	22.63	8	40.91	96	117.27	7	
霍州矿区	61	36.76	7	8.14	12	140.04	80	184.94	11	霍州王庄煤矿二坑口与王庄煤矿重复,仅统计王庄煤矿
西山矿区	65	35.36	22	17.21	19	79.20	106	131.77	8	西山白家庄矿业南坑井与西山白家庄矿业二号井均属于白家庄矿业,合并为白家庄矿业整矿面积
霍东矿区	8	4.96	3	3.58	5	51.95	16	60.49	4	
东山矿区	35	29.83	7	3.07	4	44.49	46	77.39	5	

表 1-1(续)

矿区(产地)名称	兼并重组前关闭煤矿		兼并重组关闭煤矿		去产能关闭煤矿		总数量/座	总面积/km^2	占比/%	备注
	数量/座	面积/km^2	数量/座	面积/km^2	数量/座	面积/km^2				
阳泉矿区	52	38.1	15	16.33	11	95.78	78	150.21	9	阳泉煤业集团三矿裕公井与阳泉煤业集团三矿煤业重复，仅统计三矿煤业面积；阳泉煤业五矿五林井为五矿界内井口，五矿未关闭，未统计五林井面积
武夏矿区	14	10.7	3	2.84	5	21.71	22	35.25	2	
潞安矿区	11	5.6	11	10.03	5	42.61	27	58.24	4	
晋城矿区	74	53.13	17	13.26	26	205.73	117	272.12	16	
五台煤产地					1	2.82	1	2.82	0	
浑源煤产地	12	8.99					12	8.99	1	
广灵煤产地	3	1.85	1	0.73	1	4.85	5	7.43	0	
平陆煤产地	5	4.04			2	5.7	7	9.74	1	
垣曲煤产地	9	18.97			1	1.11	10	20.08	1	
矿区外	12	5.13	10	8.01			22	13.14	1	
总计	513	375.12	167	163.56	158	1 120.82	838	1 659.50	100	

空区面积、采出煤岩体积等。

(3) 地表调查

对不同阶段关闭煤矿开展实地调查，主要调查内容包括煤矿地面情况、井巷封闭情况及采空区情况。其中，地面情况包括地表建筑留存、矸石堆分布、道路及自然保护区等现状，井巷封闭情况包括主井、副井等封闭现状，采空区情况包括采空区塌陷、积水及采动裂隙发育特征等。

(4) 遥感解译

综合利用无人机航空摄影高分辨率影像和卫星影像数据，对山西省关闭煤矿重点调查区和一般调查区进行遥感地质解译，基本掌握山西省关闭煤矿范围内地面资源类型和分布状况，并通过一定的野外验证工作，了解关闭煤矿范围内的矿山恢复治理情况，包括矸石堆治理情况、土地复垦等，为山西省下一步对关闭煤矿资源合理规划、综合利用和长期发展提供地质依据、技术支撑和政策建议。

(5) 钻探

设计实施了 5 个关闭煤矿资源调查钻孔，设计总工作量为 1 500 m。其中 2 个在阳泉南庄煤矿(GB-1、GB-5)，1 个在阳泉鸿泰煤矿(GB-2)，2 个在晋城北岩煤矿(GB-3、GB-4)，总计完成进尺 1 539.89 m，完成比例为 103%。

(6) 试验测试

主要相关试验测试如表 1-2 所示，按照煤炭、煤层气、矿井水及地下空间四类资源分别设置了相关测试内容。

表 1-2 试验测试一览表

类别	序号	测试内容	完成工作量/件(组)	类别	序号	测试内容	完成工作量/件(组)
煤炭资源	1	热解试验	7	矿井水资源	1	同位素测定	40
	2	煤炭气化试验	7		2	岩石微量元素分析	40
	3	煤炭直接液化试验	7		3	水体有机质测定	40
	4	主要伴生矿产分析	7		4	水体微量元素质量浓度	40
	5	工业分析/元素分析	14		5	常规阴阳离子测试	40
煤层气资源	1	镜质组反射率测试	56		6	重金属检测	40
	2	薄片鉴定	50		7	pH 检测	40
	3	高压压汞试验	50		8	氨氮检测	40
	4	液氮吸附试验	50		9	总大肠杆菌检测	40
	5	二氧化碳吸附试验	50	地下空间资源	1	岩石密度	42
	6	纳米 CT 扫描	10		2	岩石三轴压缩试验	40
	7	SEM-EDS	50		3	单轴动态压缩试验	42
	8	脉冲衰减渗透率	52		4	动态劈裂试验	42
	9	等温吸附试验	33		5	膨胀率及吸水率试验	42
	10	岩芯孔-渗测试	6		6	沉降带分析预测	7
	11	煤岩抗压强度测试	2		7	岩芯岩石三轴压缩试验	6

1.3.2 资源潜力评价方法概述

1.3.2.1 剩余煤炭资源潜力

本报告关闭煤矿煤炭资源估算范围为重点调查区和一般调查区，共计 830 座煤矿。重点调查区包括去产能关闭且可以统计出资源量的 150 座煤矿，一般调查区包括兼并重组前关闭的 513 座煤矿及兼并重组关闭的 167 座煤矿。

（1）重点调查区

对于重点调查区，煤炭资源储量汇总范围为原各个煤矿报告资源储量估算范围相加的范围，资源量直接利用各报告已经备案的资源量。统计截止时间为所收集到的各煤矿闭坑报告、关闭前最新的储量年报及储量核实报告。此外，2021 年之前备案的资源量根据《关于做好矿产资源储量新老分类标准数据转换工作的通知》（自然资办函〔2020〕1370 号）文件要求进行了转换。

（2）一般调查区

对于一般调查区，因无相关资料，以煤矿为单位估算了其煤炭资源量。

① 估算范围：煤矿范围内煤层厚度不小于 0.50 m 的所有煤层。

② 估算参数的确定：采用厚度为纯煤厚度不小于 0.50 m 各煤层总厚度的算术平均值；块段面积根据煤矿面积进行估算；视密度为收集资料中各煤层的平均厚度与煤层平均视密度的加权平均值；资源回收率的确定根据山西煤炭远销集团及太原方天煤炭技术咨询有限公司对关闭矿井的调查资料，采用 20%。

（3）资源量估算方法

煤炭资源量估算采用《固体矿产资源量估算规程 第 2 部分：几何法》（DZ/T 0338.2—2020）所述方法进行，先估算出块段累计资源量，再算出块段采出资源量和保有资源量。

累计资源量：浅部煤炭资源量按下式估算

$$T=\sum\frac{m\times A\times\rho}{10\ 000}$$

式中 T——累计资源量，万 t；

m——块段煤层厚度，m；

A——块段面积，m^2；

ρ——块段煤层视密度，t/m^3。

累计动用量：

$$\text{累计动用量(万吨)}=\sum\left[\text{块段煤层厚度(m)}\times\text{块段动用面积}(m^2)\times\frac{\text{块段煤层视密度}(t/m^3)}{10\ 000}\right]$$

保有资源量：

保有资源量＝累计资源量－累计动用量

因可靠程度较低，此次工作未对资源量级别进行划分。

1.3.2.2 煤层气资源潜力

（1）资源量估算范围

关闭煤矿煤层气资源可分为原位煤层气资源及采空区煤层气资源。采空区煤层气的来源主要包括工作面遗煤、煤柱及卸压煤层中的吸附态煤层气和采空区裂隙空间中赋存的游离态煤层气(文光才等,2018)。与传统煤层气资源量评估相比,关闭煤矿煤层气资源量评估的时间、范围、目标来源、储层特征等有显著的差异。针对关闭煤矿煤层气资源特征,国内学者提出了关闭煤矿煤层气资源量计算的三种主要方法,即物质平衡法、资源构成法和下降曲线法(李日富,2014;文光才等,2018)。

《山西省煤炭采空区煤层气资源调查评价》①中将采空区煤层气估算范围界定为煤层气含量大于 2 m^3/t 的矿权范围,基本为高瓦斯矿井。然而,考虑到晋城矿区、阳泉矿区存在大面积采空的低瓦斯关闭矿井,这部分矿井虽然采空区瓦斯浓度较低,但资源量较大,仍然有开发利用的潜力。故本次资源量估算范围为高瓦斯关闭矿井和部分资源及封闭条件良好的瓦斯至低瓦斯关闭矿井。低瓦斯矿井的实测煤层甲烷含量明显低于相对瓦斯涌出量,当相对瓦斯涌出量介于 3.91～5.45 m^3/t 时,煤层的平均甲烷含量介于 1.17～2.20 m^3/t。

考虑到矿区面积、资源条件等因素,以相对瓦斯涌出量大于 3.5 m^3/t,矿区面积大于 5 km^2,退出产能大小等为筛选条件,筛选出资源丰度及资源量相对较大的低瓦斯矿井,开展资源量估算。同时考虑到低瓦斯矿井煤层的甲烷含量低,原位煤层气含量小于 1.8 m^3/t,残余吸附气量低,不开展估算评价。综合收集矿井资料的详细、可靠情况,本次关闭煤矿煤层气资源量估算的矿井信息如表 1-3 所示。在此基础上,去除了古空区、浅部连通采空区、积水严重等资源不可估算采空区。

表 1-3　本次关闭煤矿煤层气资源量估算的矿井信息

序号	煤矿名称	所属矿区	瓦斯等级	面积/km^2	相对瓦斯涌出量/(m^3/t)	采空区甲烷浓度/%
1	同地店湾矿	大同	低瓦斯	10.49	4.42	36
2	马口矿			11.18	3.58	36
3	晋华宫矿		高瓦斯	28.53	7.77	68
4	鸿泰煤矿	阳泉	高瓦斯	1.61	38.41	37
5	平定泰昌煤矿			3.96	21.46	57
6	阳泉煤业三矿			40.46	30.83	62
7	阳泉南庄煤矿			12.57	41.64	57
8	阳泉燕龛煤矿			4.42	25.02	37
9	富鑫煤矿			4.85	14.49～26.94	57
10	万和兴矿		低瓦斯	3.43	5.69	37
11	古书院矿	晋城	低瓦斯	25.42	3.81	37
12	王台铺矿			33.70	4.50	37
13	北岩煤矿			10.19	4.18	14
14	凤凰山矿			29.35	5.45	35
15	侯甲煤矿		高瓦斯	3.64	—	—
16	演礼煤矿			9.92	14.23～44.62	85
17	天安圣华煤矿			1.06	10.48	85

① 贾伟,王海生,张庆辉,等.山西省煤炭采空区煤层气资源调查评价报告[R].山西省煤炭地质勘查研究院,2018.

表 1-3(续)

序号	煤矿名称	所属矿区	瓦斯等级	面积/km^2	相对瓦斯涌出量/(m^3/t)	采空区甲烷浓度/%
18	太原西峪煤矿	西山	低瓦斯	9.99	4.66	48
19	大川河煤矿		高瓦斯	0.79	12.68	84
20	大成煤矿			4.34	15.93～22.31	82
21	太原南峪煤矿			15.28	29.7～33.2	86
22	梅园永兴煤矿			6.00	13.60～29.03	84
23	东山煤矿	其他	低瓦斯	8.48	5.2	47
24	晋辽柳沟煤矿		瓦斯	19.63	—	36
25	下辛佛煤矿			15.52	—	36
26	王家焉煤矿		高瓦斯	11.69	51.01	68
27	联盛师庄煤业		低瓦斯	4.92	4.29	36

对于未受采动影响或受采动影响微弱的原位煤层气资源，估算范围为矿区内排除断裂、陷落柱等构造影响的范围。

(2) 估算方法优选及参数选择

本次工作中，采用资源构成法估算关闭煤矿采空区煤层气资源量。采用体积法估算原位煤层气资源量，相关计算方法及参数选择如下：

① 采空区空间体积：受采动塌陷、顶板岩石碎胀效应现象的影响，采空区空间体积并不等于采出煤炭的体积。根据孟召平等(2016)建立的采空区冒落带和裂隙带内孔隙-裂隙模型，结合《山西省煤炭采空区煤层气资源调查评价》中采空区数值模拟试验结果及前人研究成果，在未考虑采空区积水的情况下，采用该方法计算出的采空区游离气赋存空间与采空区体积的比值介于 0.74～0.94，取其平均值为 0.86。忽略采空区积水及气体的压缩效应，则游离气总量 Q_{yl} 可表示为：

$$Q_{yl} = 0.86 S_c H_c g_{yl}$$

式中 S_c——采空区面积，m^2；

H_c——煤层采高，m；

g_{yl}——采空区甲烷浓度，%。

② 采空区甲烷浓度：在本次资源量估算范围内，关闭煤矿采空区甲烷浓度的取值参照已有相邻矿井采空区甲烷浓度数据，对于数据缺失的矿井，参考高瓦斯矿井/低瓦斯矿井采空区甲烷浓度平均值(表 1-3)。

③ 吸附气资源量：根据关闭煤矿实际情况，本次将采空区吸附气资源量分为分散性残煤吸附气资源和规模性残煤吸附气资源。由于采空区气压接近标准大气压，经过综合开采等扰动后，工作面残余煤层吸附气解吸严重，接近充分解吸后的残余气量 q_{cy}。因此，这部分资源量 Q_{x1} 由以下公式计算：

$$Q_{x1} = M_y q_{cy}$$

式中 Q_{x1}——采空区遗煤吸附气资源量，$10^4\ m^3$；

M_y——采空区内遗煤质量，10^4 t，根据采区/工作面回采率计算；

q_{cy}——充分解吸后的残余含气量，m^3/t。

对于开采层煤柱中的吸附气资源量，由于煤壁保存完整，其中卸压解吸不充分，煤柱宽度根据采空区横向裂隙宽度确定，其资源量 Q_{x2} 由以下公式计算：

$$Q_{x2} = M_z q_c$$

$$q_c = (1 - \eta)(q_0 - q_{cy}) + q_{cy}$$

式中 M_z——采空区煤柱资源量，10^4 t；

q_c——残存含气量，m^3/t；

η——煤层气排放效率，%，煤柱的煤层气排放效率高，本次将其定为 90%；

q_0——煤层初始含气量，m^3/t。

同理，邻近卸压煤层吸附气资源量 Q_{x3} 由以下公式计算：

$$Q_{x3} = M_x q_c$$

式中 M_x——采空区卸压煤炭资源量，10^4 t；

q_c——残存含气量，m^3/t，由不同的煤层气排放效率 η 计算得出，而邻近煤层排放效率 η 应根据煤层平均间距并按照《矿井瓦斯涌出量预测方法》(AQ 1018—2006)确定。

由于关闭煤矿采空区众多，上部卸压煤层资源量 M_{x3} 由以下公式计算：

$$M_x = S_c H_x \rho$$

式中 H_x——邻近煤层的厚度，m；

ρ——邻近煤层的密度，g/cm^3。

④ 原位煤层含气量：采用关闭煤矿或其相邻矿井井下瓦斯实测或钻井岩芯解吸数据。部分数据来源于《山西省煤炭采空区煤层气资源调查评价》。根据《煤层气储量估算规范》(DZ/T 0216—2020)，确定了煤层气含气量的下限标准(表 1-4)。

表 1-4 煤层含气量下限标准

煤层类型	镜质组反射率 R_o/%	空气干燥基含气量/(m^3/t)
褐煤—长焰煤	<0.7	1
气煤—瘦煤	0.7～1.9	4
贫煤—无烟煤	>1.9	8

1.3.2.3 关闭矿井水资源潜力

根据《煤矿防治水细则》(2018)及《煤矿安全手册》(2019)中矿井防治水部分关于采空区积水量的计算方法：

$$Q_{采} = KMF/\cos\alpha$$

式中 K——采空区积水系数；

M——采空区的平均采高，m；

F——采空积水区的水平投影面积，m^2；

α——煤层倾角，(°)。

各煤矿煤层采空区平均采高、采空区面积等参数来源于关闭煤矿煤层储量图件。煤层倾角、积水系数等参数来源于关闭煤矿闭坑报告及储量核实报告。部分关闭煤矿采空区积水系数未提及，取经验系数 0.3 作为该矿采空区积水系数值。

关于关闭煤矿矿井水资源量评价尚未颁布正式规范标准，本次参考供水水文地质勘察相关规范，对关闭煤矿矿井水资源允许开采动储量进行评价。现有常用的地下水资源计算方法有水文地质比拟法、Q-S 曲线方程法、水均衡法、解析法和数值法等，本次采用水均衡法和解析法。

（1）水均衡法

利用地下水系统均衡理论，在查明废弃矿井水文地质条件的情况下，构建矿井关闭前矿坑排水条件下和矿井关闭后矿井水资源化开发的水均衡方程式。通过收集废弃矿井关闭前历年矿井涌水量资料，推测估算矿井水可采量。水均衡方程式如下：

矿井关闭前矿坑排水条件下的水均衡方程式为：

$$Q_{\text{矿坑涌水量}} = Q_{\text{补给量}} - Q_{\text{单位采空蓄积量}} - Q_{\text{区外排泄量}} + Q_{\text{调节量}}$$

矿井关闭后矿井水资源化开发的水均衡方程式为：

$$Q_{\text{矿井水开采量}} = Q_{\text{补给量}} - Q_{\text{区外排泄量}} \pm Q_{\text{调节量}}$$

综合可得：

$$Q_{\text{矿井水开采量}} = Q_{\text{矿坑涌水量}} + Q_{\text{单位采空蓄积量}}$$

一般矿坑排水条件下的采空蓄积水量（$Q_{\text{单位采空蓄积量}}$）是一个渐趋增加量，单位时间内蓄积水量很小，因而可认为：

$$Q_{\text{矿井水开采量}} \approx Q_{\text{矿坑涌水量}}$$

（2）解析法

根据地下水动力学理论，用数学分析的方法，概化废弃矿井水文地质条件，选用稳定流计算公式，采用煤矿闭坑后水文地质勘探所获水文地质参数，预测矿井水可采量。拟选用承压转无压完整井稳定流涌水量公式计算涌水量，计算公式如下：

$$Q = 1.366K \frac{2HM - M^2 - h_W^2}{\lg R_0 - \lg r_0}$$

$$R_0 = r_0 + 10S\sqrt{K}$$

$$r_0 = \sqrt{F/\pi}$$

式中 Q——未来矿井水开采量，m^3/d；

K——含水层渗透系数，m/d；

H——水柱高度，即自然水位至含水层底板的距离，m；

M——含水层厚度，m；

h_W——疏干标高至含水层底板的距离，m；

S——疏干水位降深，即自然水位至疏干标高的距离，m；

R_0——引用影响半径，m；

r_0——引用半径，m；

F——可采面积，m^2。

矿井水资源潜力评价范围应排除开采煤层底板标高高于矿区最低侵蚀基准面的矿井、露天煤矿以及资料缺失或详细程度不高的关闭煤矿。

关闭煤矿矿井水富水程度评价指，基于矿井关闭前正常涌水量和关闭前富水系数，依据目前关闭煤矿矿井正常涌水量调查资料情况，按照矿井正常涌水量（Q）大小，确定评价矿井富水级别：

① $Q \geqslant 100\ m^3/h$，属于强富水矿井；

② $20\ m^3/h \leqslant Q < 100\ m^3/h$，属于中等富水矿井；

③ $Q < 20\ m^3/h$，属于弱富水矿井。

依据煤矿关闭前生产能力和矿井涌水量的对应关系，计算出吨煤富水系数（K），从而可以评价矿井富水程度。

① $K \geqslant 1.0\ m^3/t$，属于强富水矿井；

② $0.1\ m^3/t \leqslant K < 1.0\ m^3/t$，属于中等富水矿井；

③ $K < 0.1\ m^3/t$，属于弱富水矿井。

1.3.2.4 地下空间资源潜力

与关闭煤矿剩余煤炭资源潜力评价相同，地下空间资源潜力评价的重点调查区为排除露天开采及未组织生产矿井后的150座去产能关闭煤矿，一般调查区为兼并重组前关闭的513座煤矿及兼并重组关闭的167座煤矿。

（1）一般调查区

一般调查区关闭煤矿通常地测机构不健全，地质资料缺失，常造成地下空间分布情况不明。通过查阅文献资料发现，大多煤矿采空区支护方式为巷柱式、房柱式、残柱式，甚至有一部分煤矿以掘代采，开采形成的地下空间赋存于煤层中，多为煤巷、房式采空区。针对这680座关闭煤矿地下空间，只估算其采空区裂隙体积：

$$V_{裂} = V_{采} \times \rho = \frac{Q_{采}}{\alpha} \times \rho$$

式中 $V_{裂}$——煤层采空区裂隙体积，$10^4\ m^3$；

$V_{采}$——煤层动用储量体积，$10^4\ m^3$；

$Q_{采}$——煤层采出量，$10^4\ t$；

α——煤层视密度，t/m^3；

ρ——采空区裂隙空隙率，无量纲。

采空区裂隙空隙率（ρ）即煤层被采出后，采出空间经塌陷冒落岩块充填后剩余的空隙空间，其取值在0.2～1.0之间。据典型煤矿区勘查钻孔GB-5煤层巷道情况钻探揭露，钻遇15号煤层时掉钻，巷道顶底板完整，未见覆岩垮落；据钻孔GB-4小窑破坏区情况钻探揭露，钻遇9号煤层时掉钻，钻探判别破坏区顶底板完整。因此，ρ值取1.0。

（2）重点调查区

① 井巷体积：

$$V_{井} = L \times S$$

式中 $V_{井}$——煤层井巷体积，m^3；

L——煤层井巷长度，即利用ArcGIS软件对各煤层资源/储量估算图中的保护煤柱开拓巷道进行单线性矢量化，自动计算长度，m；

S——井巷断面面积，m^2，采用关闭煤矿井筒特征资料中斜井净断面均值，缺少井筒特征资料的煤矿，采用全部煤矿斜井净断面的均值，取值为$8.00\ m^2$。

② 采空区裂隙体积：

$$V_{裂} = V_{采} \times \rho = \frac{Q_{采}}{\alpha} \times \rho = \frac{Q_{动} \times K}{\alpha} \times \rho$$

式中　$V_{裂}$——煤层采空区裂隙体积，$10^4\ m^3$；

$V_{采}$——煤层采出量体积，$10^4\ m^3$；

$Q_{动}$——煤层动用储量，10^4 t；

$Q_{采}$——煤层采出量，10^4 t；

α——煤层视密度，t/m^3；

K——煤层回采率；

ρ——采空区裂隙空隙率，无量纲。

煤层回采率(K)利用关闭煤矿资源/储量估算结果汇总表中采出量与动用储量的比值，经统计求平均值，该值选取0.8。重点调查区采空区裂隙空隙率(ρ)取值在0.2～1.0之间。据典型煤矿区勘查钻孔GB-3采空区实际情况钻探揭露，ρ取定值0.3。

2 地质概况

2.1 地质背景

2.1.1 地层与含煤地层

(1) 地层

山西省地层属华北地层，分属豫西、鄂尔多斯、山西、燕山、阴山五个地层分区，并以山西地层分区为主。山西地块的基底为结晶基底，由太古界及下元古界地层组成，受加里东运动影响，全区缺失奥陶系上统至石炭系下统地层，其余地层皆有出露。地层由老到新依次为太古界，元古界滹沱系、长城系、蓟县系、青白口系、震旦系，古生界寒武系、奥陶系、石炭系、二叠系，中生界三叠系、侏罗系、白垩系，新生界古近系、新近系和第四系。

(2) 含煤地层

山西省含煤地层包括上石炭统-下二叠统的太原组及山西组、中侏罗统的大同组、下白垩统的羊投崖组及古近系含煤地层，主要集中在古生界及中生界地层。其中太原组及山西组为主要含煤地层，分布范围广；大同组及羊投崖组含煤地层分布较为局限，古近系含煤地层零星发育。

① 晚古生代石炭-二叠系

石炭-二叠纪聚煤作用主要集中于晚石炭世至早二叠世期间，其含煤岩系沉积遍布全省，自下而上依次为本溪组、太原组、山西组、下石盒子组，其中以太原组与山西组为主。石炭-二叠纪含煤岩系的岩性特征、含煤性、沉积特征简述如下：

a. 本溪组(C_2b)

本溪组平行不整合覆于中-下奥陶统或寒武系灰岩之上，以平行不整合侵蚀面为底，其顶界为太原组晋祠砂岩或相当岩层，可分为上下两段。

下段为铁铝岩段，为滨湖-潟湖相沉积，主要包括三种沉积序列，岩性以褐铁矿、铝土岩及黏土岩为主。下段厚度介于0～38 m，在吕梁、五台、原平等古陆-古岛边缘地区较厚，其余区域较薄(董清雷，2004；王银川等，2011)。

上段畔沟段为海陆交互相沉积，岩性以泥岩、灰岩、夹薄煤层或煤线为主。太原—阳泉以北地区灰岩层数少，但厚度大，至北部大同—怀仁仅发育一层，厚度最大可达5 m。太原、阳泉等地灰岩层数一般为2～4层，太原东山局部可达6层，厚度变小，泥质含量增高。阳城—乡宁地区以南，缺少灰岩沉积。煤层多不可采，在北部多为薄煤层，中部较厚，南部多为煤线。

b. 太原组(C_2-P_1t)

太原组为一套典型的含煤海陆交互相沉积，厚度介于 50～140 m，受古隆起影响，平面上厚层差异较大，垣曲—夏县地区厚度仅为 20 m 左右。根据岩性、岩相及沉积旋回等特征，太原组自下而上可划分为晋祠段、西山段及山垢段。

晋祠段垂向上自晋祠砂岩底至下煤组之顶，岩性以砂岩、粉砂岩及泥岩为主，夹主要可采煤层及 1～4 层灰岩。灰岩层数、厚度在全区变化显著，但下煤组煤层发育稳定，共 4 层。西山段介于庙沟灰岩至东大窑灰岩顶界之间，岩性以砂岩、砂质泥岩、泥岩、灰岩为主，其中含多层局部或零星可采的薄煤层。太原—阳泉一线以南地区灰岩发育齐全，有 4～5 层含泥灰岩及灰岩，下部灰岩多含燧石结核或燧石条带。山垢段介于附城灰岩顶界至山垢灰岩（或小东沟灰岩）顶界，岩性主要为泥岩、砂质泥岩、细粒砂岩夹灰岩，厚约 15 m。本段上部山垢灰岩岩性及厚度在全区变化较大。

c. 山西组（P_1s）

山西组岩性主要为砂岩、粉砂岩、砂质泥岩，夹海相泥岩及煤层，厚度介于 30～120 m。向南部山西组厚度变厚，砂岩层数减少、厚度减薄。含主要可采煤层 3 层，在北、中部最发育，厚度介于 6～15 m，发育稳定，向南变薄。

d. 下石盒子组（P_1x）

下石盒子组为骆驼脖砂岩底面至桃花泥岩顶面的一段海陆过渡相沉积，岩性以黄绿、灰黄、灰绿色砂岩及泥岩为主，夹局部可采薄煤层，厚度主体介于 80～100 m，南厚北薄。北部砂岩较发育，单层厚度大；向南砂岩层数、厚度减少。顶部桃花泥岩在晋中、晋南地区发育较好，北部大同—怀仁一带多不发育。本组下部含薄煤层或煤线，在中部和南部地区发育较好，但多不可采。

② 中生代侏罗系

侏罗纪聚煤作用发生于中侏罗世早期，仅于山西省北部大同、宁武、静乐一带分布有中侏罗统含煤岩系大同组，叠置于石炭-二叠系含煤盆地之上。

大同煤田中大同组为一套河湖相含煤沉积，岩性为砂质泥岩、粉砂岩、泥岩夹煤层，厚度主体介于 140～200 m，与下伏下侏罗统永定庄组呈整合接触（刘东娜，2015）。大同组含煤层数多，可采煤层最多可达 21 层，可划分为下、中、上三个含煤段。下含煤段厚度一般 70 m，底部以灰白色含砾粗粒砂岩为标志，包含 15、14、12、11 号 4 个煤层。中含煤段厚度介于 20～100 m，包含 10、9、8、7、4-5 号 5 个煤层。上含煤段厚度介于 15～50 m，包括 3、2 号 2 个煤层。整体而言，煤层分布不稳定，存在分叉、合并及尖灭等现象。

宁武煤田中大同组在宁武县三张庄至静乐县闹林沟一带分布，厚 360 m 左右，平行不整合于三叠系中统铜川组之上。含可采煤层 2 层，煤层不稳定，多为局部可采。主要含煤岩段上部为灰色至暗灰色细粒砂岩、中细粒砂岩、粉砂岩夹泥岩薄层与 2 号煤层。中部以中细粒长石砂岩为主，砂岩下部见植物化石的碳化碎片，夹有粉砂岩、泥岩。下部为灰黑、暗灰色细碎屑岩，3 号煤层一般厚 1～1.5 m。

2.1.2 构造与控煤构造特征

(1) 区域构造

山西省构造位置处于华北板块中部，华北板块演化历史可分为三个重要阶段：一是古陆及克拉通变质基底形成；二是板内构造演化，沉积盖层形成与发展；三是形成板内造山带，叠加形成板内裂谷带。山西省以吕梁山-太行山中生代板内造山带为主体，西为鄂尔多斯坳陷东缘单斜，东与华北平原和燕山造山带接壤，南北界于秦岭-阴山造山带之间。经历了多期次的地质构造热事件和各异的大地构造演化阶段，最终形成现今拉长"S"形的构造格局，主体构造线方向为北北东、北东向。在新生代喜马拉雅运动影响下，叠加形成了贯穿南北的汾渭裂谷带，隆起与坳陷特征明显。

山西省区域性断裂主要有鄂尔多斯坳陷东缘离石断裂，大同盆地北缘六棱山前断裂，北西缘大同口泉-怀仁鹅毛口断裂，南东缘恒山北麓山前断裂；忻定盆地北西缘太和岭口断裂，南东缘系舟山北麓山前断裂；太原-晋中盆地北西缘太原晋祠-清徐-交城断裂，南东缘太谷范村-介休洪山断裂；临汾-运城盆地南西缘罗云山山前断裂和河津西硙口断裂，东缘霍山山前断裂和浮山断裂，南缘中条山北麓山前断裂；以及吕梁山-太行山中生代板内造山带内的西马坊断裂、杜家村断裂、狐偃山断裂、晋（城）获（鹿）断裂、横河断裂等。区域性褶皱主要有云岗-平鲁向斜、宁武-静乐向斜、系舟山复向斜、左权复背斜、沁水复向斜、吕梁山复背斜、鄂尔多斯坳陷东缘单斜。

（2）控煤构造

受印支、燕山和喜马拉雅构造运动影响，山西省煤田整体构造格局大致以北纬38°线为界，分为南北两个构造部分。北部自中生代以来大幅抬升，五台、阜平隆起区基底大面积出露，主要含煤地层保存在北北东向、北东向的大同盆地中。宁武盆地中、南部相对隆起较小，构造方向为北北东向。西部河东煤田可视为鄂尔多斯盆地东缘的单斜部分，构造方向为近南北向（刘正，2014）。南部的霍东煤田构造方向为北北东、北东向，沁水煤田构造方向为北北东向，西山煤田构造方向为南北向。

山西省控煤构造可分为三类，即褶皱构造、逆冲构造和延伸构造（倪倩，2015）。褶皱控煤构造以复向斜为主，包括大同云岗复向斜、宁武-静乐复向斜、太原西山复向斜、沁水复向斜、汾西复向斜、河东复式单斜，其主体分别构成大同煤田、宁武煤田、西山煤田、沁水煤田、霍西煤田及河东煤田。逆冲控煤构造以逆冲断裂为主，包括离石大断裂、口泉断裂带、春景洼-西马坊和芦家庄-娄烦断裂组、交城大断裂、霍山大断裂、太行山大断裂、管头-河底断裂。其中，离石大断裂位于河东煤田东缘，口泉断裂带为大同煤田边界，春景洼-西马坊和芦家庄-娄烦断裂带分别为宁武煤田的东、西边界，交城大断裂位于西山煤田的南东和东部边缘，霍山大断裂构成霍西煤田的东缘，太行山大断裂构成沁水煤田的东缘（倪倩，2015）。伸展控煤构造以裂陷盆地为主，包括桑干裂陷盆地、滹沱裂陷盆地、晋中裂陷盆地、临汾裂陷盆地、运城裂陷盆地、芮城裂陷盆地。

2.1.3 水文地质

（1）水系流域特征

受地理环境和气候条件制约，山西省内河流兼具山地型和夏雨型的双重特征。在河流形态和河道特征方面表现为沟壑密度大，水系发育；河流坡陡流急，侵蚀切割严重。在径流和泥沙方面表现为洪水暴涨暴落，含沙量大，年径流集中于汛期，枯水期径流小而不稳（崔炳玉等，2007）。

山西省分属黄河和海河两大流域，集水面积大于1×10^{8} m^2的河流有240多条。西部为黄河流域，面积约9.7×10^{10} m^2，地表水径流量为5.12×10^{9} m^3，分河口-龙门段、龙门-三门峡段、三门峡-沁河段、汾河流域及沁丹河区等；集水面积在 3.0×10⁹ m² 以上的河流主要有 6 条，分别为三川河流、昕水河、汾河、涑水河、沁河、丹河。东部为海河流域，面积为 5.9×10^{10} m^2，地表水径流量为 3.87×10^9 m^3，可分为海河北系与南系，北系有桑干河、洋河和壶流河流域，南系有大清河、滹沱河、漳河、卫河流域；集水面积在 3.0×10^9 m^2 以上的河流主要有 4 条，分别为桑干河、滹沱河、清漳河和浊漳河。

(2) 降水特征

山西省降水量地域分布呈现从东南向西北递减的趋势。山西省大部分地区年降水量为 400～650 mm(图 2-1)。降水量年内分布不均，主要集中于夏季 6、7、8 月份，占全年总降水量的一半以上。省域降水分布受地形影响较大，太行山高山区和南部盆地区降水偏多，北部高纬区降水偏少(袁瑞强等，2015)。

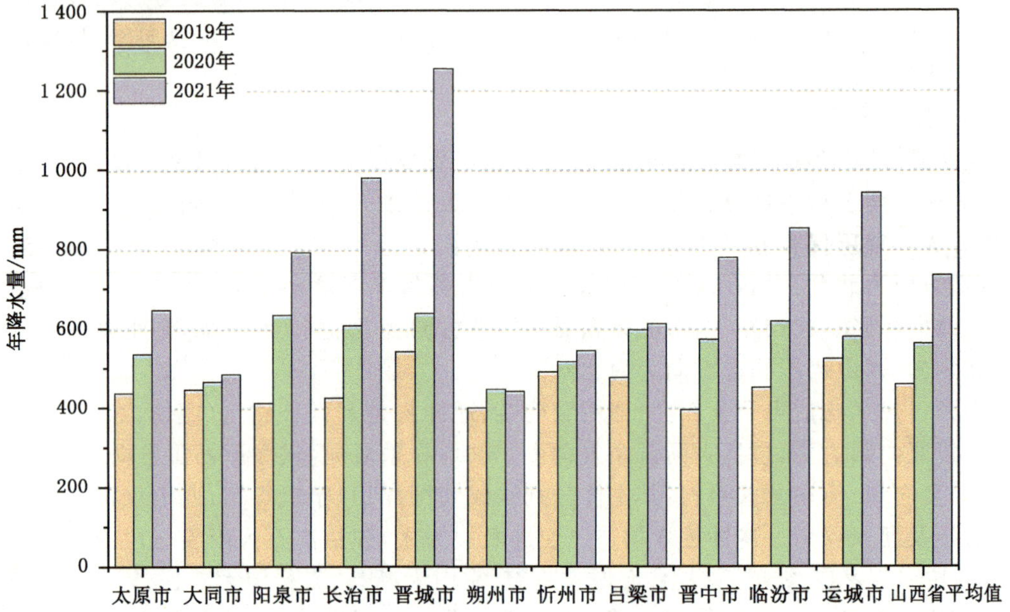

图 2-1　山西省各地级市 2019—2021 年年降水量及山西省平均值

(3) 地下水类型及含水层

根据地层岩性、地下水类型、含水介质空间性质及水力特征，山西省各煤田普遍可以划分为三种地下水含水岩系：松散岩类孔隙水含水岩系；碎屑岩、变质岩及岩浆岩类裂隙水含水岩系；碳酸盐岩类裂隙岩溶水含水岩系(王胜利，2020)。其中，松散岩类孔隙水含水岩系和碳酸盐岩类裂隙岩溶水含水岩系是山西地下水主要供水岩系。

① 松散岩类孔隙水含水岩系

松散岩类孔隙水含水岩系主要分布于新生代断陷盆地、山间盆地、山区河流谷地及黄土塬等地区，以砂砾岩为主，其富水程度受岩性、地貌和补给条件控制(梁寅娇，2015)。

② 碎屑岩、变质岩及岩浆岩类裂隙水含水岩系

碎屑岩裂隙水含水岩系在山西各沉积盆地广泛发育，含水岩层由白垩系(K)、侏罗系(J)、三叠系(T)及二叠系(P)不同粒径和不同厚度的粗砂岩、中砂岩、细砂岩、粉砂岩、页岩

及泥质岩等组成。含裂隙、孔隙潜水及承压自流水。富水程度主要取决于各种成因的裂隙性质、裂隙发育程度以及裂隙交插、切割等因素的影响，也受构造与岩性的控制。该含水岩系在水平分布上为弱富水，但在地貌、构造及补给条件有利部位，其富水性可达中等。碎屑岩夹碳酸盐岩裂隙岩溶水，主要包括石炭系(C)、震旦系(Z)含水岩层，零星分布于太行山及霍山一带，由砂岩、页岩等夹3～6层灰岩组成，构成层间岩溶裂隙水。

变质岩裂隙水主要为风化裂隙水，其特点是分布面积广，单泉流量小，汇集流量大，流量不稳定，受季节影响大；主要分布于五台山、吕梁山、太行山及中条山等基岩出露区。该含水岩系包括上、中太古界等含水岩层。其含水岩层分别为以五台群为代表的杂岩及以阜平群为代表的混合岩化片麻岩，富水性多为弱，部分地貌、构造、补给条件有利地段富水性较强。基岩裂隙水受当地侵蚀基准面控制，补给、排泄条件简单，流程路径短，呈现出补给、排泄区基本一致的特点。地下水交替更新能力强，受降水补给后，通过散泉的面状排泄，呈线状集中于现代水文网内。

③ 碳酸盐岩类裂隙岩溶水含水岩系

山西省岩溶区分布广泛，主要出露于吕梁山中南段，霍山东侧，太行山中南段及晋西北等地，多沿古老岩块的外围呈环状和带状分布，构成地层倾角平缓的高原岩溶区。受构造、地貌及岩性控制，该含水岩系富水程度强且极不均一，太行山区富水性较强，晋西北富水性则较弱，排泄区富水性强，补给径流区富水性较弱(王胜利，2020)。

(4) 地下水的补给、径流、排泄条件

山西高原居高临下，地形隆起，基岩裸露，西、南缘由黄河围绕，东为标高100 m以下的河北平原，中部为新生代断陷盆地，标高400～1 050 m。山西西部黄土高原中的地下水，主要补给源为大气降水和吕梁山基岩的侧向补给，因黄土高原区沟壑深切，地下水大部分排泄于黄河与下伏基岩中。碎屑岩、变质岩及岩浆岩类裂隙孔隙水补给和排泄条件较为简单。大气降水垂直渗入补给和侧向补给为地下水的主要补给源，以盆地边缘断裂带、山区河谷及泉等形式排泄。山西西部的黄河是排泄碎屑岩基岩裂隙孔隙水的重要途径之一。大气降水渗入补给和河流漏失补给是碳酸盐岩类裂隙岩溶水的主要补给源。碳酸盐岩类裂隙岩溶水主要向华北平原、黄河河谷及新生代断陷盆地排泄，除主要以大泉的形式排泄外，向下游及河谷排泄亦为重要形式。径流区位于补给区与排泄区之间，以裂隙网络式层流运动为主。深大断裂带则可切穿各含水层，形成强径流带，从而使各含水层发生水力联系。

2.1.4 岩浆岩

山西地区岩浆活动较为频繁，形成了多期次不同岩性岩浆岩。依据构造旋回特征，山西的岩浆岩时代及期次为前五台期、五台期、吕梁期、晋宁期、海西期、印支期、燕山期和喜马拉雅期；其中，五台期、吕梁期、燕山期的岩浆活动最强烈。对晚古生代石炭-二叠系、中生代侏罗系、新生代新近系含煤地层有影响的岩浆活动依次有海西期、印支期、燕山期和喜马拉雅期四个期次。海西期前的四个期次岩浆岩，均发育于五台山、太行山、吕梁山、太岳山和中条山等山区的古老地层中，对含煤地层发育特征的影响极弱。

(1) 海西期

火山碎屑岩：太原西山以北石炭-二叠系含煤地层中发现有火山碎屑岩及火山沉积碎屑

岩类，在正常的沉积岩中形成夹层。在大同煤田、宁武煤田、西山煤田和沁水煤田北端一些剖面的太原组、山西组中已发现有5～7层火山碎屑岩，其主要岩性为熔结凝灰岩、凝灰岩、沉凝灰岩和各种凝灰质沉积岩。

侵入岩：仅见于阳高县西北部，为中酸性侵入岩，以石英斑岩、花岗斑岩、石英二长岩为主，呈岩带、岩脉、岩株状侵入集宁群的斜长麻粒岩、混合岩化黑云斜长片麻岩中，规模均较小，其同位素年龄为254 Ma，属海西晚期。

(2) 印支期

火山碎屑岩：以中酸性火山凝灰岩为主，呈夹层状赋存于中三叠统二马营组、中三叠统铜川组和上三叠统延长组中(卫彦升等，2022)。二马营组二段上部紫红色泥岩中夹有厚1 m左右的浅绿色晶屑凝灰岩；铜川组巨厚层中、细粒长石砂岩层中夹有多层晶屑、玻屑凝灰岩；延长组局部夹有1～5层浅黄色晶屑凝灰岩。

侵入岩：主要分布于天镇—阳原一带及右玉县滴水沿。前者呈岩床侵入长城系，后者侵入寒武系张夏组灰岩。侵入岩岩性为碱性或偏碱性正长岩、二长岩、闪长岩及闪长玢岩；同位素年龄为210～194 Ma，属印支晚期，岩体规模均较小。煌斑岩侵入体主要分布于大同煤田的魏家沟、鹅毛口、东周窑、小峪、左云南、大同北等煤炭勘探区内。以断层为通道，侵入石炭系太原组及二叠系山西组，以岩墙为主。侵入煤层后，顺煤层展布，呈岩床状。靠近岩墙的岩床较厚，结构复杂；距岩墙较远的岩床厚度较小，结构简单。

(3) 燕山期

火山碎屑岩：发育于侏罗系、白垩系的燕山期火山岩，主要分布于浑源、灵丘、广灵一带，从侏罗纪中期长山峪群、云岗组开始，到侏罗纪晚期东岭台群、滦平群及白垩纪早期中庄铺群，喷发旋回多达8次，多形成火山岩盆地，由溢流相、喷发相的玄武质、安山质、流纹质熔岩、角砾岩、集块岩以及各类火山碎屑岩组成。

侵入岩：燕山期侵入岩比较发育，多期次活动，对煤变质作用影响颇大，按其形成时代可划分为中侏罗世、晚侏罗世和早白垩世3期(卫彦升等，2022)。对含煤建造有影响的侵入岩主要为燕山中期、晚期碱性、偏碱性杂岩体。这些岩体包括河东煤田中部的紫荆山岩体，太原西山煤田的狐偃山岩体，霍西煤田南部及沁水煤田西南端塔儿山-二峰山杂岩体，以及沁水煤田东侧、太行山中段西麓平顺和陵川间的杂岩群。

(4) 喜马拉雅期

火山岩：以玄武岩为主，分布于繁峙、应县、怀仁、右玉、左云、天镇、大同等地。另外在平定—昔阳一带和左权县东部也有零星分布。繁峙玄武岩为渐新世喷发，分布于滹沱河以北及应县南山，为熔岩溢流而成，分布面积大，产状平缓，形成岩流台地。喷发时间长，间断次数多，间隙时间长，一般形成6个喷发间断风化面。风化面由不同色调的黏土、砂岩、泥岩及褐煤组成。

侵入岩：以基性岩脉为主，主要分布于恒山、五台山和左云县、怀仁县一带，岩体呈岩脉状侵入古生代地层，部分侵入白垩系。岩脉明显受断裂控制，呈北西、北东向延伸，岩脉长度小于10 m。岩脉以橄榄粗玄岩为主，其等时线年龄值为43 Ma，应属喜马拉雅早期，在大同煤田南部含煤地层中也有所发现。

2.2 关闭煤矿地质概况

2.2.1 大同矿区

(1) 地层

大同矿区位于山西省北部大同西南部，地处华北地台的北部边缘，出露的地层由老到新有太古界集宁群，古生界寒武系、奥陶系、石炭系、二叠系，中生界侏罗系、白垩系，新生界新近系、第四系。早古生界寒武系、奥陶系地层由南而北，由下而上逐渐变薄，依次尖灭。上石炭统本溪组自南而北依次平行不整合于奥陶系的上马家沟组、下马家沟组和亮甲山组、冶里组以及寒武系上，剥蚀厚度增加。太原组以陆相碎屑岩沉积为主，煤层厚度大，基本无海相灰岩、泥灰岩等沉积。下侏罗统永定庄组自南向北依次区域不整合于二叠系的石千峰组、上石盒子组、下石盒子组、山西组和石炭系的太原组上(秦可敏，2019)。根据晚古生代以来残余沉积地层厚度变化、接触关系、分布范围和垂向演化等特征，大同煤田可分为石炭-二叠系、侏罗系和白垩系 3 大构造层(郭万忠等，2015)。

(2) 构造

大同煤田北接阴山隆起构造带，南东以口泉-鹅毛口逆冲断裂为界，北东以青磁窑断裂为界，东部紧邻吕梁西石山脉，且南部与洪涛山背斜相隔，整体呈北东向不对称复式向斜，为一典型的二叠系-侏罗系双系含煤盆地(郭万忠等，2015；秦可敏，2019)(图 2-2)。上煤系为侏罗系煤系，下煤系为石炭-二叠系煤系，其中侏罗系煤系面积约为 772 km^2，其北以剥蚀带为界，南到口泉山脉，西起左云县西城边，东至青磁窑断裂为止。尽管受多期次构造运动影响，大同煤田北东向的构造格局始终占据着主导。后期受印支、燕山运动影响，煤田东部形成北北东向逆冲断裂和推覆构造，地层陡峻，甚至直立、倒转，构造复杂；而北部、西北部构造则相对简单，以单一向斜为主(秦可敏，2019)。

大同煤田构造区带可划分为东部逆冲断裂带、中部向斜-单斜构造带及西北部隆起(断陷)构造带(郭万忠等，2015)。逆冲断裂带发育于煤田东部、东北部，由多个近平行的北西、北东、北北东向逆冲断层或推覆体组成，从北到南依次发育青磁窑、王家园、拖皮沟、煤峪口、口泉、白洞、鹅毛口等逆冲断层。中部大同向斜是石炭系、侏罗系煤层赋存的主体部分，为一开阔的不对称复向斜构造，轴向为北北东、北东向(郭万忠等，2015；袁远等，2011)。从北东至南西，构造从宽缓的次级波状褶皱，逐渐演变为复杂的断裂、褶皱组合。西北部隆起(断陷)构造带位于大同向斜西至西北部，为典型的隆起背斜区，后经历强烈剥蚀，再次伸展沉降，接受巨厚层白垩系沉积，与下伏地层呈角度不整合接触，以致缺失晚古生界地层(郭万忠等，2015)(图 2-3)。

(3) 煤层

大同矿区石炭-二叠系含煤地层为太原组和山西组，共含煤 15 层。山西组含煤 4 层，仅 4 号煤层局部可采，太原组含煤 11 层，其中 3、5、8 号煤层为全区稳定可采煤层，2、6、9 号煤层局部或零星可采(表 2-1)(秦可敏，2019)。

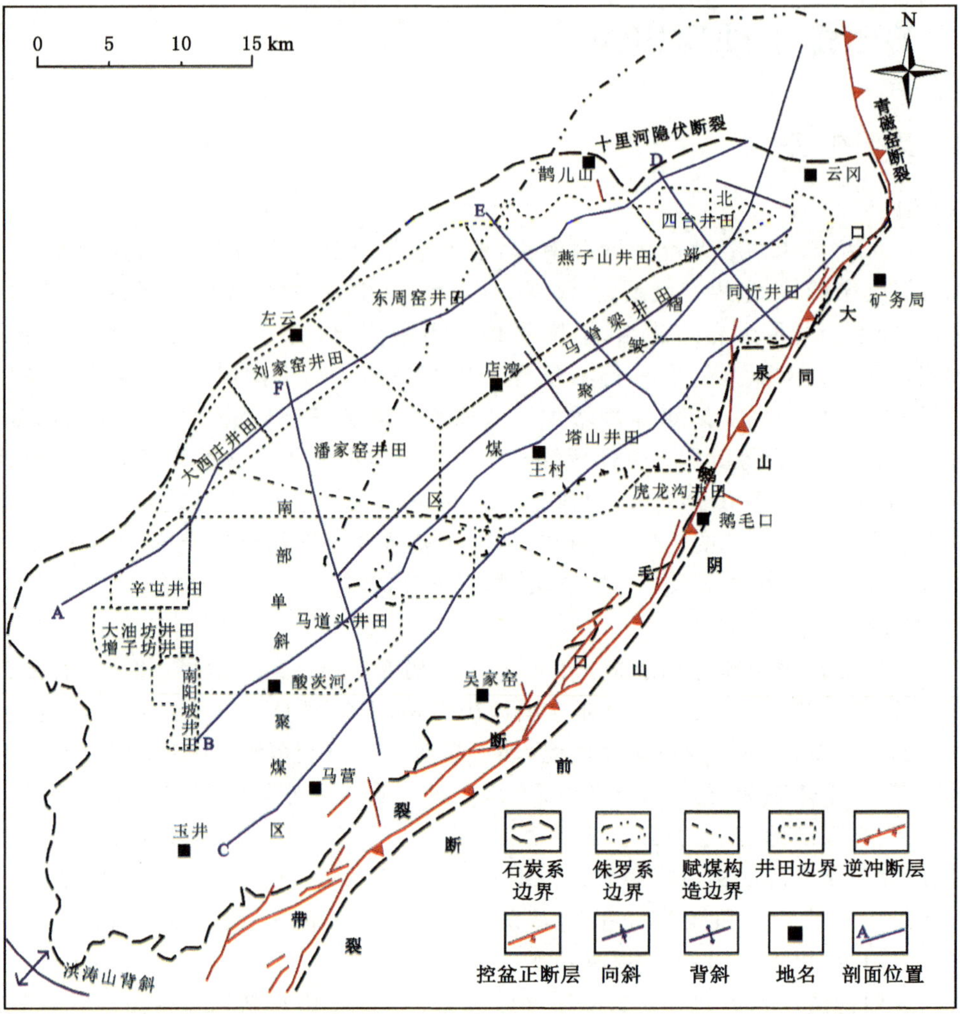

图 2-2 大同煤田地层分布特征与构造纲要图(据郭万忠等,2015,有修改)

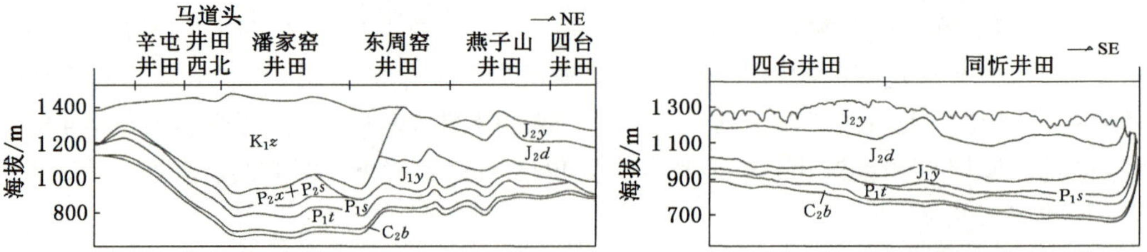

(a) A勘探线 (d) D勘探线

图 2-3 大同煤田构造剖面图(据郭万忠等,2015)

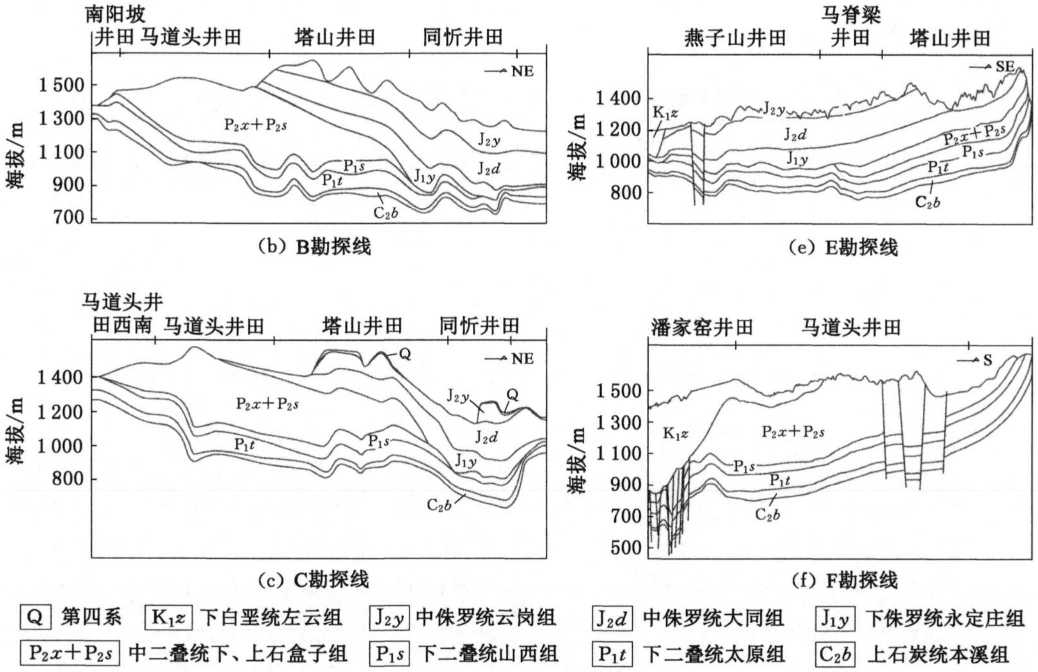

图 2-3(续)

表 2-1 大同矿区石炭-二叠系可采煤层特征表

含煤地层	煤层编号	煤层厚度(最小值至最大值/平均值)/m	顶板岩性	底板岩性	煤层结构	煤层稳定性
山西组	山$_4$	0.20～9.97 / 2.44	砂质泥岩	碳质泥岩	简单	稳定
太原组	2	0.11～4.49 / 2.06	砂岩	砂质泥岩	简单	较稳定
	3	0.25～10.16 / 3.89	细粒砂岩	砂质泥岩	简单	稳定
	5	0.76～21.50 / 10.10	砂砾岩	砂质泥岩	较简单	稳定
	3+5	10.90～25.55 / 17.58	砂砾岩	泥岩	简单	稳定
	8	0.35～10.69 / 4.57	泥岩	泥岩	简单	稳定
	8-1	0.28～5.29 / 2.15	泥岩	泥岩	简单	稳定
	9	0.10～3.52 / 0.82	砂质泥岩	泥岩	简单	不稳定

中侏罗统大同组共含煤层 20 余层，其中可采煤层有 14 层(含复煤层)，可采煤层特征见

表 2-2。大同组煤层主要以弱黏煤-不黏煤为主，可以作为配煤炼焦的原料，也可以作为气化用煤和动力燃料。

表 2-2　大同矿区侏罗系大同组可采煤层特征表(秦可敏,2019)

含煤地层	煤层编号	煤层厚度(最小值至最大值/平均值)/m	平均间距/m	顶板岩性	底板岩性	煤层结构	煤层稳定性
中侏罗统大同组 J_2d	2	$\frac{0.10\sim7.45}{2.28}$	34	砂质泥岩	砂质泥岩	简单	较稳定
	3	$\frac{0.05\sim2.24}{0.79}$	15	砂质泥岩	砂质泥岩	简单	稳定
	4	$\frac{0.15\sim1.60}{0.89}$	14	砂质泥岩	中粒砂岩	简单	稳定
	7	$\frac{0.01\sim2.56}{1.02}$	21	砂质泥岩	砂质泥岩	较简单	稳定
	8	$\frac{0.05\sim3.67}{1.07}$	17	中粒砂岩	砂质泥岩	简单	较稳定
	9	$\frac{0.02\sim1.62}{0.64}$	17	泥岩	中粒砂岩	简单	不稳定
	10	$\frac{0.10\sim1.34}{0.64}$	12	中粒砂岩	泥岩	较简单	不稳定
	11-1	$\frac{0\sim2.12}{0.71}$	7	泥岩	中粒砂岩	简单	不稳定
	11-2	$\frac{0.02\sim4.70}{1.61}$	4	砂质泥岩	中粒砂岩	较简单	稳定
	11-3	$\frac{0.04\sim1.06}{0.52}$	14	中粒砂岩	细粒砂岩	简单	不稳定
	12	$\frac{0.10\sim4.02}{2.00}$	14	细粒砂岩	砂质泥岩	简单	稳定
	13	$\frac{0.15\sim6.39}{2.78}$	8	砂质泥岩	中粒砂岩	较简单	稳定
	14	$\frac{0.14\sim8.12}{1.99}$	6	中粒砂岩	砂质泥岩	较简单	较稳定
	14-2	$\frac{0.10\sim3.35}{1.20}$		中粒砂岩	砂质泥岩	较简单	极不稳定

2.2.2　阳泉矿区

(1) 地层

阳泉矿区位于沁水盆地东北边缘，地层走向为北西-南东，倾向为南西，发育地层为前寒武系，寒武系，奥陶系，石炭系本溪组和太原组，二叠系山西组、下石盒子组、上石盒子组和石千峰组，三叠系，侏罗系，新近系和第四系，主要含煤地层为太原组和山西组（唐军，2018）。上石炭统太原组、下二叠统山西组的煤层，共16层煤，其中1～6号煤层为山西组煤层，8～15号煤层属于太原组。山西组为三角洲平原沉积，太原组为滨岸、碳酸盐台地三角洲交互沉积。

（2）构造

阳泉矿区位于沁水盆地东缘，主体构造为单斜构造，地层平缓，倾角小于15°（图2-4）。矿区北部（寿阳—阳泉）构造为一系列呈雁列行排列的北北东、北东、北东东向的宽缓褶皱，北西向、北东向正断层发育，断距多小于5 m（令狐建设等，2020）。矿区中部（阳泉一左权）地层走向以近南北向为主，受新华夏系控制，形成北东、北北东向褶皱及断裂组合，断裂以高角度正断层为主，在两构造体系转折区段（阳泉）出现张扭性断裂，呈北北西向展布（唐军，2018）。南部区域以扭动构造为主，北东东向短轴褶皱和逆断层发育（令狐建设等，2020）。整体来看，全区构造以宽缓的褶曲为主，相间发育少量断裂构造，区内大型断裂带不发育，陷落柱数量多，地质构造复杂程度为中部＞北部＞南部（唐军，2018；令狐建设等，2020）。

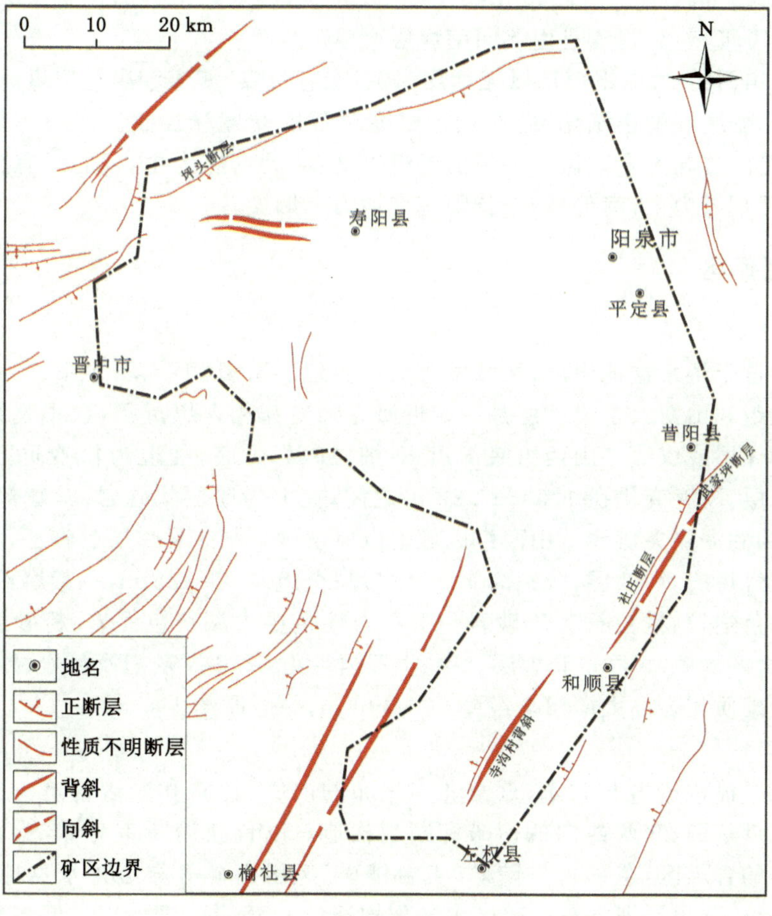

图2-4 阳泉矿区构造展布图

(3) 煤层

阳泉矿区主要含煤地层为太原组和山西组。太原组共含煤 8 层,其中主要可采煤层有 8、9、12、15 号煤层,可采煤层含煤系数为 7.7%。山西组共含煤 3~5 层,其中主要可采煤层有 3、6 号煤层,可采煤层含煤系数为 4.4%。

山西组主要可采煤层包括 3 号、6 号煤层。3 号煤层位于山西组下段,厚 0~4.75 m,平均厚 1.35 m;由西向东,自北向南有变薄趋势,在寿阳、阳泉一带属较稳定煤层,到平定、昔阳地区则变薄为不稳定煤层。6 号煤层位于山西组底部,厚 0~3.85 m,平均厚 1.01 m,属不稳定煤层,厚度变化较大,局部可采。

太原组主要可采煤层为 8、号、9 号、12 号、15 号煤层。8 号煤层位于太原组顶部,厚 0~6.29 m,平均厚 1.62 m;属较稳定可采煤层,向南到平定、昔阳一带分叉为 8-1、8-2 号两煤层,为不稳定可采煤层。9 号煤层位于太原组上段下部,厚 0~6.69 m,平均厚 1.64 m;属不稳定可采煤层,仅在寿阳一带属较稳定煤层,但又分叉为 9-1、9-2 号两煤层,其他地方均为不稳定可采煤层。12 号煤层位于太原组中部,厚 0~2.00 m,平均厚 0.80 m;属较稳定可采煤层,自阳泉向西至寿阳和向南至平定、昔阳有变薄的趋势,南部属不稳定可采煤层。15 号煤层位于太原组下段,厚 0~11.26 m,平均厚 5.20 m;属复杂结构的稳定煤层,寿阳一带煤层变薄且有不可采点,总趋势是由北向南煤层增厚。

阳泉矿区山西组-太原组煤层以无烟煤为主,次有贫煤、瘦煤和少量焦煤。平面上,自北西至南东方向,变质程度逐渐增高,垂向上煤变质程度受埋深控制。寿阳一带山西组以瘦煤为主;太原组以贫煤为主。盂县一带山西组以贫煤、无烟煤为主,仅北缘有少量瘦煤和焦煤;太原组以无烟煤为主,南部平定、昔阳一带均为无烟煤。

2.2.3 晋城矿区

(1) 地层

晋城矿区位于沁水盆地南部,区域发育的主要地层有奥陶系、石炭系、二叠系、新近系、第四系。太原组和山西组含煤地层是一套近海海陆交互相含煤沉积,在本溪组及下石盒子组均只含有薄煤层或煤线。山西组底部以 K_7 细粒砂岩为底,往上为粉砂质泥岩,3 号煤层为本组主要煤层,厚度变化在 1.50~7.22 m 之间,往上为厚层状砂岩,其底部颗粒粗,往上变细,再往上为砂泥层夹煤线。山西组区域上以厚层砂岩与 3 号煤层为特征,与其他地层相区别。山西组含煤线 2~3 层,分别为 1、2、3 号煤;全组厚 35~55 m,一般厚约 46 m。太原组底部为灰白色细粒、粗粒石英质砂岩。下段岩性主要为深灰色泥岩、粉砂岩夹薄层砂岩及煤层,其中含 8-2、9、15 号三套煤层。中、上段岩性由 5~6 层灰岩及泥岩、粉砂岩组成,其间含数层煤及碳质泥岩。太原组全组厚 70~140 m,一般厚约 100 m。

(2) 构造

晋城矿区主体构造为北北东、近南北向展布的向斜、背斜和断裂构造。矿区阳城—翼城一带也发育近东西、北西西向的褶皱和断裂构造。以晋获褶断带为界,晋城矿区分为东西两个不连续的含煤区,东部古书院矿、王台铺矿、凤凰山矿等靠近沁水盆地边缘,煤层埋深浅,西部新建矿井煤层埋深深。矿区内断裂构造较发育,断层数量多,但多集中于矿区的东部、西部和南部边界一带,矿区内部则断层稀少(图 2-5)。

① 晋(城)-获(鹿)褶断带

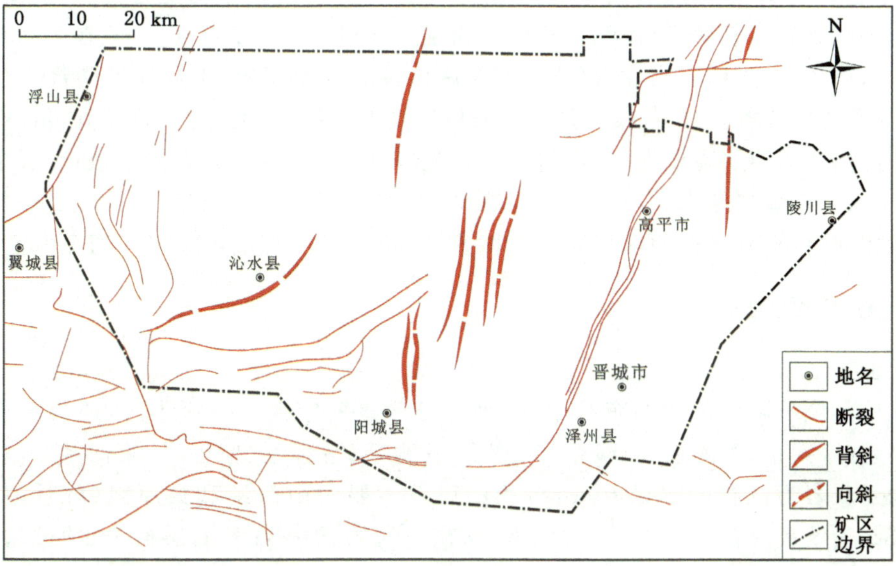

图 2-5 晋城矿区构造展布图

该褶断带作为晋城矿区的东部边界，由一系列北东向褶皱、断裂组成。其主要的断层有高庙山正断层、长治正断层、高平正断层、白马寺正断层等。其主要褶曲有赵村向斜及南部未命名的一系列背斜和向斜等。

② 浮山断裂带

该断裂带是矿区的西部边界，也是沁水煤田与霍西煤田的分界，由若干倾向各异、落差不等、走向不同的断层组成。总体走向为北北东，主断裂在平面上呈波状延伸，落差最大可达数百米。

③ 寺头正断层

位于矿区中东部，为一北西盘下降、南东盘上升的正断层。该断层实际上是一个由数条断层组成的断裂带，断层走向和落差变化较大。上盘地层自南向北依次为上石盒子组、石千峰组、刘家沟组，落差在 300 m 以上。自端氏镇往西南到固隆一带，断层走向变为北东向，落差近 400 m，自固隆往西，走向变为近东西向。

(3) 煤层

晋城矿区含煤地层为山西组-太原组，共含煤 15 层，自上而下编号为 1、2、3、5、7、8-1、8-2、9、10、11、12、13、$13_{下}$、15、16 号，煤层总厚约 14 m，含煤地层总厚 120～178 m，含煤系数约 10%（唐军，2018）。

山西组含煤 1～3 层，地层总厚 30～60 m，含煤系数 13.78%。其中 1、2 号薄煤层不可采，仅 3 号煤层为可采煤层，平均厚 5.28 m，含煤系数约 14%。顶板主要由泥岩、粉砂岩、粉砂质泥岩等组成，局部为细、中粒砂岩。底板多为泥岩和粉砂岩。一般含 1～3 层泥岩夹矸。在矿区西南、东北部及樊庄的西部为煤层变薄区，煤层厚度小于 5 m。

太原组平均厚度为 90 m，一般含煤 10 层，自上而下编号为 5、6、7、8、9、11、13、14、15、16 号，煤层总厚约 7.3 m，含煤系数约 7.5%。其中 9、15 号煤为主要可采煤层，厚 4.77 m，可采含煤系数 4.83%。9 号煤层顶板常为薄层状的泥质灰岩，有时相变为泥岩、砂质泥岩，局部为中至细粒砂岩。其底板以泥岩、粉砂岩为主。煤层厚 0～2.57 m，一般在 1.03 m 左右，煤层结构简单，在樊庄区以南发育较好，自樊庄区往北开始变差，至赵庄区南部 9 号煤层多被冲刷，为砂岩所代替。15 号煤层区内普遍稳定可采，厚度较大，因含硫较高，俗称“臭煤”。该煤层的伪顶多为薄层碳质泥岩、泥岩与含钙泥岩，K_2 灰岩常为其直接顶板；底板主要为泥岩、碳质泥岩。该煤层厚 0.80～7.07 m，是太原组厚度最大的一层煤。从全区来看，煤层厚度呈带状相间分布，并呈东西向展布。晋城矿区 3 号、15 号煤层煤类以无烟煤为主。

2.2.4 潞安、武夏矿区

(1) 地层

潞安矿区位于沁水盆地的东缘中段，地层分区隶属宁武—临汾小区，地层由老到新发育有震旦系、寒武系、奥陶系、石炭系、二叠系，三叠系、古近系、新近系、第四系。整体而言，是以奥陶系灰岩为沉积的煤系基底，沉积的煤系主要为山西组和太原组(杜景卫，2015)。太原组底部为浅灰色石英砂岩(K_1)，以灰、深灰色薄层状中-细粒石英砂岩、粉砂岩、泥岩为主，平均厚 119.44 m。山西组底部为灰白色砂岩(K_7)，其上为灰白色、浅灰色、深灰色中-细粒砂岩，深灰色、黑灰色砂质泥岩、泥岩、煤层互层，平均厚 66.38 m。

(2) 构造

潞安矿区位于沁水盆地的东南翼，主体部分为新生代叠加的长治新裂陷，东侧与晋获断裂带和太行山块隆相邻，西侧逐渐过渡为沁水盆地核部，北至柳林-盂县东西向构造带，南接豫皖断块和临汾新生代裂陷(孙腾等，2016)。潞安矿区断裂构造呈走向平行、倾向相背或相同的剖面共轭组合(杜景卫，2015)。高角度正断层倾向相背形成地垒或地堑构造，如矿区北部由文王山南断层和文王山北断层组成的地垒、由二岗山北断层和岗山南断层组成的地垒、中华断层和安昌断层组成的地堑(图 2-6)。矿区构造格局具有明显的东西分带和南北分段规律，由东向西可划分为晋获断裂带、东部弱变形带和西部挤压变形带；由北向南，以文王山和二岗山断裂为界，可分为北、中、南三段(杜景卫，2015)。武夏矿区位于西川断裂以北，与潞安矿区相比，断裂构造不发育，矿区整体以近北东向的复背斜、复向斜构造为主，构造相对简单(图 2-6)。

(3) 煤层

矿区主要含煤地层为太原组和山西组，含煤地层平均厚 185.82 m，含煤 11～18 层，煤层总厚平均为 15.98 m，含煤系数 9%，其中可采和局部可采煤层 5～7 层。山西组含煤系数为 10.1%，太原组含煤系数为 8.4%(曹腾飞，2021)。

山西组主要可采煤层为 3 号煤，位于山西组中下部。其北部变薄，平均厚仅 1.90 m；中南部变厚，为 4.50～8.44 m，平均厚 6.25 m。煤层结构简单至中等，属稳定至较稳定可采层。

太原组可采煤层主要包括 8、9、14、15-1、15-2、15-3 号煤层。8 号煤层位于太原组上段 K_5 之下。煤层厚 0～2.33 m，平均厚 1.12 m，由北向南减薄。9 号煤层位于太原组上段底部，平均厚 1.10 m。14 号煤层位于太原组下段顶部，平均厚 0.80 m。15-1 号煤层位于太原组下段。中部与 15-2、15-3 号煤层合并，南部形成稳定厚煤层，煤层厚 3.20～7.60 m，平均厚 4.67 m；北部薄于南部，煤层结构简单至复杂，属大部稳定可采煤层。15-2 号煤层位于太

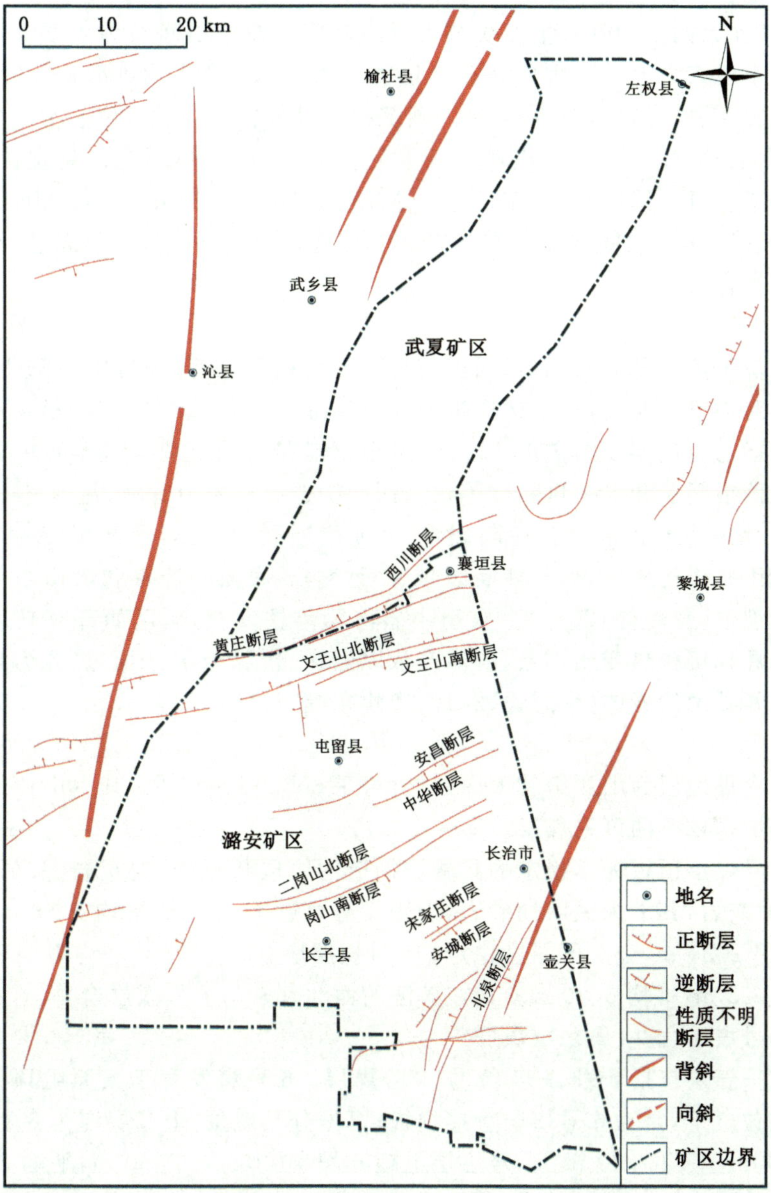

图 2-6 潞安、武夏矿区构造展布图

原组下段中部，平均厚 0.81 m。15-3 号煤层位于太原组下段底部，平均厚 3.27 m，中部属较稳定煤层；向南、北部结构趋于复杂，属稳定煤层。

矿区以瘦煤、贫煤和无烟煤为主，有少量焦煤。北部左权、武乡一带以瘦煤、焦煤为主，南部潞安、长治一带以贫煤、无烟煤为主。

2.2.5 西山矿区

(1) 地层

西山矿区地层依次发育寒武系、下奥陶统、上石炭统、二叠系、三叠系、侏罗系、白垩系、古近系、新近系和第四系，其中，上石炭统太原组和下二叠统山西组为主要含煤地层。太原组整合接触于本溪组之上，顶、底界分别为北岔沟砂岩(K_3)层底和晋祠砂岩(K_1)层底，以泥岩、砂岩为主，夹灰岩和煤层，属于潮坪-潟湖沉积。含灰岩5～6层，位于本组中的车大窑灰岩(L_5)、斜道灰岩部(L_4)、毛儿沟灰岩(K_2)及庙沟灰岩(L_1)厚度较大，稳定性好；位于本组下部的吴家峪灰岩(L_0)厚度小，稳定性差。本组地层厚101.50 m左右。山西组顶、底界分别为骆驼脖子砂岩(K_4)层底和北岔沟砂岩(K_3)层底，为一套砂岩、砂质泥岩、泥岩及煤层组成的陆相沉积组合。

(2) 构造

西山矿区位于沁水盆地西北部，西侧与吕梁隆起相邻，东部与晋中断陷相接，整体为一呈箕斗状的不对称复式向斜，主要构造轴迹为近南北、东西及北东东向(图2-7)。区内主要南北向构造包括马兰向斜、水峪贯向斜、云梦山褶皱带和官地背斜等，正断层有榆林西断层、北社断层、西冶断层和水峪贯断层等。东西向构造有乔家山背斜、盘道-马家山断层和明家窊断层等。北东东向构造有安庄断裂带、九龙塔断裂带、红岩子断裂带、古交构造带、王封-李家社-原相-兆峰构造带、杜儿坪断裂带、平地窑-碾底沟构造带和煤田东部与太原盆地接壤的清交断裂带(曾玲等，2019)。煤田中岩溶陷落柱发育，矿区西部存在因燕山期岩浆侵入而造成的局部接触热变质现象，岩体产状以岩床、岩脉为主，中心热源为狐偃山岩浆岩体和东南部的祁县隐伏岩体(李志勇，2010；逯建东等，2016)。

(3) 煤层

西山矿区含煤地层为山西组和太原组，含可采煤层12～16层，其中山西组2号煤层和太原组8号煤层是重要的可采煤层。

山西组2号煤层顶板为不稳定的具叠锥构造的纹层状泥岩、泥灰岩、灰岩，即铁磨沟灰岩，亦称下石村灰岩，其上为铁磨沟砂岩，上距1号煤层1～23 m，平均6.80 m。煤层厚0～5.98 m，平均厚2.30 m，全矿区厚度稳定。3号煤层厚0～6.60 m，平均为1.79 m。其上距3上号煤层0～22 m，平均6.20 m。其在矿区的西北部常与2号煤层合并，在矿区的中部及西北部常与4号煤层合并，属稳定煤层。

太原组主采煤层包括6号、7号、8号、9号煤层。6号煤发育于太原组顶部东大窑灰岩(L_5)或相当层位之下，常为6号煤层直接顶板；可见分叉现象，上分层定为6上；属较稳定煤层，厚0～4.33 m，平均1.20 m。7号煤层上距6号煤层5.0～25.0 m，平均23.0 m。煤层厚0～1.71 m，平均厚0.70 m，属薄煤层，但层位稳定，局部可达中厚煤层。8号煤层为西山矿区主采煤层之一，庙沟灰岩常为其直接顶板。在矿区的北部和西南部常有分叉现象，其上分层定为8上号，庙沟灰岩则为8上号的直接顶板。从整个矿区范围看，8号煤层属稳定煤层，煤层厚0.40～8.00 m，平均厚3.90 m。9号煤层距8号煤层3.65～23.17 m，煤层厚度0～3.70 m，平均厚度为1.63 m。顶板以灰黑色粉砂质泥岩、粉砂岩为主，底板为粉砂岩、粉砂质泥岩，有时相变为细粒砂岩。

山西组2号、3号、4号煤层为低至高灰、特低硫至中硫、特低至低磷的肥煤、焦煤、瘦煤和贫煤。太原组5号煤层为高灰、低硫的贫煤；太原组6号、7号、8号、9号、10号煤层为低至高灰、特低至高硫、特低至低磷的肥煤、焦煤、瘦煤、贫煤与无烟煤。变质程度具有明显的区域差异性，在西山矿区中部煤层变质程度高，在矿区边缘，尤其是西北部，变质程度低，以

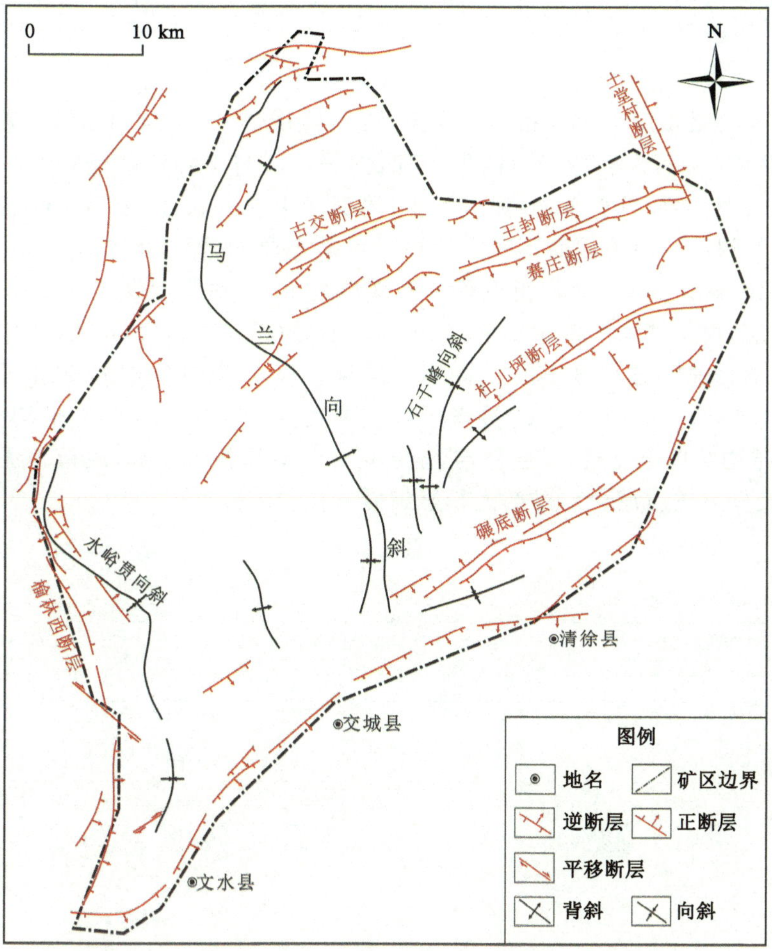

图 2-7 西山矿区构造展布图

肥煤为主。

2.2.6 霍州矿区

(1) 地层

矿区发育的地层由老至新有奥陶系中统的下马家沟组、上马家沟组、峰峰组，石炭系中统本溪组、上统太原组，二叠系下统山西组、下石盒子组和上统上石盒子组及石千峰组，新近系上新统，第四系下、中、上更新统和全新统的地层。霍州矿区主要含煤地层为太原组和山西组，太原组为陆表海沉积，岩性由砂岩、粉砂岩、砂质泥岩、泥岩、煤层和生物碎屑灰岩组成。山西组为滨海冲积平原沉积，由砂岩、粉砂岩、砂质泥岩、泥岩及煤层组成。

(2) 构造

霍州矿区区域大地构造位置处于华北板块(Ⅱ级)中的山西过渡块体(Ⅲ级)，洪洞区块(Ⅳ级)的北部，位于临汾-运城裂陷盆地北部，是新生代的典型伸展构造发育区。矿区构造以断裂构造为主，内部发育着北北东、近东西向褶皱，如霍山背斜、赵城向斜等。中小型断层广泛存在，如罗云断层、霍山断层、赤峪断层等，以及规模较小的褶皱和断裂（王连国等，2010）。

（3）煤层

山西组主要可采煤层为1号和2号煤层。1号煤层位于山西组上部，一般为薄煤层，煤层稳定，结构简单。2号煤层位于山西组中部，部分地区与1号地层合并为一层煤，矿区厚度变异系数大，顶板主要以粉砂岩、泥岩为主，局部为中粒砂岩；底板为粉砂岩、泥岩。太原组4、5、6、7、9号煤层一般为薄而不稳定的局部可采煤层，煤厚基本小于1 m，变化较大，煤体结构简单。10号煤层位于太原组下段9号煤层之下，平均厚度在2.5 m左右，为稳定的全矿区可采煤层，煤层结构简单至复杂，其顶板为9号煤层底板，底板岩性为中至细粒砂岩、泥岩、粉砂岩，部分地区与9号煤层合并为一层煤。11号煤层位于太原组下段下部，上距10下号煤层平均间距10.87 m。11号煤层煤层厚度为1.36～3.14 m，平均为2.32 m，有0～4层夹矸，结构简单至复杂，煤层稳定，全区可采。其顶板为泥岩；底板为泥岩（包括黏土岩、铝质泥岩及少数碳质泥岩），局部为粉至细砂岩或中粒砂岩。

3　关闭煤矿剩余煤炭资源特征

3.1　关闭煤矿煤层特征

根据收集的关闭煤矿资料可知，山西省关闭煤矿的煤层包括中侏罗统大同组(J_2d)12 层煤、下二叠统山西组(P_1s)8 层煤、上石炭统太原组(C_2-P_1t)13 层煤和上石炭统本溪组(C_2b)1 层煤(均不含地区分叉煤层)。下面分别对不同矿区关闭煤矿主要可采煤层特征进行描述。

(1) 大同矿区

大同矿区关闭煤矿主采煤层为大同组 3 号、4 号、7 号、11-2 号、12 号及 13 号煤层以及太原组 3 号、5 号及 8 号煤层。

大同组 3 号煤层主要分布于大同矿区东北部区域及北部边界[图 3-1(a)]，煤炭资源剩余程度为 9.64%。煤层厚度为 1.04～3.58 m，平均为 1.96 m，属稳定至较稳定大部分可采煤层；煤层结构简单，含 0～2 层夹矸；顶底板岩性均以砂质泥岩、粉砂岩、细粒砂岩为主，局部见粗粒砂岩、泥岩。煤类以不黏煤为主。

大同组 4 号煤层分布于大同矿区东北部区域及北部边缘[图 3-1(b)]，煤炭资源剩余程度为 40.63%。煤层厚度为 0.37～1.26 m，平均为 1.02 m，属稳定大部分可采煤层；煤层结构简单，基本不含夹矸，局部含 1～2 层夹矸；顶底板岩性均以砂质泥岩、粉砂岩、细粒砂岩为主。煤类以不黏煤为主。

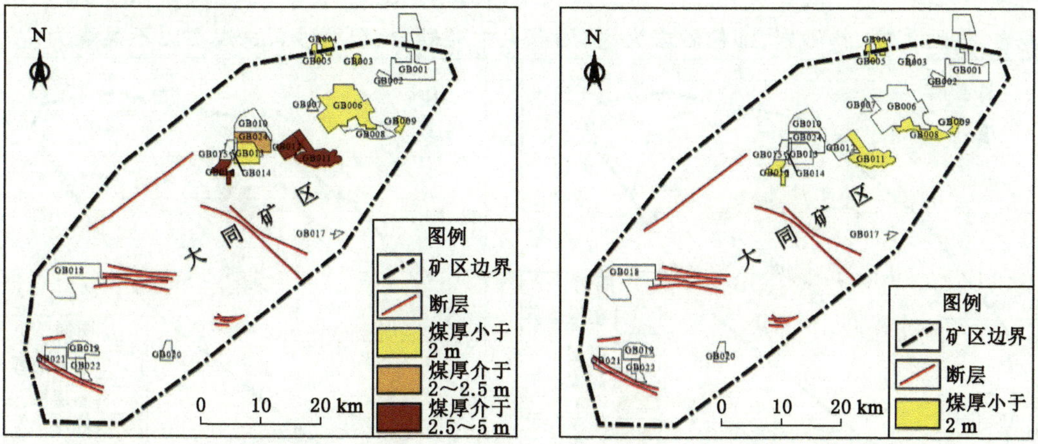

(a) 3号煤层　　(b) 4号煤层

图 3-1　大同矿区大同组 3 号、4 号煤层展布图

大同组 7 号煤层分布于大同矿区东北部区域及北部边缘[图 3-2(a)],煤炭资源剩余程度为 13.58%。煤层厚度 0.59~3.10 m,平均 1.54 m,属稳定至较稳定的大部分可采煤层;煤层结构简单,含 0~2 层夹矸,局部煤层结构复杂,含 1~4 层夹矸;顶底板岩性以砂质泥岩、粉砂岩、细粒砂岩为主,局部见中粒砂岩、泥岩。煤类以不黏煤为主。

大同组 11-2 号煤层分布于大同矿区东北部区域[图 3-2(b)],煤炭资源剩余程度 36.39%。煤层厚度 0.99~3.87 m,平均 1.60 m,属稳定至较稳定大部分可采煤层;煤层结构简单,含 0~2 层夹矸,少部分煤层结构简单至复杂,含 0~4 层夹矸;顶底板岩性均以砂质泥岩、粉砂岩、细粒砂岩为主,局部见中粒砂岩、泥岩。煤类以不黏煤为主。

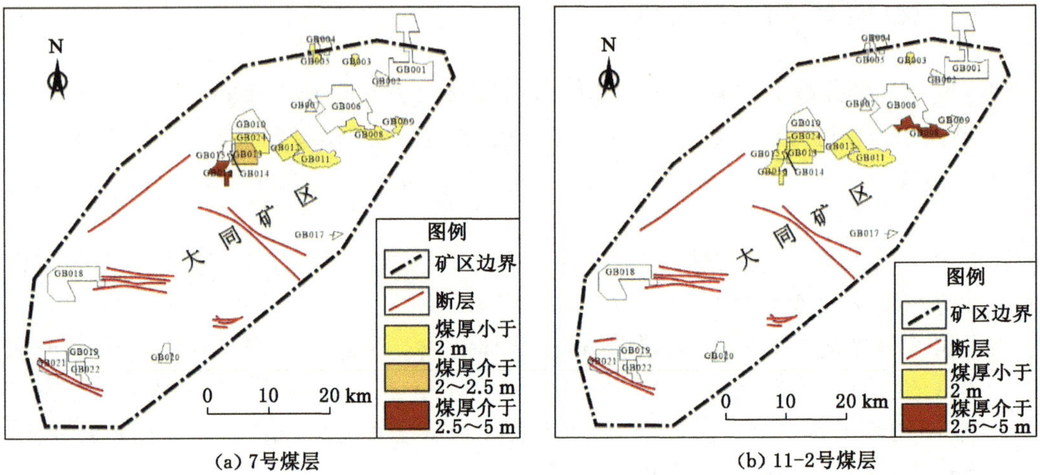

图 3-2　大同矿区大同组 7 号、11-2 号煤层展布图

大同组 12 号煤层分布于大同矿区东北部区域及北部边缘[图 3-3(a)],煤炭资源剩余程度为42.23%。煤层厚度 0.47~3.24 m,平均 1.49 m,属稳定至较稳定大部分可采煤层;煤层结构简单至较简单,含 0~2 层夹矸,少部分煤层结构简单至复杂,含 0~4 层夹矸;顶底板岩性均以泥岩、砂质泥岩、粉砂岩、细粒砂岩为主,局部见中粒砂岩、粗粒砂岩。煤类以不黏煤为主。

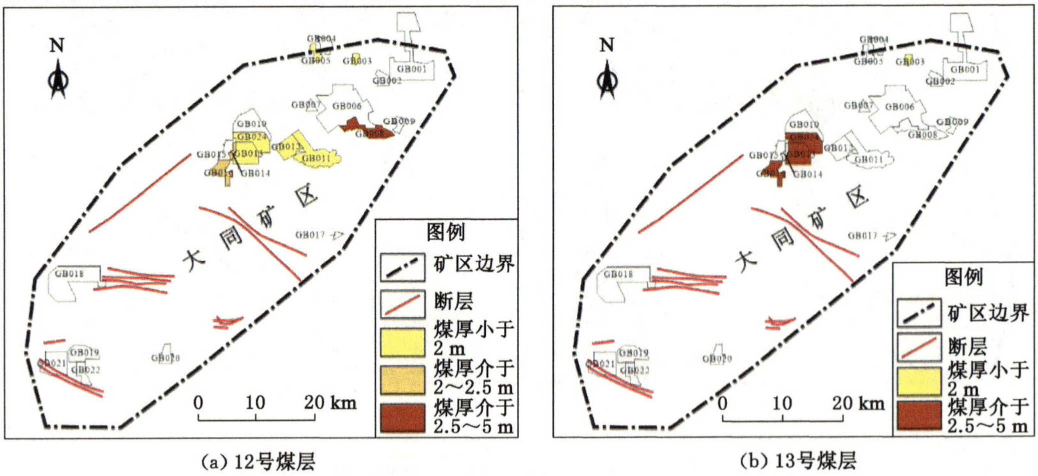

图 3-3　大同矿区大同组 12 号、13 号煤层展布图

大同组 13 号煤层分布于大同矿区东北部区域及北部边缘[图 3-3(b)]，煤炭资源剩余程度为58.58%。煤层厚度 0.80～2.68 m，平均 2.09 m，属稳定大部分可采；煤层结构简单至较简单，含 0～2 层夹矸；顶底板岩性均以砂质泥岩、粉砂岩、细粒砂岩为主，局部见中粒砂岩、泥岩。煤类以不黏煤为主。

太原组 3 号煤层分布于大同矿区西南部区域[图 3-4(a)]，煤炭资源剩余程度为72.29%。煤层厚度 2.30～6.42 m，平均 4.97 m，属稳定至较稳定大部分可采煤层；煤层结构简单至较简单，含 0～3 层夹矸，局部煤层结构简单至复杂，含 0～4 层夹矸；顶底板岩性均以泥岩、砂质泥岩、粉砂岩为主，局部见碳质泥岩。煤类以气煤为主。

太原组 5 号煤层分布于大同矿区西南部区域[图 3-4(b)]，煤炭资源剩余程度为83.74%。煤层厚度 3.52～9.42 m，平均 6.21 m，属稳定至较稳定大部分可采煤层；局部煤层结构简单，含 0～4 层夹矸，局部煤层结构复杂，含 0～5 层夹矸；顶底板岩性均以泥岩、砂质泥岩、细粒砂岩为主，局部可见中粒砂岩、粉砂岩、碳质泥岩。煤类以长焰煤-气煤为主。

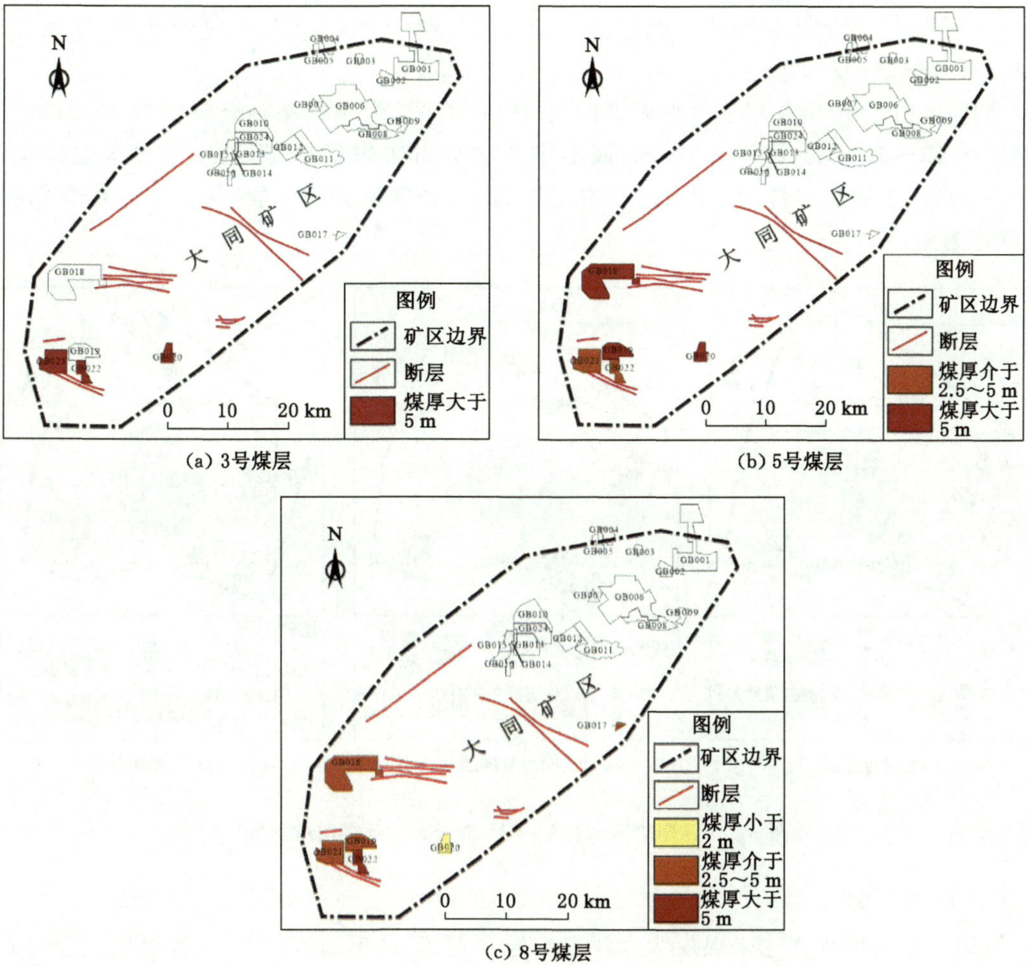

图 3-4 大同矿区太原组 3 号、5 号、8 号煤层展布图

太原组 8 号煤层分布于大同矿区西南部区域[图 3-4(c)]，煤炭资源剩余程度为 93.56%。煤层厚度 1.10～5.96 m，平均 3.70 m，属稳定至较稳定大部分可采煤层；煤层结构简单至较简单，含 0～3 层夹矸，局部煤层结构复杂，含 0～5 层夹矸；顶底板岩性均以泥岩、砂质泥岩、粉砂岩为主，局部见中粒砂岩、细粒砂岩、碳质泥岩。煤类以长焰煤-气煤为主。

(2) 平朔矿区

平朔矿区关闭煤矿主采煤层为太原组 4 号、9 号、11 号煤层(图 3-5)。太原组 4 号煤层分布于平朔矿区四周[图 3-5(a)]，煤炭资源剩余程度为 60.40%。煤层厚度 1.04～16.67 m，平均 7.85 m，属稳定大部分可采煤层；煤层结构简单至较复杂，含 0～6 层夹矸；顶底板岩性均以泥岩、砂质泥岩、细粒砂岩、中粒砂岩为主，局部见 K_3 粗粒砂岩、碳质泥岩、角砾岩。煤类以长焰煤、气煤为主。

太原组 9 号煤层分布于平朔矿区四周[图 3-5(b)]，煤炭资源剩余程度为 61.93%。煤层厚度 4.65～14.41 m，平均 10.54 m，属稳定大部分可采煤层；煤层结构多复杂至较复杂，含 0～6 层夹矸；顶底板岩性均以泥岩、砂质泥岩、中粒砂岩为主，局部见粉砂岩、细粒砂岩。煤类以长焰煤、气煤为主。

太原组 11 号煤层分布于平朔矿区四周[图 3-5(c)]，煤炭资源剩余程度为 99.24%。煤层厚度 2.13～5.06 m，平均 3.63 m，属稳定大部分可采煤层；煤层结构简单至较复杂，含 0～3 层夹矸；顶底板岩性均以泥岩、砂质泥岩为主，局部见碳质泥岩、泥灰岩。煤类以长焰煤、气煤为主。

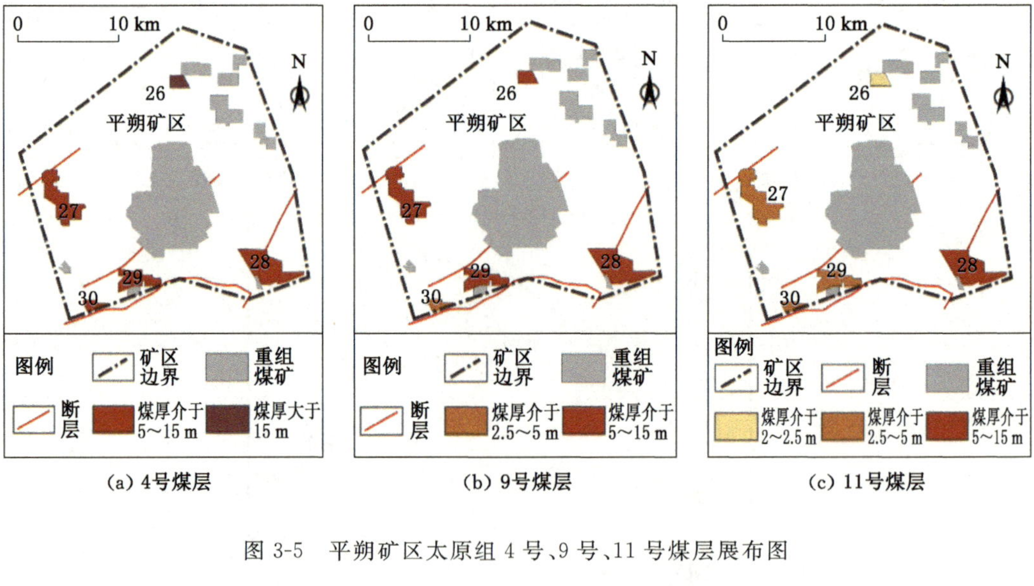

图 3-5　平朔矿区太原组 4 号、9 号、11 号煤层展布图

(3) 轩岗矿区

轩岗矿区关闭煤矿主采煤层为太原组 5 号、9 号及 11 号(图 3-6)。5 号煤层主要分布于矿区中南部，煤炭资源剩余程度为 77.48%。煤层厚度 0.69～4.25 m，平均 2.63 m，属较稳定大部分可采煤层；煤层结构较简单，含 0～1 层夹矸，局部较复杂，含 2～7 层夹矸；顶底板岩性均以泥岩、砂质泥岩和细粒砂岩为主，少部分为中粒砂岩。煤类以气煤为主。

9 号煤层主要分布于矿区中南部，煤炭资源剩余程度为 85.61%。煤层厚度 2.13～13.86 m，平均 8.93 m，中南部厚度较大，东侧煤层变薄，属稳定全区可采煤层；煤层结构简单至复杂，部分区域无夹矸，局部含夹矸 3～7 层；顶底板岩性均以泥岩、砂质泥岩和细粒砂岩为主，少部分为中粒砂岩。煤类以气煤为主。

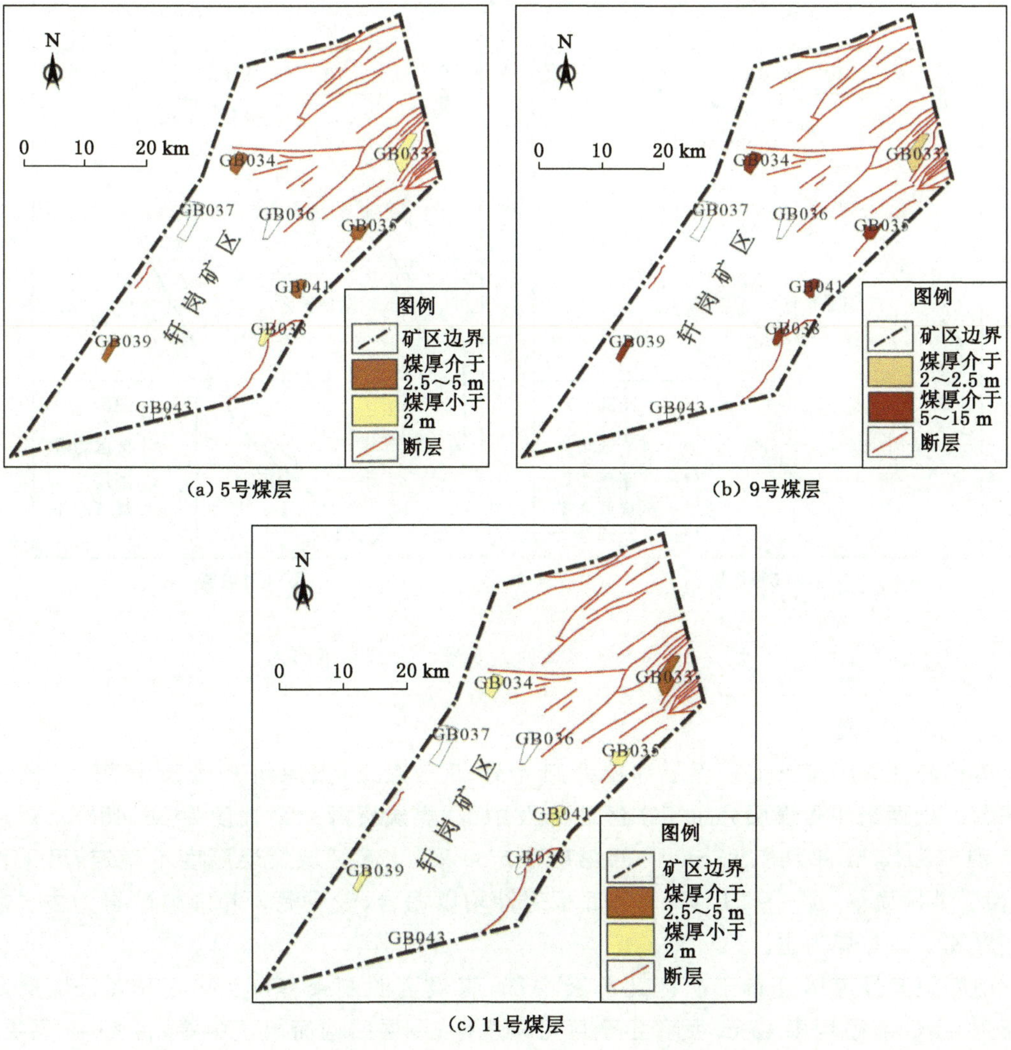

图 3-6　轩岗矿区太原组 5 号、9 号及 11 号煤层展布图

11 号煤层主要分布于矿区中南部，煤炭资源剩余程度为 99.69%。煤层厚度 0.65～2.7 m，平均 1.43 m，煤层厚度较小，属较稳定大部分可采煤层；煤层结构简单，含 0～1 层夹矸；顶底板岩性以泥岩、砂质泥岩和细粒砂岩为主，少部分为页岩、中粒砂岩。煤类以气煤为主。

（4）岚县矿区

岚县矿区关闭煤矿主采煤层为太原组 5 号、6 号煤层（图 3-7）。5 号煤层主要分布于矿区北部，煤炭资源剩余程度为 99.72%。煤层厚度 2.07～2.38 m，平均 2.23 m，属稳定大部分可采煤层；煤层结构简单，含 0～2 层夹矸；顶底板岩性均以泥岩、砂质泥岩和细粒砂岩为主。煤类以气煤、1/3 焦煤为主。

6 号煤层主要分布于矿区北部，煤炭资源剩余程度为 100%，煤层厚度 0.69～1.30 m，平均 1.00 m，属稳定大部分可采煤层；煤层结构简单，含 0～1 层夹矸；顶底板岩性均以泥岩、砂质泥岩为主。煤类以气煤、1/3 焦煤为主。

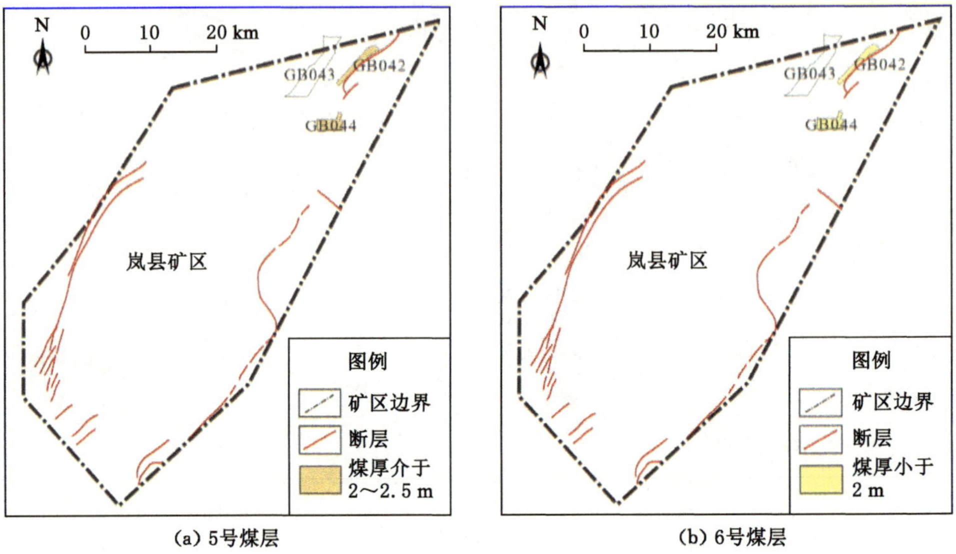

图 3-7　岚县矿区太原组 5 号、6 号煤层展布图

（5）离柳矿区

离柳矿区关闭煤矿主采煤层为山西组 4 号、5 号煤层，太原组 8 号、9 号煤层（图 3-8、图 3-9）。山西组 4 号煤层分布于矿区北部及中部，煤炭资源剩余程度为 88.48%。煤层厚度 0.91～2.42 m，平均 1.83 m，中部煤层稳定可采，北部区域煤层厚度不稳定，可采性较差；煤层结构简单，含 0～2 层夹矸；顶底板岩性均以泥岩、砂质泥岩和细粒砂岩为主。煤类以气煤和 1/3 焦煤为主。

山西组 5 号煤层分布于矿区北部及中部，煤炭资源剩余程度为 69.30%。煤层厚度 2.78～5.54 m，平均 4.43 m，属稳定全区可采煤层；煤层结构简单至中等，含 0～5 层夹矸。顶底板岩性均以泥岩、砂质泥岩为主，少部分可见粗粒砂岩。煤类以气煤和 1/3 焦煤为主。

太原组 8 号煤层分布于矿区北部及中部部分区域，煤炭资源剩余程度为 100%。煤层厚度 0.85～2.85 m，平均 1.85 m，属较稳定至稳定大部分可采煤层；煤层结构简单，含 0～1 层夹矸；顶底板岩性以泥岩、砂质泥岩、细粒砂岩及石灰岩为主。煤类以 1/3 焦煤和焦煤为主。

太原组 9 号煤层分布于矿区北部及中部，煤炭资源剩余程度为 74.41%。煤层厚度 6.58～14.89 m，平均 11.08 m，煤层厚度较大，属较稳定至稳定全区可采煤层。北部煤层结构复杂，含 0～6 层夹矸，中部煤层结构简单至复杂，含 1～5 层夹矸，顶底板岩性以泥岩、细粒砂岩及石灰岩为主。煤类以 1/3 焦煤和焦煤为主。

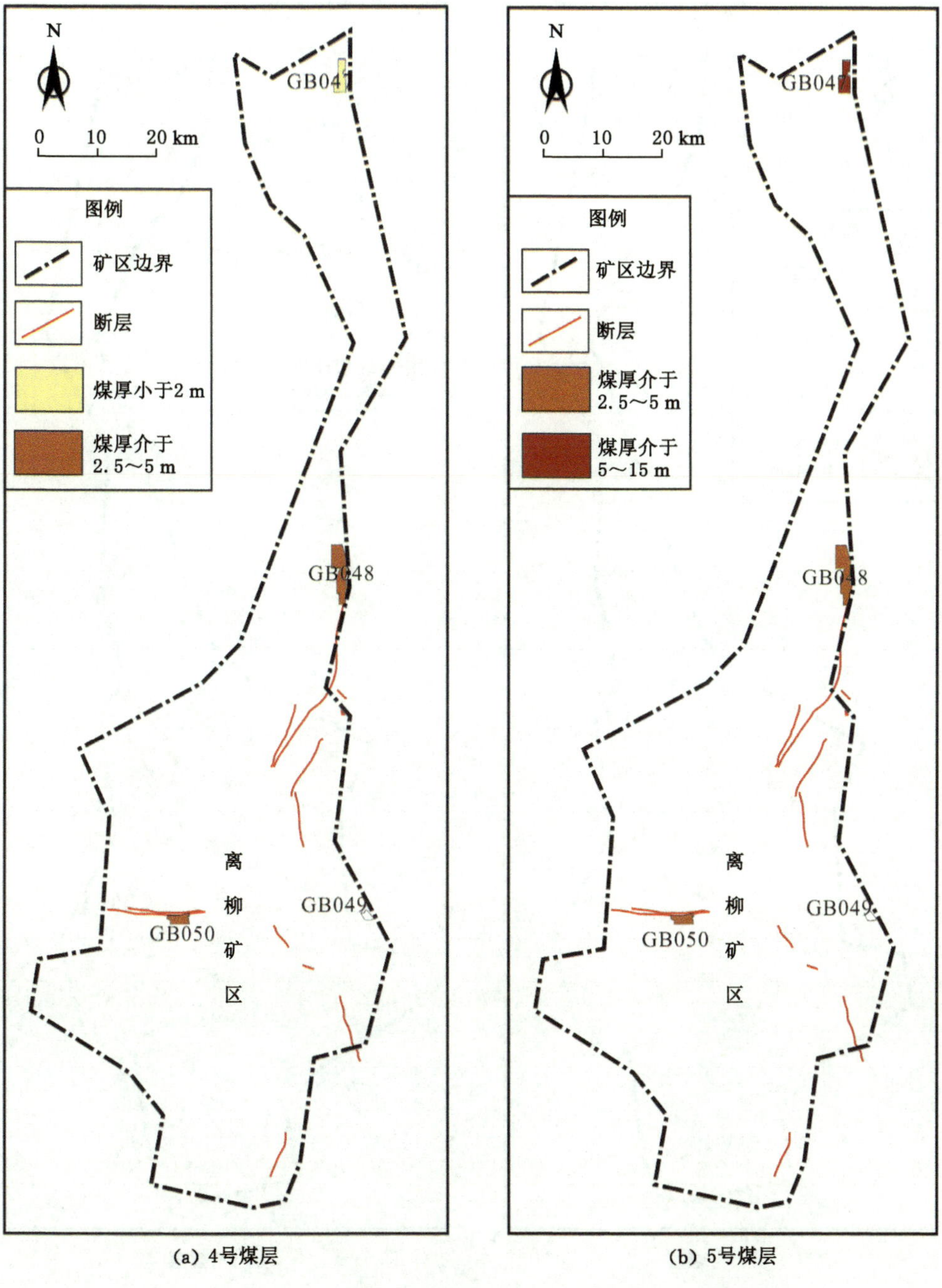

图 3-8 离柳矿区山西组 4 号、5 号煤层展布图

(6) 河保偏矿区

河保偏矿区关闭煤矿主采煤层为太原组 9 号煤层(图 3-10)。9 号煤层主要分布于矿区南、北两侧,煤炭资源剩余程度为 54.52%,煤层厚度 2.07～2.38 m,平均 2.23 m,属稳定大部分可采煤层;煤层结构简单,含 0～2 层夹矸;顶底板岩性均以泥岩、砂质泥岩和细粒砂岩

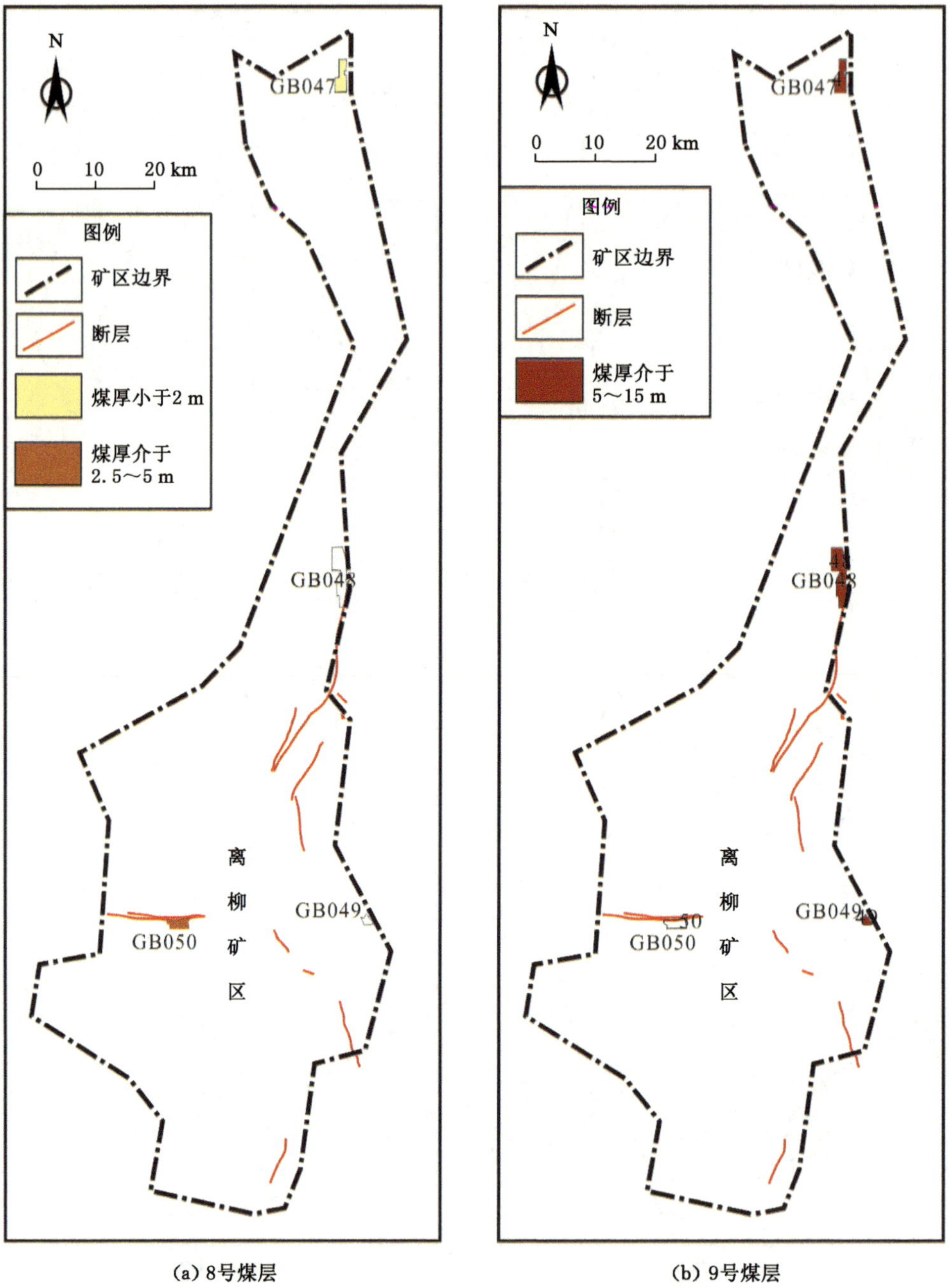

图 3-9　离柳矿区太原组 8 号、9 号煤层展布图

为主。煤类以气煤为主。

(7) 石隰矿区

石隰矿区关闭煤矿主采煤层为山西组 4 号煤层及太原组 9 号煤层(图 3-11)。山西组 4 号煤层分布于石隰矿区中部偏北的东缘处,煤炭资源剩余程度为 87.71%。煤层厚度约

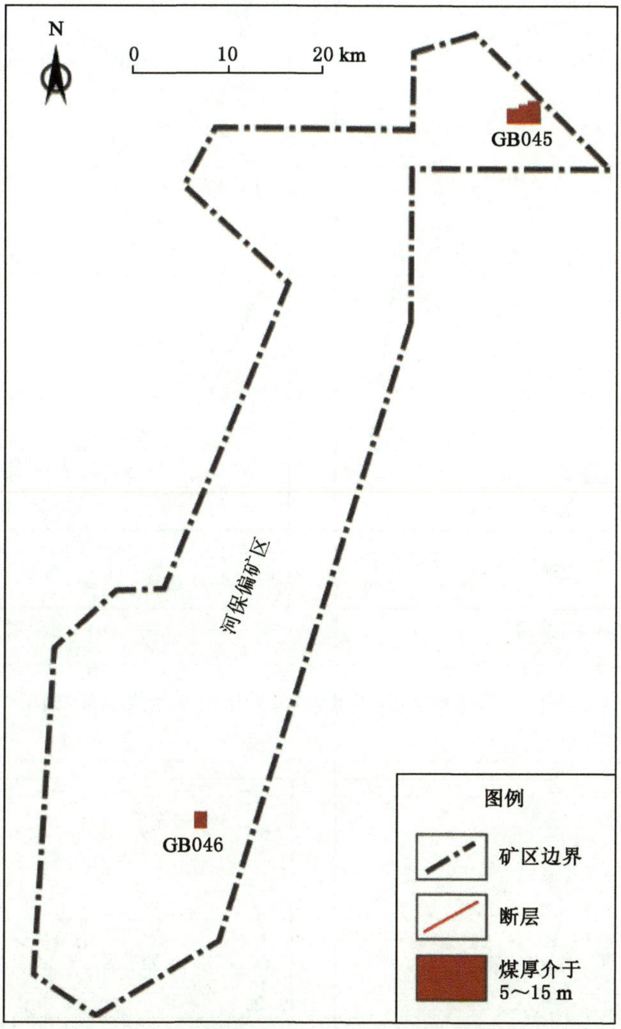

图 3-10　河保偏矿区太原组 9 号煤层展布图

2.39 m，属稳定大部分可采煤层；煤层结构简单，含 0～1 层夹矸；顶底板岩性均以泥岩、粉砂岩为主。煤类以 1/3 焦煤为主。

太原组 9 号煤层分布于石隰矿区中部偏北的东缘处，煤炭资源剩余量为 100％。煤层厚度约 0.59 m，厚度不稳定，局部可采；煤层结构简单，含 0～1 层夹矸。顶底板岩性均以泥岩为主。煤类以 1/3 焦煤和肥煤为主。

（8）汾西矿区

汾西矿区关闭煤矿主采煤层为山西组 2 号、3 号，太原组 9 号、10 号及 11 号煤层（图 3-12、图 3-13）。山西组 2 号煤层分布于汾西矿区西缘中部及东侧中部，煤炭资源剩余程度为 44.51％。煤层厚度 0.90～1.20 m，平均 1.00 m，属稳定全区可采煤层；煤层结构简单，含0～1 层夹矸；顶底板岩性均以泥岩、砂质泥岩、粉砂岩为主，局部为碳质泥岩。煤类以 1/3 焦煤为主。

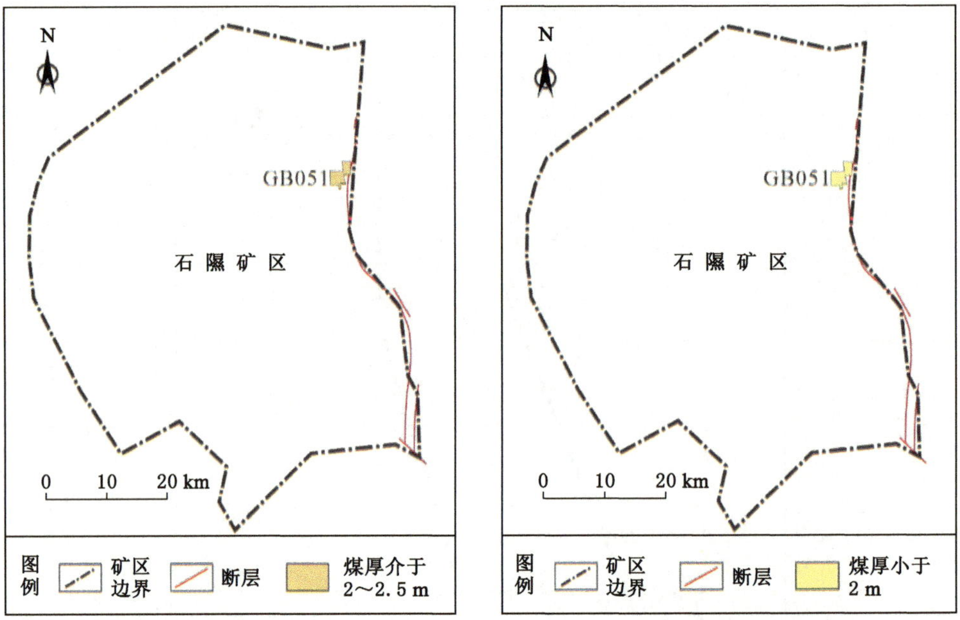

(a) 4号煤层　　(b) 9号煤层

图 3-11　石隰矿区山西组 4 号、太原组 9 号煤层展布图

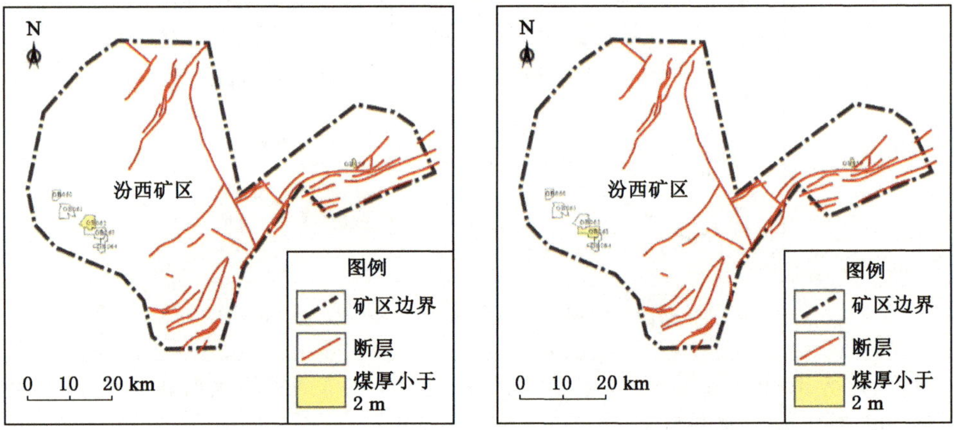

(a) 2号煤层　　(b) 3号煤层

图 3-12　汾西矿区山西组 2 号、3 号煤层展布图

山西组 3 号煤层分布于汾西矿区西缘中部及东侧中部，煤炭资源剩余程度为 80.74%。煤层厚度 1.01～1.51 m，平均 1.19 m，属较稳定至稳定大部可采煤层，西侧中部已采空；煤层结构简单，含 0～2 层夹矸；顶底板岩性均以泥岩、砂质泥岩、粉砂岩为主，局部见中粒砂岩。煤类以 1/3 焦煤为主。

太原组 9 号煤层分布于汾西矿区西缘中部及东侧中部，煤炭资源剩余程度为 68.86%。煤层厚度 0.60～1.86 m，平均 1.18 m，属较稳定至稳定大部分可采煤层；煤层结构简单，大

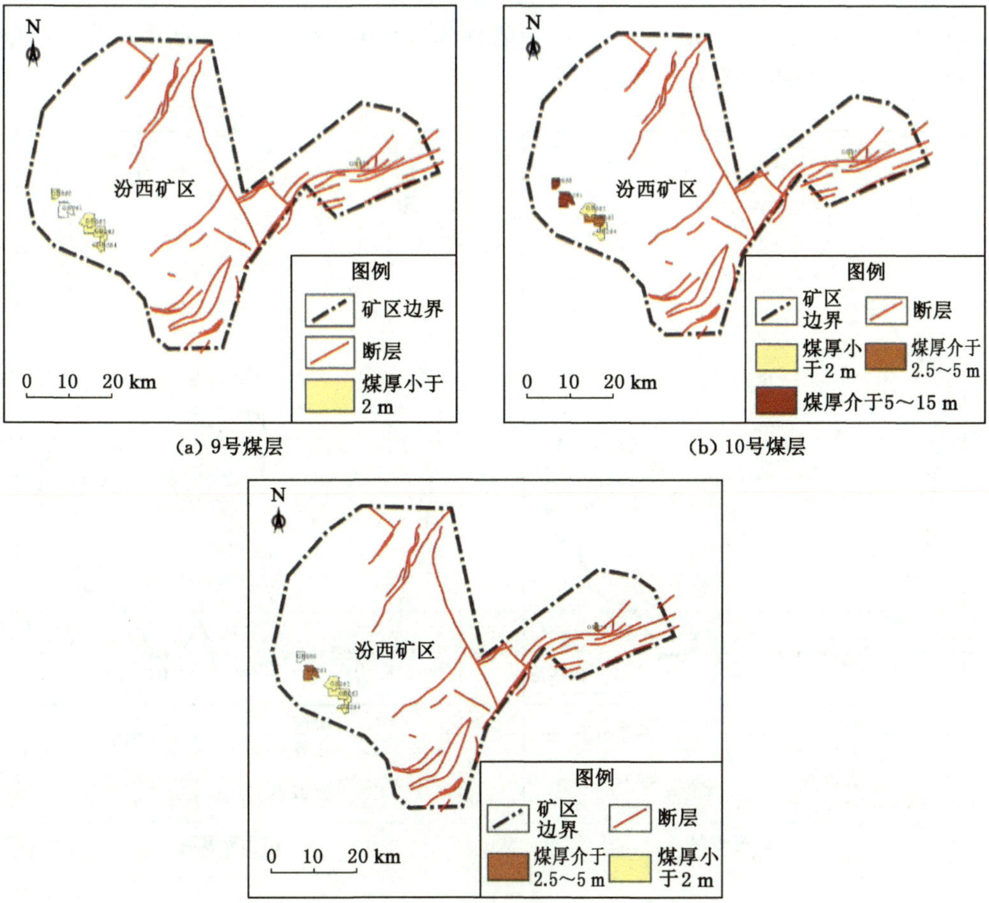

(a) 9号煤层　(b) 10号煤层　(c) 11号煤层

图 3-13　汾西矿区太原组 9 号、10 号及 11 号煤层展布图

部分不含夹矸，局部含 0～2 层夹矸；顶底板岩性以泥岩、砂质泥岩、粉砂岩为主，局部见碳质泥岩，部分顶板为 K_2 石灰岩。煤类以 1/3 焦煤和焦煤为主。

太原组 10 号煤层分布于汾西矿区西缘中部及东侧中部，煤炭资源剩余程度为 59.27%。煤层厚度 0.65～5.99 m，平均 2.56 m，属较稳定至稳定大部分可采煤层；煤层结构简单，含 0～3 层夹矸，局部复杂，含 0～4 层夹矸；顶底板岩性均以泥岩、砂质泥岩、粉砂岩为主，局部见碳质泥岩。

太原组 11 号煤层分布于汾西矿区西缘中部及东侧中部，煤炭资源剩余程度为 96.60%。煤层厚度 0.25～3.40 m，平均 1.70 m，属稳定大部分可采煤层；煤层结构较简单至简单，含 0～2 层夹矸；顶底板岩性均以泥岩、砂质泥岩、粉砂岩为主，局部见碳质泥岩、细粒砂岩。煤类以 1/3 焦煤和焦煤为主。

(9) 乡宁矿区

乡宁矿区关闭煤矿主采煤层为山西组 4 号和太原组 9 号煤层(图 3-14)。山西组 4 号煤层分布于乡宁矿区东南部及西南角，煤炭资源剩余程度为 41.77%。煤层厚度 1.50～

4.98 m,平均 2.40 m,属稳定全区可采煤层;大部分煤层结构简单,含 0～2 层夹矸,局部煤层结构简单至复杂,含 0～3 层夹矸;顶底板岩性均以泥岩、砂质泥岩、粉砂岩及细粒砂岩为主,局部可见碳质泥岩。煤类以焦煤为主。

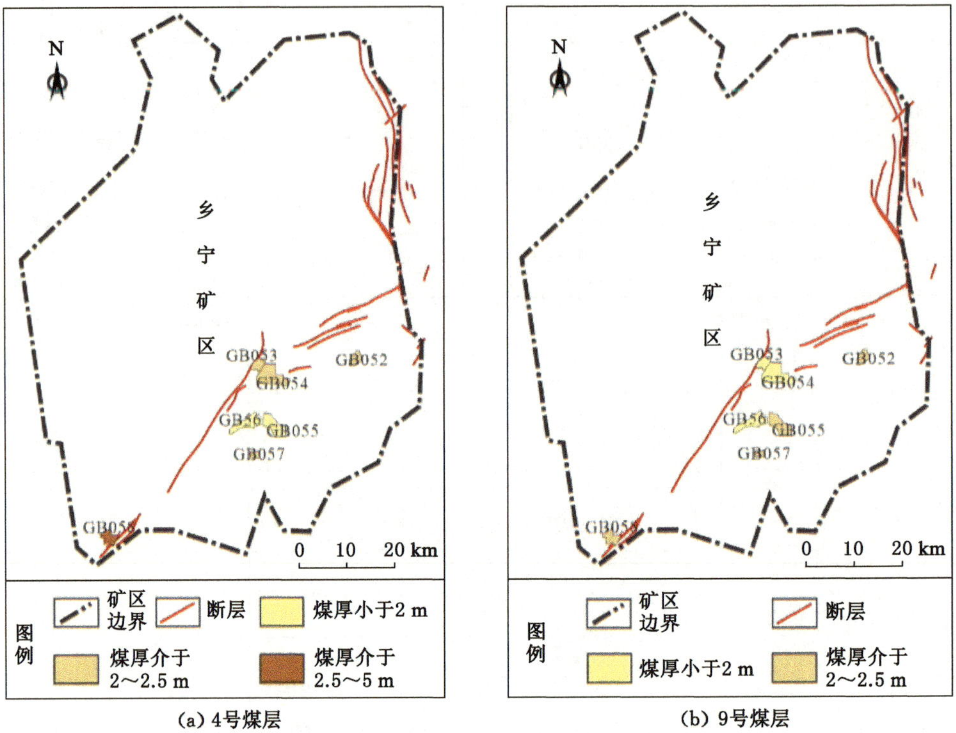

图 3-14 乡宁矿区山西组 4 号、太原组 9 号煤层展布图

太原组 9 号煤层与山西 4 号煤层分布一致,煤炭资源剩余程度为 76.95%。煤层厚度 1.27～2.23 m,平均 1.82 m,属稳定大部分可采煤层;大部分煤层结构简单至较简单,含 0～2 层夹矸;顶底板岩性均以泥岩为主。煤类以焦煤、瘦煤为主。

(10) 霍州矿区

霍州矿区关闭煤矿主采煤层为山西组 2 号煤,太原组 9 号、10 号及 11 号煤层(图 3-15、图 3-16)。山西组 2 号煤层分布于霍州矿区北部区域,煤炭资源剩余程度为 58.67%。煤层厚度 0.75～3.39 m,平均 2.09 m,属稳定大部分可采煤层;大部分煤层结构简单,含 0～2 层夹矸,局部煤层中等至复杂,含 2～3 层夹矸;顶底板岩性均以泥岩、砂质泥岩、粉砂岩为主,局部为细粒砂岩、中粒砂岩。煤类以肥煤、1/3 焦煤为主。

太原组 9 号煤层分布于霍州矿区北部区域,煤炭资源剩余程度为 96.62%。煤层厚度 0.49～1.00 m,平均 0.81 m,属较稳定局部可采煤层;煤层结构简单,含 0～1 层夹矸;顶板岩性均以石灰岩为主,局部见泥岩、砂质泥岩,底板岩性以泥岩、砂质泥岩、粉砂岩为主,局部可见碳质泥岩。煤类以肥煤、1/3 焦煤为主。

太原组 10 号煤层分布于霍州矿区北部区域,煤炭资源剩余程度为 87.95%。煤层厚度 0.71～2.55 m,平均 1.76 m,属稳定大部分可采煤层;大部分煤层结构简单,含 0～2 层夹

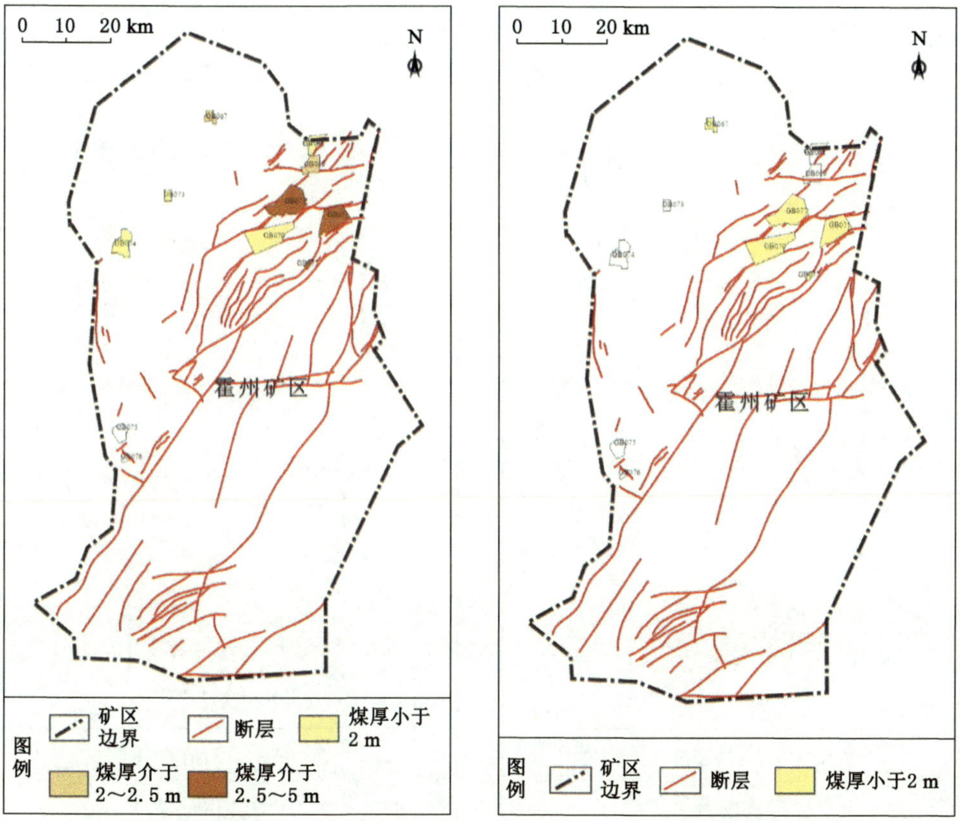

(a) 2号煤层　　(b) 9号煤层

图 3-15　霍州矿区山西组 2 号、太原组 9 号煤层展布图

矸，少部分煤层结构简单至复杂，含 0～4 层夹矸；顶底板岩性均以泥岩、砂质泥岩、粉砂岩为主，局部底板见细粒砂岩、中粒砂岩，偶见铝质泥岩。煤类以肥煤、1/3 焦煤为主。

太原组 11 号煤层分布于霍州矿区北部区域，煤炭资源剩余程度为 94.25%。煤层厚度 0.80～3.60 m，平均 1.88 m，属稳定大部分可采；煤层结构大多简单至复杂，含 0～4 层夹矸，少部分煤层结构简单，含 1 层夹矸；顶底板岩性均以泥岩、砂质泥岩、粉砂岩为主，局部底板见细粒砂岩、中粒砂岩，偶见铝质泥岩。煤类以肥煤、1/3 焦煤为主。

(11) 西山矿区

西山矿区关闭煤矿主采煤层为山西组 2 号、3 号、4 号煤层，太原组 8 号、9 号煤层（图 3-17、图 3-18）。山西组 2 号煤层分布于西山矿区周缘，煤炭资源剩余程度为 46.21%。煤层厚度 1.00～7.73 m，平均 2.71 m，属稳定大部分可采煤层；大部分煤层结构简单，含 0～1 层夹矸；顶底板岩性均以泥岩、砂质泥岩、粉砂岩为主，局部可见细粒砂岩、中粒砂岩、粗粒砂岩、碳质泥岩、黏土泥岩。煤类以肥煤、焦煤、瘦煤为主。

山西组 3 号煤层分布于西山矿区西北侧、西侧及东侧区域，煤炭资源剩余程度为 57.19%。煤层厚度 0.76～5.04 m，平均 2.76 m，属稳定局部可采煤层。煤层结构简单至复杂，含 0～3 层夹矸；顶底板岩性均以泥岩、砂质泥岩、粉砂岩为主，局部可见碳质泥岩。煤

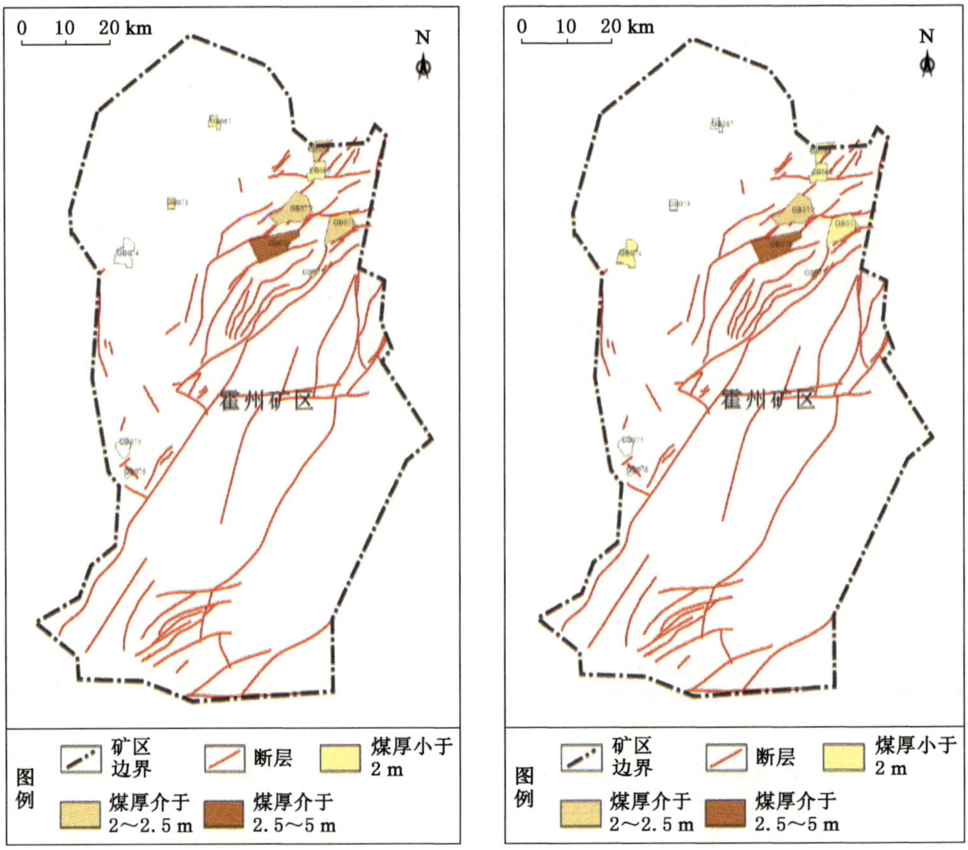

(a) 10号煤层　　(b) 11号煤层

图 3-16　霍州矿区太原组 10 号、11 号煤层展布图

类以肥煤、焦煤、瘦煤为主。

山西组 4 号煤层分布于西山矿区北缘、西北角、东缘中部区域，煤炭资源剩余程度为 52.27%。煤层厚度 1.03～5.29 m，平均 2.52 m，属稳定大部分可采煤层；煤层结构简单至较简单，含 0～2 层夹矸；顶底板岩性均以砂质泥岩、粉砂岩、中粒砂岩为主，局部可见细粒砂岩、碳质泥岩。煤类以肥煤、焦煤、瘦煤为主。

太原组 8 号煤层分布于西山矿区北缘、西北角、东缘区域，煤炭资源剩余程度为 75.56%。煤层厚度 2.36～4.98 m，平均 3.97 m，属稳定全区可采煤层；煤层结构简单至复杂，含 0～7 层夹矸；顶板岩性以石灰岩为主，夹带泥灰岩、碳质泥岩、砂质泥岩等，底板以泥岩、砂质泥岩为主，局部见粉砂岩、碳质泥岩、细粒砂岩。煤类以焦煤、瘦煤、贫瘦煤、贫煤为主。

太原组 9 号煤层分布于西山矿区周缘，煤炭资源剩余程度为 90.37%。煤层厚度 1.22～4.10 m，平均 2.48 m，属稳定全区可采煤层；煤层结构简单至较简单，含 0～2 层夹矸，局部煤层结构复杂，含 0～3 层夹矸；顶底板岩性均以泥岩、砂质泥岩、粉砂岩为主，局部见细粒砂岩、中粒砂岩。煤类以瘦煤、贫瘦煤、贫煤为主。

(12) 东山矿区

东山矿区关闭煤矿主采煤层为山西组 3 号，太原组 8 号、9 号及 15 号煤层(图 3-19)。

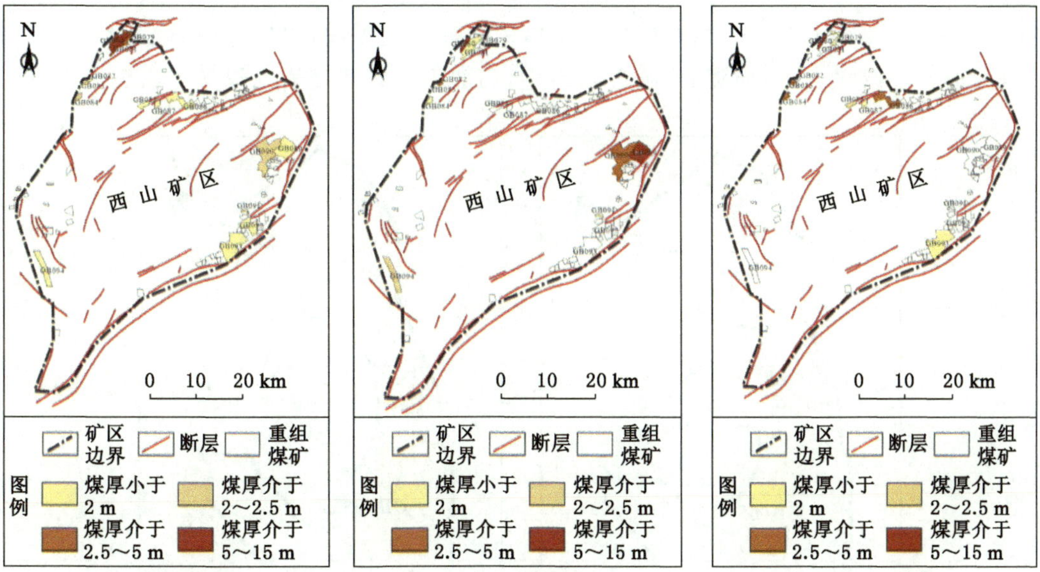

(a) 2号煤层　(b) 3号煤层　(c) 4号煤层

图 3-17　西山矿区山西组 2 号、3 号、4 号煤层展布图

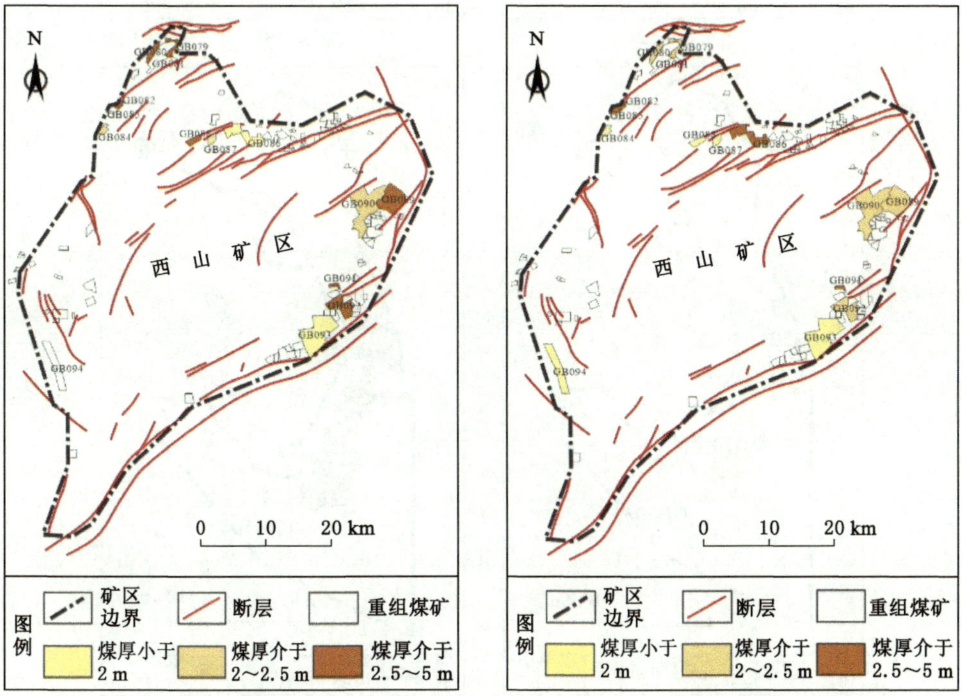

(a) 8号煤层　(b) 9号煤层

图 3-18　西山矿区太原组 8 号、9 号煤层展布图

山西组 3 号煤层分布于东山矿区中部偏南，煤炭资源剩余程度为 94.55%。煤层厚度 0.88～0.99 m，平均 0.94 m，属较稳定至不稳定局部可采煤层；煤层结构简单，含 0～1 层夹矸；顶底板岩性以泥岩、砂质泥岩、粉砂岩为主，局部可见碳质泥岩。煤类以焦煤为主。

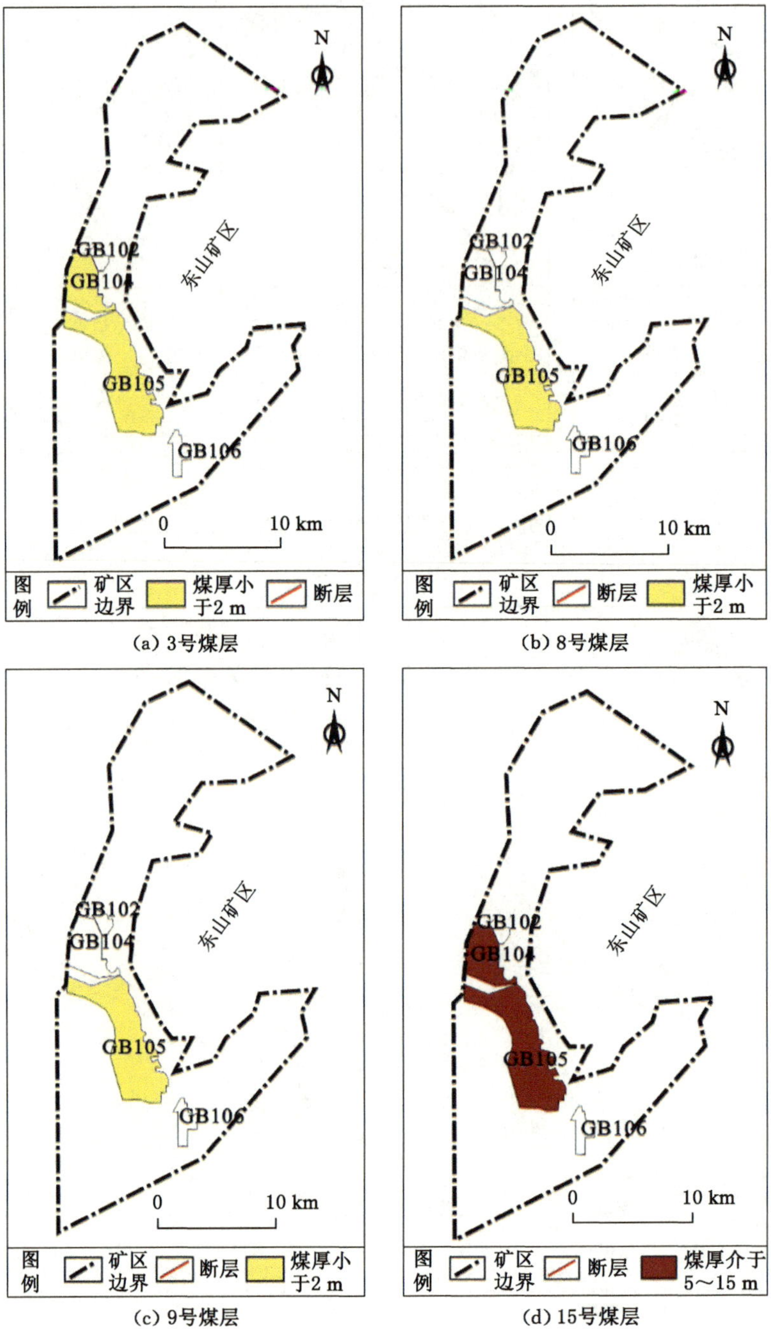

图 3-19 东山矿区山西组 3 号、太原组 8 号、太原组 9 号、太原组 15 号煤层展布图

太原组 8 号煤层分布于东山矿区中部偏南，煤炭资源剩余程度为 69.88%。煤层厚度 0.16～3.11 m，平均 0.94 m，属不稳定局部可采煤层；煤层结构较简单，含 0～2 层夹矸；顶底板岩性均以泥岩、砂质泥岩为主，顶板可见粉砂岩、细粒砂岩、碳质泥岩。煤类以焦煤、瘦煤为主。

太原组 9 号煤层分布于东山矿区中部偏南，煤炭资源剩余程度为 98.72%。煤层厚度 0.20～2.88 m，平均 1.02 m，属不稳定局部可采煤层；煤层结构较简单，含 0～2 层夹矸；顶底板岩性均为泥岩、砂质泥岩，底板可见粉砂岩、细粒砂岩。煤类以焦煤、瘦煤为主。

太原组 15 号煤层分布于东山矿区中部偏南，煤炭资源剩余程度为 73.12%。煤层厚度 6.49～7.20 m，平均 6.77 m，属稳定全区可采煤层；煤层结构复杂，含 0～5 层夹矸，局部简单至复杂，含 0～3 层夹矸；顶板岩性为石灰岩，底板岩性为泥岩、粉砂岩、细粒砂岩及砂质泥岩。煤类以瘦煤、贫瘦煤为主。

(13) 霍东矿区

霍东矿区关闭煤矿主采煤层为山西组 3 号煤层、太原组 15-1、15-2、15-3 号煤层（图 3-20、图 3-21）。山西组 3 号煤层分布于霍东矿区西缘中部及北部，煤炭资源剩余程度为 69.04%。煤层厚度 0.73～1.23 m，平均 0.93 m，属稳定大部分可采煤层；煤层结构简单，不含夹矸；顶底板岩性均以泥岩、砂质泥岩、粉砂岩及细粒砂岩为主。

(a) 3号煤层

(b) 15-1号煤层

图 3-20 霍东矿区山西组 3 号、太原组 15-1 号煤层展布图

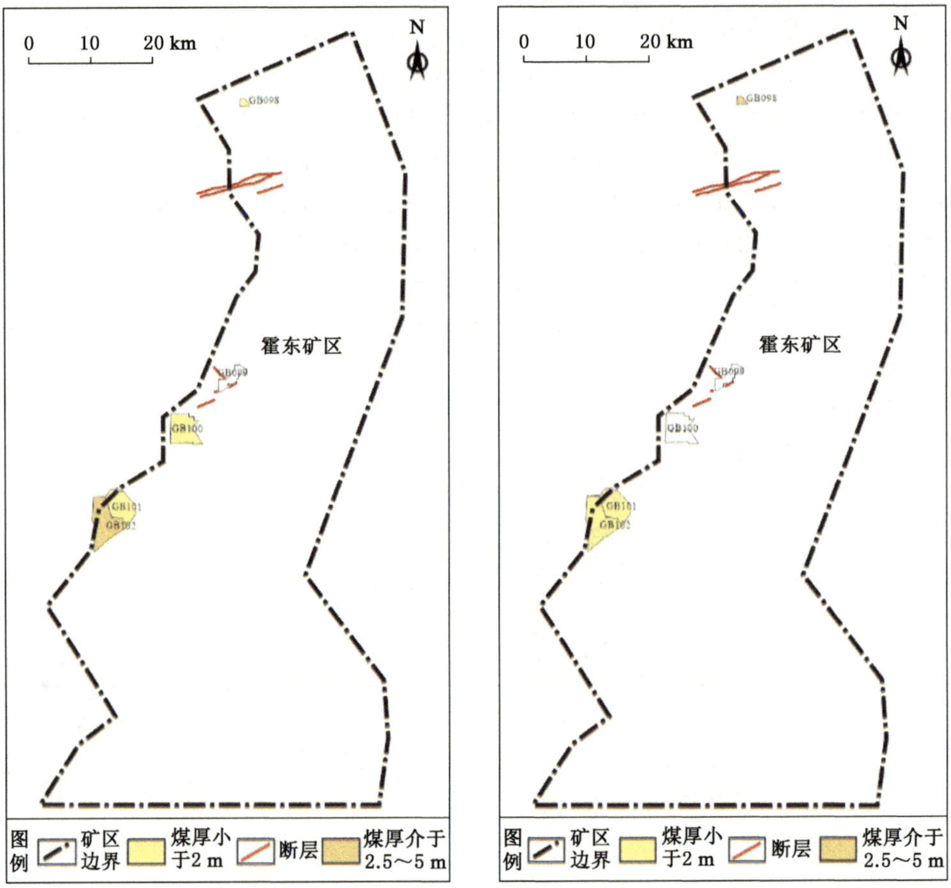

(a) 15-2号煤层　　(b) 15-3号煤层

图 3-21　霍东矿区太原组 15-2 号、15-3 号煤层展布图

太原组 15-1 号煤层分布于霍东矿区西缘中部及北部，煤炭资源剩余程度为 80.42%。煤层厚度 0.71～2.55 m，平均 1.36 m，属稳定大部分可采煤层；煤层结构简单，含 0～1 层夹矸；顶板岩性以石灰岩、泥岩为主，底板岩性以泥岩、砂质泥岩、粉砂岩及细粒砂岩为主。

太原组 15-2 号煤层分布于霍东矿区西缘中部及北部，煤炭资源剩余量为 85.56%。煤层厚度 0.70～2.20 m，平均 1.57 m，属稳定大部可采煤层；煤层结构简单，大部不含夹矸，局部含 0～2 层夹矸；顶底板岩性以泥岩、砂质泥岩、粉砂岩为主，局部可见碳质泥岩、细粒砂岩。

太原组 15-3 号煤层分布于霍东矿区西缘中部及北部，煤炭资源剩余程度为 78.47%。煤层厚度 1.44～2.09 m，平均 1.68 m，属稳定全区可采煤层；煤层结构简单，含 0～2 层夹矸；顶底板岩性以泥岩、砂质泥岩、粉砂岩为主，局部可见碳质泥岩、铝质泥岩。

(14) 阳泉矿区

阳泉矿区关闭煤矿主采煤层为山西组 3 号、太原组 8 号及 15 号煤层(图 3-22、图 3-23)。山西组 3 号煤层分布于阳泉矿区东北部，煤炭资源剩余程度为 13.41%。煤层厚度 0.81～2.58 m，平均 1.45 m，属稳定至较稳定大部可采煤层；煤层结构简单，含 0～2 层夹矸；顶底板岩性均以泥岩、砂质泥岩、粉砂岩为主，局部见细至中粒砂岩。煤类以无烟煤为主。

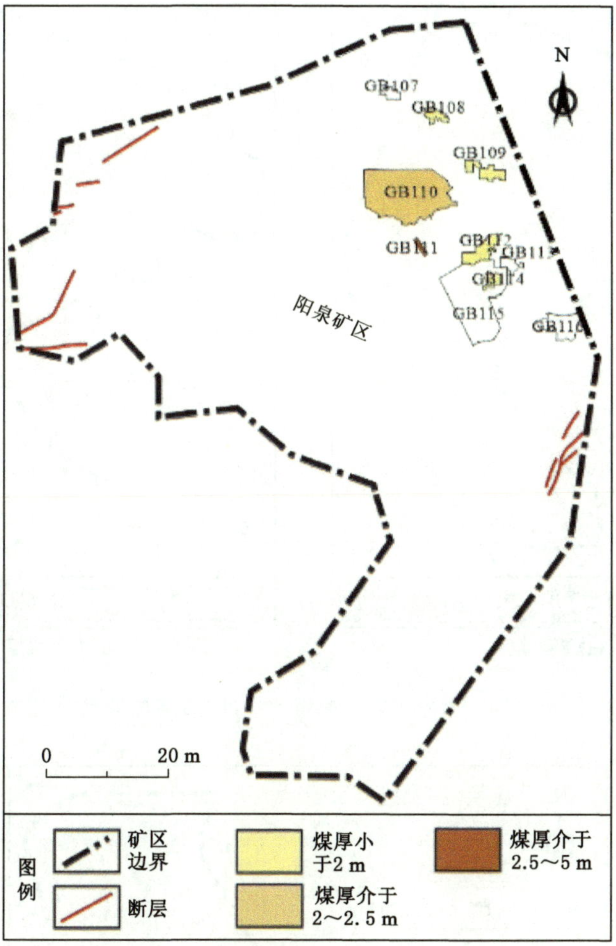

图 3-22 阳泉矿区山西组 3 号煤层展布图

太原组 8 号煤层主要分布于阳泉矿区东北部，煤炭资源剩余程度为 77.56%。煤层厚度 0.43～3.87 m，平均 1.57 m，属稳定大部可采煤层；煤层结构简单，含 0～2 层夹矸，局部煤层结构较复杂，含 1～4 层夹矸；顶底板岩性均以泥岩、砂质泥岩为主，局部可见细粒砂岩。煤类以无烟煤为主。

太原组 15 号煤层分布于阳泉矿区东北部，煤炭资源剩余程度为 37.34%。煤层厚度 5.77～7.30 m，平均 6.25 m，属稳定全区可采煤层；煤层结构简单至复杂，含 0～4 层夹矸；顶底板岩性均以泥岩、砂质泥岩、粉砂岩为主，部分顶板为石灰岩，有泥岩伪顶细粒砂岩，局部可见细粒砂岩。煤类以无烟煤为主。

(15) 武夏矿区

武夏矿区关闭煤矿主采煤层为山西组 3 号煤层，太原组 9 号、15 号煤层（图 3-24、图 3-25）。山西组 3 号煤层分布于武夏矿区东缘中部及南部，煤炭资源剩余程度为 86.51%。煤层厚度 0.96～6.00 m，平均 2.40 m，属稳定至较稳定大部分可采煤层；煤层结构简单，含 0～1 层夹矸；顶底板岩性均以泥岩、砂质泥岩、粉砂岩为主，局部见中至细粒砂岩。煤类以

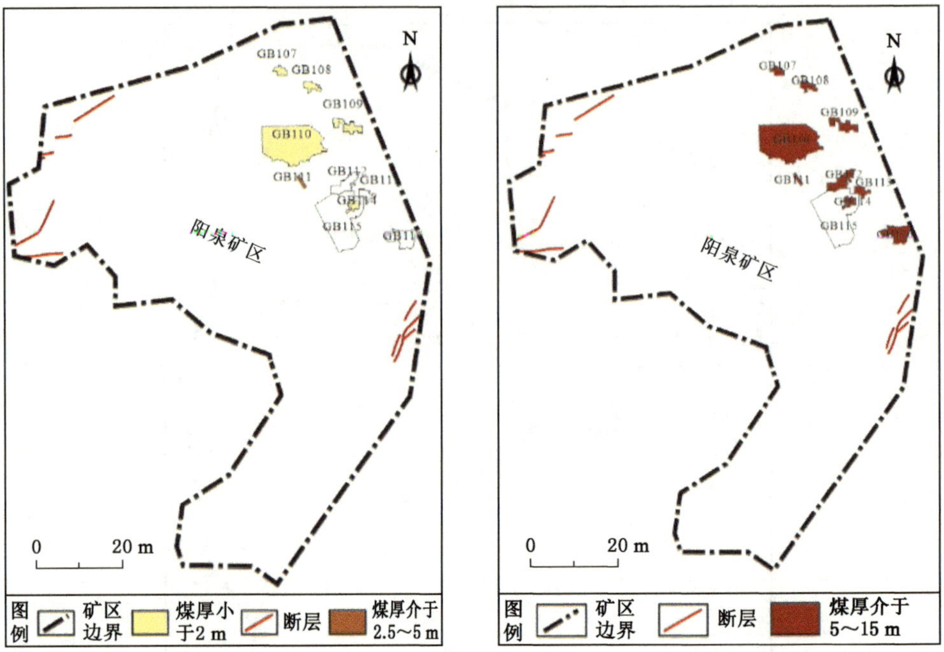

(a) 8号煤层　　(b) 15号煤层

图 3-23　阳泉矿区太原组 8 号、15 号煤层展布图

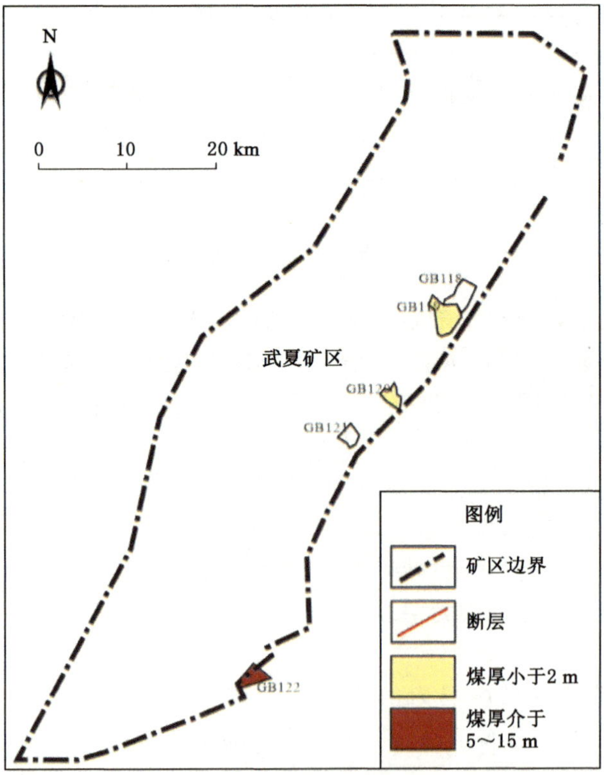

图 3-24　武夏矿区山西组 3 号煤层展布图

焦煤、瘦煤为主。

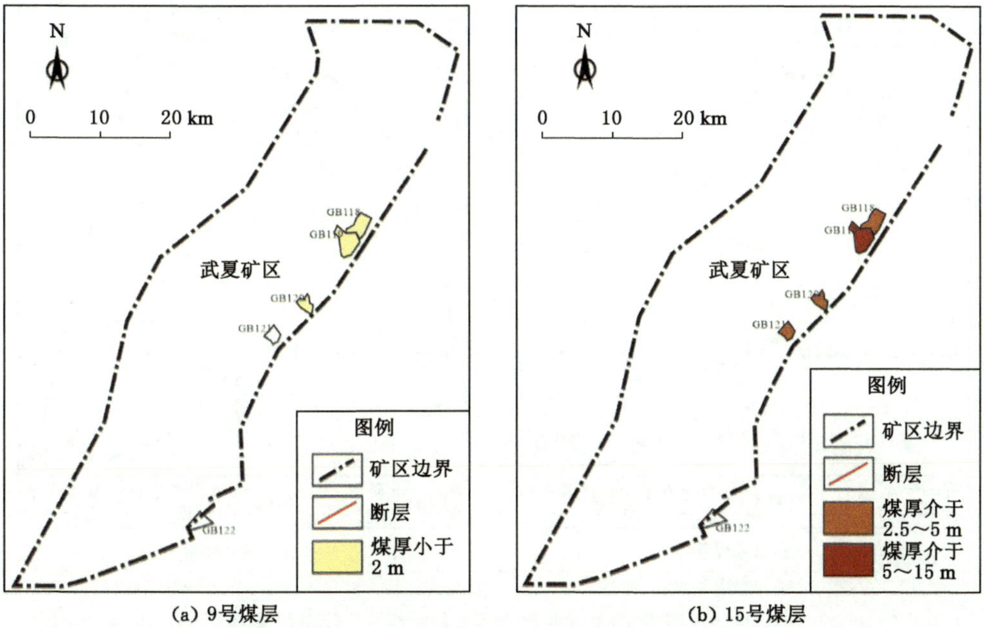

图 3-25 武夏矿区太原组 9 号、15 号煤层展布图

太原组 9 号煤层分布于武夏矿区东缘中部及南部，煤炭资源剩余程度为 77.04%。煤层厚度 0.74～1.13 m，平均 0.99 m，属稳定至较稳定大部可采煤层；煤层结构简单，含 0～1 层夹矸；顶底板岩性均以泥岩、砂质泥岩为主，局部可见细粒砂岩、粗粒砂岩。煤类以瘦煤、贫煤为主。

太原组 15 号煤层分布于武夏矿区东缘中部及南部，煤炭资源剩余程度为 71.23%。煤层厚度 3.37～5.04 m，平均 4.48 m，属稳定全区可采煤层；煤层结构简单至复杂，含 0～5 层夹矸；顶底板岩性均以泥岩、砂质泥岩及粉砂岩为主，局部可见细粒砂岩、粗粒砂岩、碳质泥岩及铝土泥岩。煤类以瘦煤、贫煤为主。

(16) 潞安矿区

潞安矿区关闭煤矿主采煤层为山西组 3 号煤层、太原组 15 号煤层(图 3-26)。山西组 3 号煤层分布于潞安矿区东缘北部及南侧区域，煤炭资源剩余程度为 50.28%。煤层厚度 4.95～7.07 m，平均 5.94 m，属稳定大部分可采煤层，局部风化剥蚀不可采；煤层结构简单，含 0～4 层夹矸；顶底板岩性均以泥岩、砂质泥岩、粉砂岩为主，局部可见碳质泥岩。煤类以贫煤为主。

太原组 15 号煤层分布于潞安矿区东缘北部及南侧区域，煤炭资源剩余程度为 79.61%。煤层厚度 1.12～4.50 m，平均 3.07 m，属稳定大部分可采煤层；煤层结构简单至较简单，含0～4 层夹矸。顶板岩性部分为 K_2 灰岩，部分为泥岩、砂质泥岩、细粒砂岩，底板岩性为中粒砂岩、碳质泥岩。煤类以贫煤为主。

(17) 晋城矿区

晋城矿区关闭煤矿主采煤层为山西组 3 号煤层，太原组 9 号、15 号煤层(图 3-27、

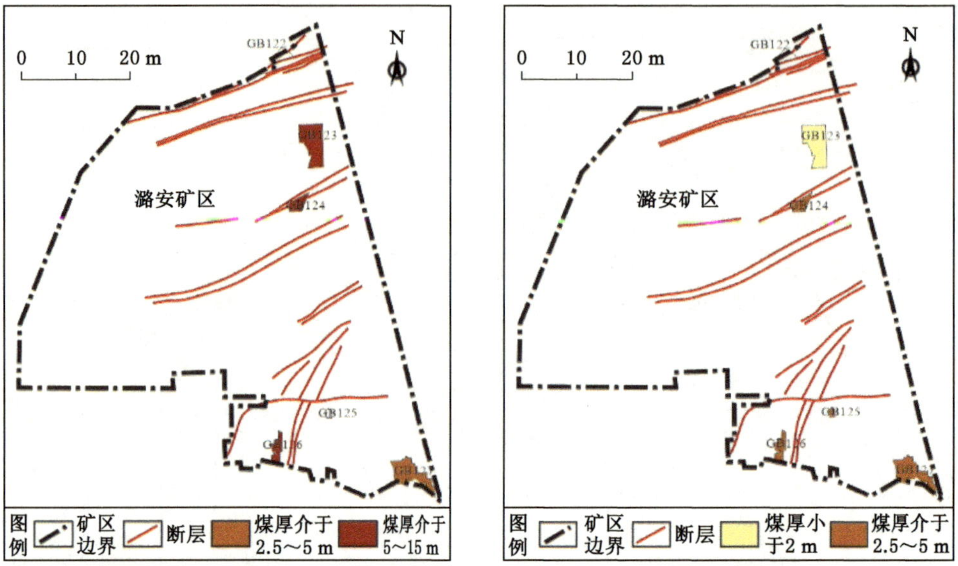

(a) 3号煤层　　(b) 15号煤层

图 3-26　潞安矿区山西组 3 号、太原组 15 号煤层展布图

图 3-28、图 3-29)。山西组 3 号煤层分布于晋城矿区东部区域及西北角,煤炭资源剩余程度为 30.80%。煤层厚度 3.22～6.65 m,平均 5.17 m,属稳定全区可采煤层;煤层结构简单至复杂,含 0～5 层夹矸;顶底板岩性均以泥岩、砂质泥岩、粉砂岩为主,局部可见中粒砂岩、黑色泥岩。煤类以无烟煤为主。

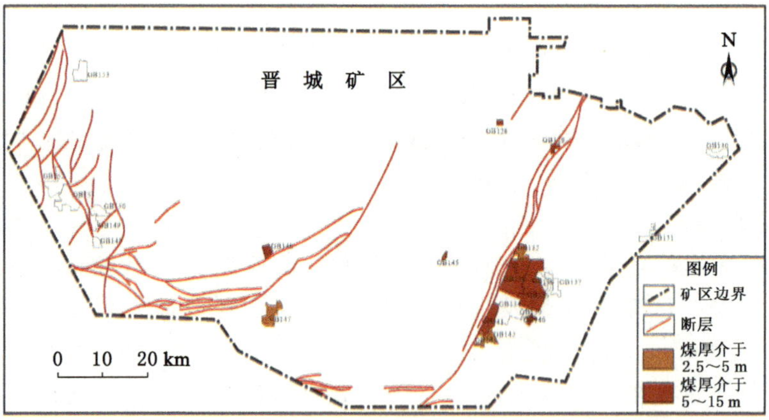

图 3-27　晋城矿区山西组 3 号煤层展布图

太原组 9 号煤层分布于晋城矿区中南部及东部区域,煤炭资源剩余程度为 59.81%。煤层厚度 0.55～5.61 m,平均 1.60 m,属稳定大部分可采煤层;煤层结构简单至较简单,含 0～3 层夹矸。顶板岩性部分为石灰岩,部分为泥岩、砂质泥岩、粉砂岩,局部见中至细粒砂岩,底板岩性以泥岩、砂质泥岩、粉砂岩为主。煤类以无烟煤为主。

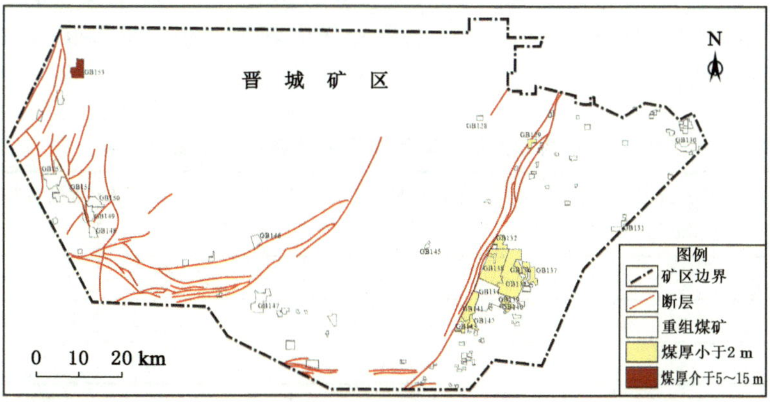

图 3-28 晋城矿区太原组 9 号煤层展布图

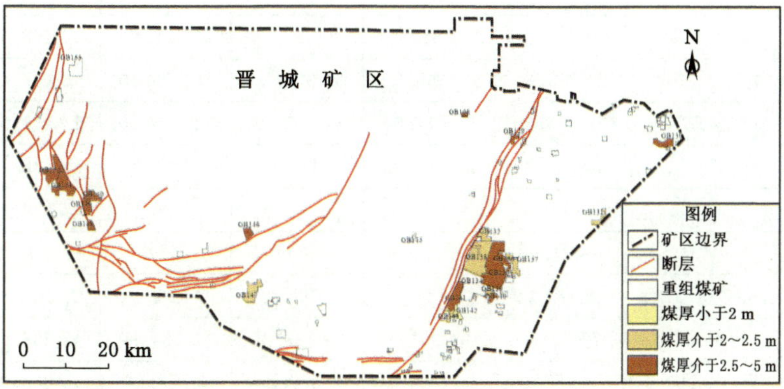

图 3-29 晋城矿区太原组 15 号煤层展布图

太原组 15 号煤层分布于晋城矿区中南部、东部区域及西部区域，煤炭资源剩余程度为 78.06%。煤层厚度 1.81～3.87 m，平均 2.79 m，属稳定全区可采煤层。煤层结构简单至复杂，含 0～7 层夹矸；顶板岩性多为石灰岩，局部可见泥岩、砂质泥岩、粉砂岩，底板岩性以泥岩、铝质泥岩、粉砂岩为主。煤类以无烟煤为主。

综上所述，山西省关闭煤矿的主要可采煤层均以小于 2 m 的薄至中厚煤层为主。大同组主要分布在大同煤田，分布范围较密集。山西组和太原组在各煤田矿区均有分布，山西组煤层展布规律不明显，煤层变化不尽相同；太原组煤层整体厚度展布呈由北向南、由西向东减小的趋势。

3.2 剩余煤炭资源量与类型

根据煤炭资源储量估算方法以及所收集的关闭煤矿资料，得到的山西省 830 个关闭煤矿累计查明煤炭资源总量为 1 578 814.42 万 t，剩余资源量为 1 278 321.41 万 t，占累计查明资源量的 80.97%。重点调查区的 150 个关闭煤矿累计查明资源量为 1 142 868.17 万 t，剩余资源量为 750 078.24 万 t，占累计查明资源量的 65.63%。其中探明的资源量最多，为 357 164.69 万 t；推断的资源量次之，为 211 875.15 万 t；控制的资源量最少，为181 038.40万 t。分矿区统计情况详见表 3-1。

表 3-1　山西省关闭煤矿重点调查区煤炭资源量统计表

矿区名称	矿区面积 /km^2	累计查明资源量/万 t	保有资源量 /万 t	探明资源量 /万 t	控制资源量 /万 t	推断资源量 /万 t	动用量/万 t
阳泉	95.78	87 938.37	31 776.07	19 439.77	6 699.00	5 637.30	56 162.30
霍东	51.95	17 493.70	13 375.90	4 383.80	2 857.80	6 134.30	4 117.80
潞安	42.61	26 124.33	17 039.96	14 112.86	953.00	1 974.10	9 084.37
武夏	21.71	19 927.40	15 645.90	9 897.80	2 996.10	2 752.00	4 281.50
西山	78.97	87 811.00	61 127.00	21 024.10	16 587.50	23 515.40	26 684.00
晋城	205.73	161 858.97	86 645.26	35 894.98	27 766.56	22 983.72	75 213.71
离柳	25.49	46 750.50	34 031.90	15 708.80	13 421.70	4 901.40	12 718.60
大同	195.04	266 441.28	162 842.51	109 015.29	29 158.69	24 668.53	103 598.77
平朔	27.31	91 579.80	62 366.50	34 992.20	10 906.90	16 467.40	29 213.30
轩岗	45.27	67 995.00	57 611.04	31 405.04	14 805.00	11 401.00	10 383.96
岚县	27.86	27 155.00	26 514.95	9 470.95	5 562.00	11 482.00	640.05
河保偏	6.96	9 240.00	4 947.00	834.00	3 428.00	685.00	4 293.00
石隰	6.49	2 511.00	2 353.20	358.80	0	1 994.40	157.80
乡宁	49.51	18 220.00	10 773.00	5 095.00	3 510.00	2 168.00	7 447.00
霍州	140.04	127 304.80	101 201.50	31 263.40	22 284.90	47 653.20	26 103.30
汾西	40.91	29 817.10	20 969.40	6 372.80	3 528.60	11 068.00	8 847.70
东山	44.49	47 730.50	36 933.90	6 590.00	14 420.90	15 923.00	10 796.60
平陆煤产地	5.70	2 677.80	1 818.80	0	1 548.40	270.40	859.00
垣曲煤产地	1.11	665.32	585.35	0	585.35	0	79.97
广灵煤产地	4.85	2 076.30	1 208.10	1 096.10	18.00	94.00	868.20
五台煤产地	2.82	1 550.00	311.00	209.00	0	102.00	1 239.00
合计	1 120.60	1 142 868.17	750 078.24	357 164.69	181 038.40	211 875.15	392 789.93

依据国家煤炭分类标准，统计资料较为详细的 150 座关闭煤矿剩余煤炭资源中低变质煤（长焰煤、不黏煤、弱黏煤、1/2 中黏煤）有 173 386.69 万 t，中变质煤（气煤、气肥煤、肥煤、1/3 焦煤、焦煤）有 354 219.89 万 t，高变质煤（瘦煤、贫瘦煤、贫煤、无烟煤）有 221 731.96 万 t，其他类（如氧化煤、天然焦等）有 739.69 万 t。各煤种具体剩余资源量为：长焰煤（CY）113 470.07万 t，不黏煤（BN）42 411.99 万 t，弱黏煤（RN）17 163.87 万 t，中黏煤（ZN）340.77 万 t，无烟煤（WY）100 866.81 万 t，气煤（QM）133 304.86 万 t，贫煤（PM）65 412.51 万 t，贫瘦煤（PS）34 358.01 万 t，瘦煤（SM）21 094.63 万 t，肥煤（FM）86 907.88 万 t，气肥煤（QF）9 759.10 万 t，焦煤（JM）59 280.68 万 t，1/3 焦煤（1/3JM）64 967.37 万 t，其他（氧化煤、煤焦）739.69 万 t。山西省关闭煤矿剩余煤炭资源主要以中、高阶煤为主，中阶煤储量最高，低阶煤储量最低。气煤、

长焰煤、无烟煤储量较多，中黏煤、气肥煤、弱黏煤储量较少(图 3-30)。

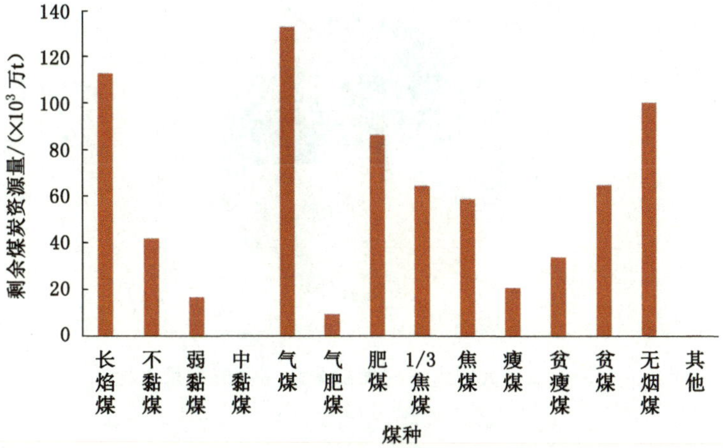

图 3-30　山西省关闭煤矿不同煤种剩余煤炭资源量

已有资料显示的各组煤层剩余资源量情况见图 3-31，其中太原组(C_2-P_1t)剩余煤炭资源量最多，为 327 680 万 t；本溪组(C_2b)剩余煤炭资源量最少，为 563.00 万 t。

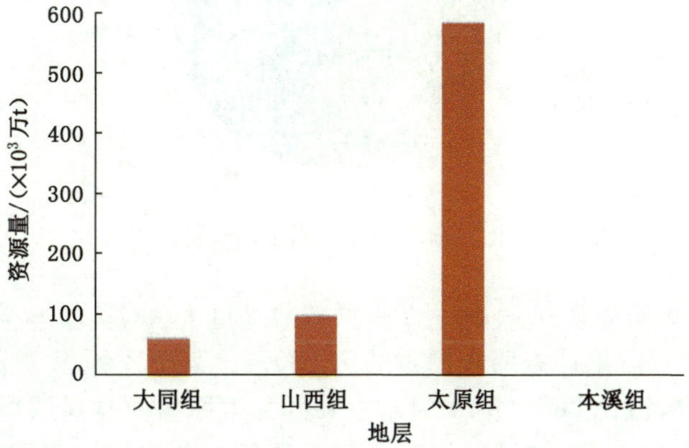

图 3-31　山西省关闭煤矿不同组剩余煤炭资源量

大同组(J_2d)关闭煤矿煤炭资源累计查明资源量 152 354.42 万 t，剩余煤炭资源储量 63 150.42 万 t，占累计查明资源量的 41.45%。其中大同组 11 号煤层剩余资源量最多(图 3-32)，为 17 496.46 万 t，占比 28%，可能与其主要煤种是低阶不黏煤，利用较少以及大部分为蹬空资源量等有关。大同组 3 号煤层剩余资源量最少，为 892.85 万 t。

山西组(P_1s)关闭煤矿煤炭累计查明资源量 212 239.05 万 t，剩余煤炭资源量 99 820.77 万 t，占累计查明资源量的 47.03%。其中山西组 3 号煤层剩余资源量最多(图 3-33)，为 41 662.37 万 t，占比 42%，这可能是因为其储量主要为控制的经济基础储量(122b)和推断的内蕴经济的资源量(333)较多。山西组 6 号煤层剩余资源量最少，为 777.90 万 t，占比 1%。

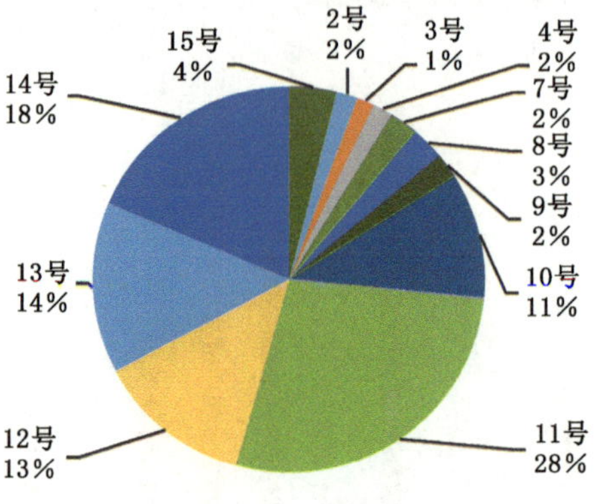

图 3-32　大同组不同煤层剩余煤炭资源量占比

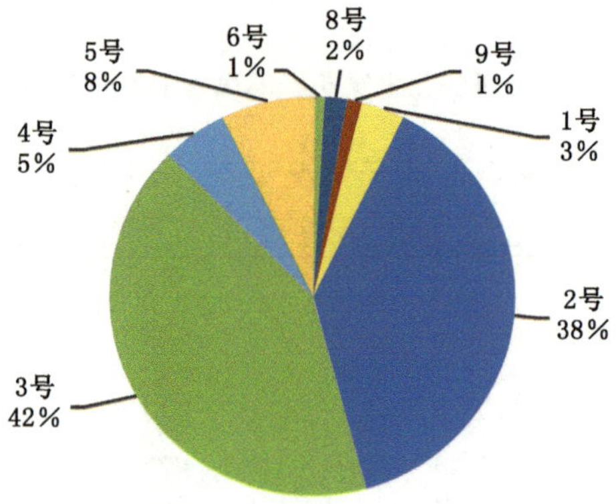

图 3-33　山西组不同煤层剩余煤炭资源量占比

太原组(C_2-P_1t)关闭煤矿煤炭累计查明资源量 794 801.12 万 t，剩余煤炭资源储量最多，为 586 532.05 万 t，占累计查明资源量的 73.80%。其中太原组 9 号煤层剩余资源量最多，为163 980.00 万 t，占比 28%(图 3-34)，主要因为太原组 9 号煤层煤炭资源量较多，尽管其动用量为各煤层最多，达 39.31%，但剩余资源量仍为各煤层中最多。太原组 14 号煤层剩余资源量最少，为 1 188.29 万 t，占比 0.20%。

山西省关闭煤矿剩余煤炭资源量巨大、分布广泛，研究剩余煤炭资源的形成原因，并根据成因划分为不同类型，便于采用不同的方式进行再利用。结合山西省关闭煤矿的关闭原因，分析山西省剩余煤炭资源的形成原因，根据剩余煤炭的成因和特点将其划分为五种类型，并阐述了现有残留煤炭资源复采技术现状，为山西省剩余煤炭再利用提供方向。

全省关闭煤矿 800 余座，其中在兼并重组前小煤窑等因资源枯竭、企业破产无法采证及去产能等原因关闭煤矿约 500 座，此类煤矿基础资料缺失，规模极小，井下布设大多不规范，属不可再利用煤矿类别；在兼并重组中因年产量低于 30 万 t 而关闭的煤矿约 160 座，此类煤矿主要为产能低下煤矿，综合资源整合及去产能政策，对其进行关闭，此类煤矿的特点主要为剩余煤炭资源不连续，相对地质条件复杂或资源枯竭；于 2016 年后去产能关闭的煤矿合计 158 座(图 3-35)。

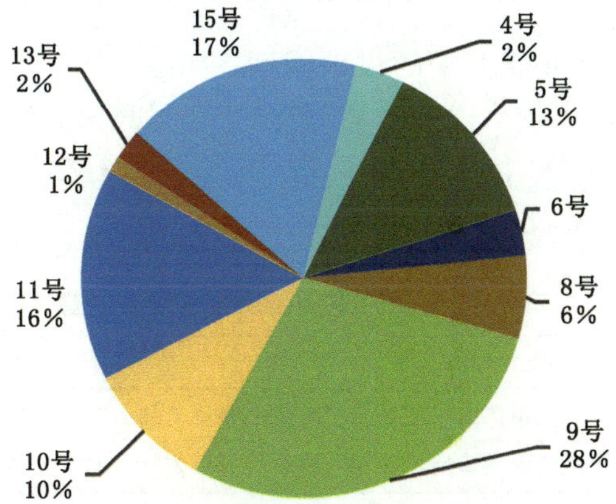

图 3-34 太原组不同煤层剩余煤炭资源量占比

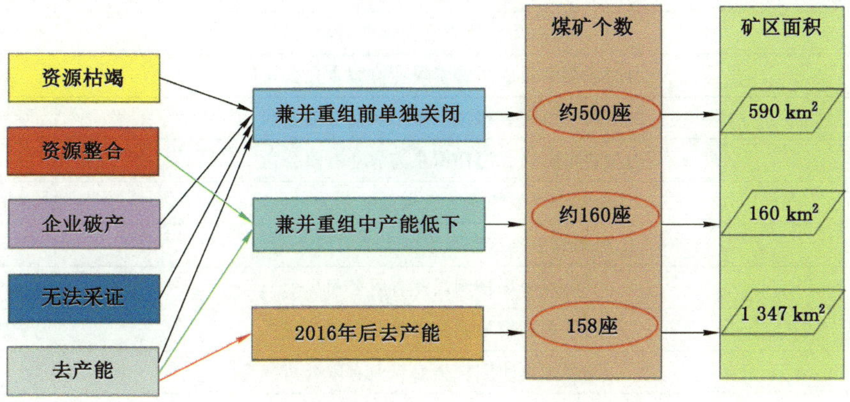

图 3-35 山西省煤矿关闭原因及分类示意图

基于以上山西省相关煤矿关闭原因，认为剩余煤炭资源形成的原因主要有：地质构造复杂、水文地质条件复杂、开采技术条件复杂、矿井规划需要、保护地面相关设施以及相关政策原因等(黄温钢等，2015)。因此，将山西省关闭煤矿划分为三大类型——资源可重启型、地质条件复杂型和资源局限型；对应的剩余煤炭资源类型为资源可重启型剩余煤炭资源、地质条件复杂型剩余煤炭资源和资源局限型剩余煤炭资源(表 3-2)。

表 3-2 山西省域关闭煤矿剩余煤炭类型划分

关闭煤矿或剩余煤炭类型	主 要 特 点	煤矿数量/个	剩余资源量/万 t
资源可重启型	经济、政策原因关闭，资源量可观，剩余程度高，产能过剩	74	345 866.07
地质条件复杂型	因水文、构造等地质条件复杂等而使得开采技术条件复杂	49	269 528.42
资源局限型	资源枯竭、“三下”压煤	707	659 003.60

各类型剩余煤炭资源量特点及矿区划分如下所述。

(1) 资源可重启型

该类型指的是本应处于正常开采的煤矿，因煤价等经济因素或去产能等政策因素关闭而无法开采，剩余煤炭资源表现为产能过剩，剩余资源量可观，剩余程度高，赋存条件较好。全省830个关闭煤矿中，74个煤矿为资源可重启型（表3-3），剩余煤炭资源量约345 866.07万t，剩余资源量较多，可针对性利用。

表3-3 资源可重启型剩余煤炭资源量

矿区	煤矿	剩余资源量/万t
大同矿区	山西大同矿区安盛欣煤业有限公司	1 837.00
	山西煤炭运销集团梅花沟煤业有限责任公司	3 829.50
	山西大同矿区峰子涧煤业有限公司	870.00
	山西右玉元堡煤业有限责任公司	43 946.50
	山西朔州山阴金海洋高山煤业有限公司	15 115.00
	山西朔州山阴金海洋马营煤业有限公司	7 721.60
	山西晋煤集团山阴晋泰煤业有限责任公司	12 605.00
	山西朔州山阴金海洋玉皇山煤业有限公司	8 153.00
	山西朔州山阴金海洋南泉湾煤业有限公司	14 690.00
平朔矿区	山西中煤平朔东日升煤业有限公司	6 629.00
	山西朔州平鲁区阳煤泰安煤业有限公司	9 273.70
	山西中煤杨涧煤业有限公司	16 150.60
轩岗矿区	山西煤炭运销集团恒腾煤业有限公司	14 078.00
	大同煤矿集团同轩金海煤业有限公司	4 152.04
	山西潞安集团潞宁大木厂煤业有限公司	22 675.00
	山西省原平市石豹沟煤矿奇村井田	2 627.00
	山西潞安集团潞宁忻丰煤业有限公司	5 354.00
	大同煤矿集团同轩榆树底煤业有限公司	1 439.00
岚县矿区	山西潞安集团潞宁大汉沟煤业有限公司	13 465.00
	山西潞安集团潞宁忻岭煤业有限公司	1 371.95
	山西潞安集团潞宁前文明煤业有限公司	11 678.00
离柳矿区	山西西山晋兴能源有限责任公司斜沟煤矿	5 517.20
	山西吕梁襄矿环能国鼎煤业有限公司	1 030.00
	山西柳林凌志王家焉煤业有限公司	3 323.00
石隰矿区	山西石楼华润联盛赵家沟煤业有限公司	2 353.20
乡宁矿区	山西煤炭运销集团同晟达煤业有限公司	1 560.00
	山西煤炭运销集团同富元煤业有限公司	1 856.00
	霍煤电集团乡宁宝鑫煤业有限公司	2 316.00
	霍州煤电集团乡宁鑫博煤业有限公司	1 303.00
	霍州煤电集团乡宁沙坪煤业有限公司	192.00

表 3-3(续)

矿区	煤　　　矿	剩余资源量/万 t
汾西矿区	山西汾西瑞泰正和煤业有限公司	1 070.00
	山西能源产业集团鑫建煤业有限公司	451.00
	山西交口华润联盛梁家沟煤业有限公司	3 490.80
	山西交口华润联盛孟家焉煤业有限公司	2 646.30
	山西交口华润联盛蔡家沟煤业有限公司	4 303.30
	山西保利长虹新建煤业有限公司	2 031.00
	山西保利胜达煤业有限公司	3 642.00
	山西能源产业集团晟凯煤业有限公司	3 335.00
霍州矿区	山西煤炭运销集团巨富园煤业有限公司	915.00
	阳泉煤业集团蒲县天煜新星煤业有限公司	2 285.00
	大同煤矿集团同地龙驭煤业有限公司	2 287.00
	山西煤炭运销集团金岁达煤业有限公司	274.00
西山矿区	太原煤炭气化(集团)清河二煤矿有限公司	446.90
	山西煤炭运销集团天池店煤业有限公司	1 062.00
	山西华润煤业有限公司红崖头煤矿	371.90
	山西华润煤业有限公司台城煤矿	1 153.00
	山西华润煤业有限公司大雁煤矿	988.00
	山西华润煤业有限公司新桃园煤矿	4 057.00
	山西华润煤业有限公司铁鑫煤矿	1 606.00
	太原南峪煤业有限责任公司	13 574.00
	山西汾西正源煤业有限责任公司	2 371.00
霍东矿区	山西梅园嘉元煤业有限公司	1 513.00
	山西古县西山庆兴煤业有限公司	2 143.00
	山西古县晋辽下辛佛煤业有限公司	2 911.00
	山西古县晋辽柳沟煤业有限公司	6 625.90
武夏矿区	山西显王煤业有限公司	8 015.00
	山西庄底煤业有限公司	1 553.10
	山西太行王家峪村煤业有限公司	943.80
潞安矿区	山西潞安小南村煤业有限公司	4 767.00
晋城矿区	山西煤炭运销集团店上煤业有限公司	1 693.22
	山西陵川崇安附城煤业有限公司	520.31
	山西晋煤集团晋圣凤红煤业有限公司	940.00
	山西晋煤集团泽州天安高都煤业有限公司	2 586.20
	山西晋煤集团泽州天安峪口煤业有限公司	1 978.00
	山西煤炭运销集团阳城演礼煤业有限公司	5 513.10
	阳泉煤业集团翼城中卫青洼煤业有限公司	1 180.00

表 3-3(续)

矿区	煤　　矿	剩余资源量/万 t
晋城矿区	阳泉煤业集团翼城汇嵘煤业有限公司	3 071.70
	阳泉煤业集团翼城下交煤业有限公司	1 730.00
	阳泉煤业集团翼城森杰煤业有限公司	4 787.00
广灵煤产地	山西能源产业集团罗疃煤业有限责任公司	1 208.10
五台煤产地	山西煤炭运销集团天和煤业有限公司	311.00
垣曲煤产地	山西垣曲燕尾沟煤业有限公司	585.35
平陆煤产地	山西平陆大金禾乌金煤业有限公司	742.00
	山西平陆大金禾煤业有限公司	1 076.80

(2) 地质条件复杂型

地质条件复杂型指的是井下工程布设不完整，不适用于常规开采的煤矿，一般因水文地质条件和地质构造极为复杂而使开采技术条件复杂。如受顶底板含水层、采空区积水、含水小窑突水等影响，煤层无法安全开采；遇到断层密集带、断层间的狭小块段等影响开采的异常构造；煤层顶板破碎，管理困难；存在风氧化带至回风水平之间无法采出的煤层；极近距离煤层，采动其中一层，就会破坏另外的煤层以致无法再开采；等等(陆刚，2010；黄温钢等，2015)。这些均可划分为该类型剩余煤炭资源。该类型煤矿有 49 个，剩余煤炭资源约 269 528.42 万 t(表 3-4)。

表 3-4　地质条件复杂型剩余煤炭资源量

矿区	煤　　矿	剩余资源量/万 t
大同矿区	大同煤矿集团同生宏达煤业有限公司	414.00
	山西大同矿区后沟煤业有限公司	1 263.00
	大同市东周窑煤矿	5 248.00
	大同市杏儿沟煤业有限公司	5 577.53
	山西大同矿区西周窑煤业有限公司	1 051.00
	大同煤矿集团同地北杏庄煤业有限公司	1 559.00
	大同煤矿集团同地红沟梁煤业有限公司	2 998.00
	大同煤矿集团朔州朔煤新峪煤矿	702.00
	大同市马口煤矿木代井	7 415.00
平朔矿区	山西葫芦堂煤业有限公司	11 472.00
	大同煤矿集团恒宝源煤业有限公司	9 937.20
	山西中煤西沙河煤业有限公司	8 904.00
河保偏矿区	山西焦煤集团正兴煤业有限公司	3 841.00
离柳矿区	霍州煤电集团吕临能化有限公司庞庞塔煤矿(资源整合矿)	24 161.70
乡宁矿区	霍州煤电集团乡宁昶元煤业有限公司	1 996.00
	山西煤炭运销集团河津禹门煤业有限责任公司	1 550.00

表 3-4(续)

矿区	煤　　矿	剩余资源量/万 t
霍州矿区	霍州煤电集团丰峪煤业有限责任公司	21 961.00
	霍州煤电集团洪洞鑫磊煤业有限责任公司	17 501.00
	山西煤炭运销集团巨华塬煤业有限公司	129.00
西山矿区	太原煤气化(集团)清河一煤矿(有限公司)	1 125.90
	太原煤气化股份有限公司嘉乐泉煤矿	3 755.10
	山西西山白家庄矿业有限责任公司南坑井	12 661.20
霍东矿区	山西地宝煤业有限公司	183.00
东山矿区	太原煤炭气化(集团)有限责任公司长沟煤矿	9 070.00
	太原东山煤矿有限责任公司	24 708.00
阳泉矿区	山西阳泉盂县万和兴煤业有限公司	1 857.80
	阳泉市燕龛煤炭有限责任公司燕龛煤矿	2 631.00
	山西阳泉郊区和泰荫营煤业有限公司	1 742.00
	阳泉煤业(集团)有限责任公司三矿	13 992.90
	阳泉市南庄煤炭集团有限责任公司	2 591.97
	山西平定古州富鑫煤业有限公司	3 004.10
	阳泉煤业(集团)平定泰昌煤业有限公司	2 175.70
	山西平定古州陈家庄煤业有限公司	3 594.00
武夏矿区	山西槐安煤业有限公司	2 568.00
	山西煤炭运销集团三元古韩永丰煤业有限公司	2 566.00
潞安矿区	山西潞安石圪节煤业有限责任公司	4 781.00
	山西长治县雄山李坊煤业有限公司	671.41
	山西煤炭运销集团赵屋煤业有限公司	3 663.15
晋城矿区	山西高平科兴高良煤业有限公司	605.00
	晋城蓝焰煤业股份有限公司古书院矿	8 177.00
	山西晋城无烟煤矿业集团公司王台铺矿	7 726.00
	山西晋煤集团泽州天安广利煤业有限公司	969.00
	山西晋煤集团泽州天安隆东煤业有限公司	1 743.30
	晋城蓝焰煤业股份有限公司凤凰山矿	14 211.00
	山西晋煤集团晋圣七岭煤业有限公司	1 209.00
	山西晋煤集团晋圣鸿升煤业有限公司	1 835.20
	山西晋煤集团泽州天安吴王山煤业有限公司	1 929.57
	山西晋煤集团泽州天安圣华煤业有限公司	801.69
	阳泉煤业集团翼城河寨煤业有限公司	5 299.00

(3) 资源局限型

资源局限型关闭煤矿包括资源枯竭型和“三下”残留型两类关闭煤矿。资源枯竭型关闭煤矿指煤炭资源几乎枯竭和个别煤质较差的煤矿，剩余煤炭资源量较少，多为井田边界、村庄压煤、断层永久煤柱以及工业场地、大巷、采区煤柱等，并且大部分无法再利用。山西省资源局限型关闭煤矿有 690 座，其中包括 680 座开采年代久远、资料信息较少的煤矿，剩余煤炭资源量约 526 923.86 万 t，对于资料较为翔实的 150 座煤矿中有 10 座属于资源枯竭型煤矿（表 3-5），剩余煤炭资源量为 46 125.93 万 t。

表 3-5　资源枯竭型剩余煤炭资源量

矿区	煤　　矿	剩余资源量/万 t
大同矿区	大同煤矿集团大斗沟煤业有限公司	2 476.00
	大同煤业股份有限公司同家梁矿	14 747.28
轩岗矿区	山西忻州原平龙矿盘道煤业有限公司	4 636.00
	山西忻州神达安茂煤业有限公司	569.00
河保偏矿区	阳泉煤业集团五鑫煤业有限公司	1 106.00
霍州矿区	霍州煤电集团公司白龙煤矿平硐井	14 829.70
阳泉矿区	山西煤炭运销集团鸿泰煤业有限公司	186.60
潞安矿区	山西长治联盛师庄煤业有限公司	3 157.40
晋城矿区	山西陵川崇安北关煤业有限公司	749.00
	山西中强福山煤业有限公司	3 668.95

“三下”残留型煤炭资源，不仅包括常规意义上的水体、建筑物和铁路等“三下”压煤，还包括关闭煤矿地表存在塌陷、存在保护区等问题，对其压覆资源一般不进行开采。山西省“三下”残留型煤矿有 17 个（表 3-6），“三下”残留型剩余煤炭资源量约为 885 57.81 万 t，主要为地面建筑和村庄压覆类型。

表 3-6　“三下”残留型剩余煤炭资源量

矿区	煤　　矿	剩余资源量/万 t
大同矿区	山西煤炭运销集团瑞丰煤业有限公司	1 222.00
	大同煤矿集团雁崖煤业有限公司	1 673.10
	大同煤矿集团同地店湾煤业有限公司	7 729.00
轩岗矿区	山西省原平市石豹沟煤矿长梁沟井田	2 081.00
霍州矿区	山西省霍州王庄煤矿	2 604.00
	霍煤电集团什林煤业有限责任公司	7 033.00
	霍州煤电集团有限责任公司团柏煤矿	31 382.80
西山矿区	古交市矾石沟煤焦有限公司大川河煤矿	1 088.00
	太原西峪煤矿	9 475.00
	山西煤炭运销集团鼎盛煤业有限公司	985.00
	山西梅园永兴煤业有限公司	1 993.00
	山西煤炭运销集团阳城大成煤业有限公司	4 414.00

表 3-6(续)

矿区	煤矿	剩余资源量/万 t
东山矿区	太原东山东昇煤业有限公司	1 042.00
	山西榆次官窑安源煤业有限公司	2 113.90
晋城矿区	山西晋煤集团泽州天安恒源煤业有限公司	2 580.07
	山西兰花集团北岩煤矿有限公司	6 630.94
	山西煤炭运销集团阳城侯甲煤业有限公司	4 511.00

3.3 剩余煤炭资源分布特征

3.3.1 剩余煤炭资源分布特征

根据山西省关闭煤矿资料较为翔实的150座煤矿剩余煤炭资源统计情况，山西省关闭煤矿剩余煤炭资源仍十分丰富，占关闭煤矿总剩余资源量的64.18%。据山西省关闭煤矿分布位置，将其分为17大矿区(图3-36)，从北向南依次分为大同煤炭规划矿区、平朔煤炭规划矿区、河保偏煤炭规划矿区、轩岗煤炭规划矿区、岚县煤炭规划矿区、西山煤炭规划矿区、东山煤炭规划矿区、离柳煤炭规划矿区、汾西煤炭规划矿区、石隰煤炭规划矿区、阳泉煤炭规划矿区、武夏煤炭规划矿区、霍东煤炭规划矿区、霍州煤炭规划矿区、乡宁煤炭规划矿区、潞安煤炭规划矿区、晋城煤炭规划矿区以及广灵、五台、垣曲和平陆四大煤产地。

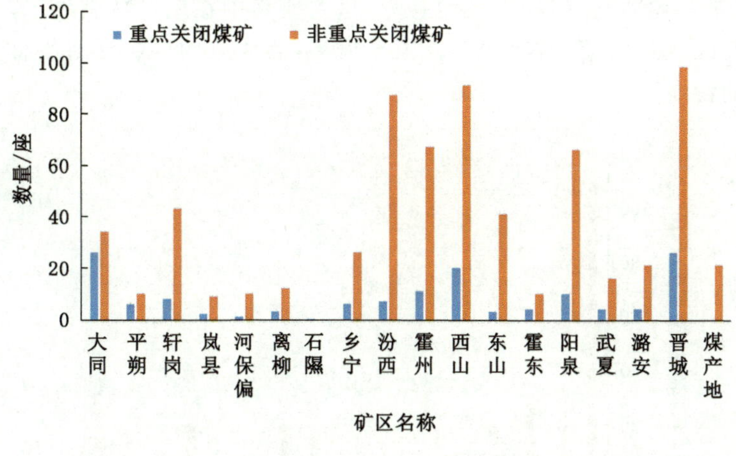

图 3-36 山西省各矿区关闭煤矿数量分布情况

关闭煤矿剩余各类煤炭资源在各矿区内均有分布，主要分布在大同矿区的东北部、平朔矿区的西南部、轩岗矿区、西山矿区的北部和东部、东山矿区的南部、阳泉矿区的东北部、武夏矿区的东部、晋城矿区的南部、霍州矿区的北部、霍东矿区的西部、汾西矿区的西南部、离柳矿区的局部、岚县矿区的北部、潞安矿区、乡宁矿区、石隰矿区、河保偏矿区以及广灵、五台、垣曲、平陆等煤产地。其中，大同矿区剩余资源量最多(图3-37)(表3-1)，石隰矿区剩余资源量最少，整体呈南多北少、东多西少的特点。

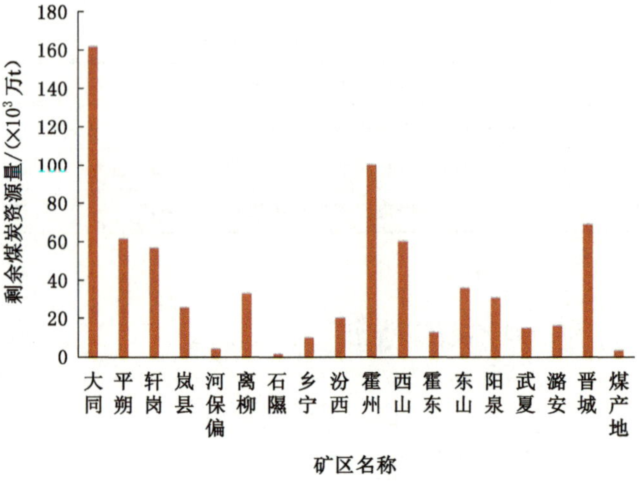

图 3-37　各矿区关闭煤矿剩余煤炭资源量

其中，剩余探明的煤炭资源量(图 3-38)在各矿区均有分布，主要分布在北部的大同、平朔矿区以及南部的晋城、霍州矿区，其中大同矿区的最多，为 109 024.31 万 t，极少量分布在石隰、河保偏矿区；整体呈南北较富集，东西分布较少的特点。剩余控制的煤炭资源量(图 3-39)在石隰矿区没有分布，其余矿区均有分布，且主要分布在大同、轩岗、晋城、霍州、离柳、东山等矿区，其中大同矿区的最多，为 27 475.77 万 t；整体分布相对均衡。剩余推断的煤炭资源量(图 3-40)同样在各矿区均有分布，主要集中在南部的晋城、霍州、西山矿区以及北部的大同矿区，霍州矿区剩余 333 资源量最多，为 47 091.10 万 t；整体呈南北较富集、东西分布较少的特点。

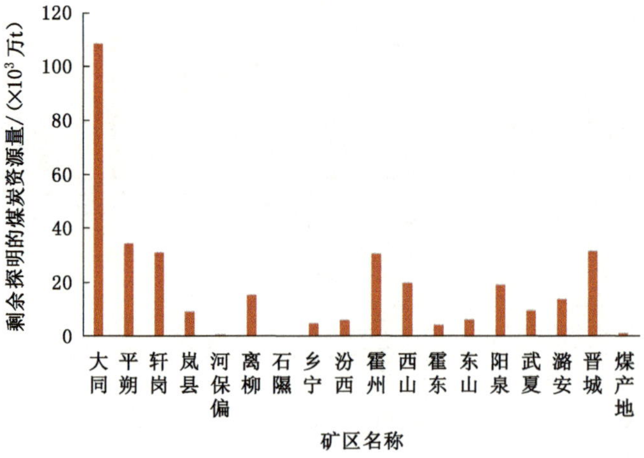

图 3-38　山西省关闭煤矿剩余探明的煤炭资源量

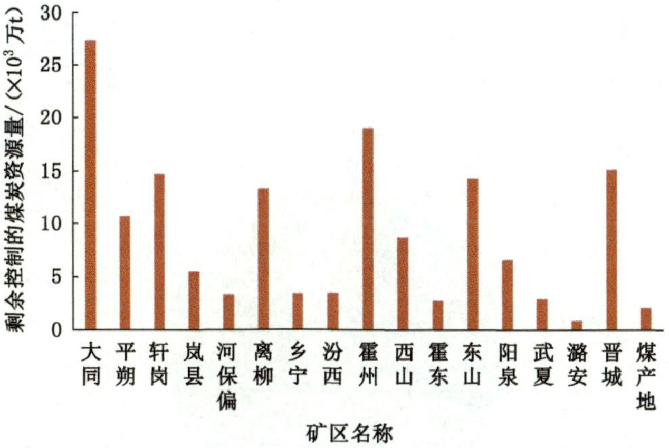

图 3-39　山西省关闭煤矿剩余控制的煤炭资源量

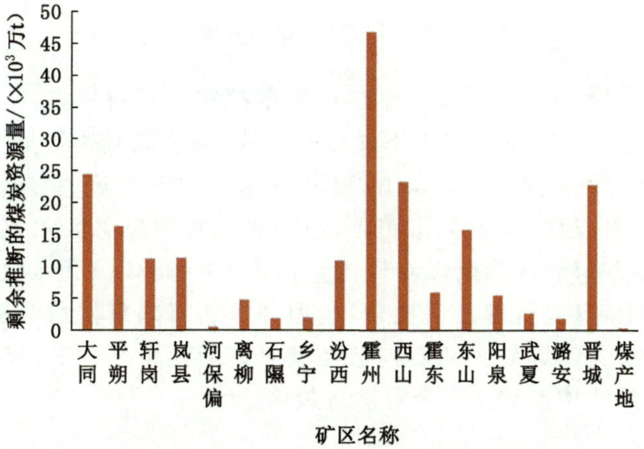

图 3-40　山西省关闭煤矿剩余推断的煤炭资源量

3.3.2　剩余煤炭赋存条件

据现有资料，主要从地质构造条件、围岩稳定程度、煤层倾角、煤层厚度、煤层埋深等方面分析关闭煤矿剩余煤炭资源的赋存条件，研究不同赋存条件下剩余煤炭资源的利用方式。

(1) 地质构造条件

在评价的 838 座煤矿中，690 座煤矿构造相关资料缺失，故根据 148 座关闭煤矿的资料调研可知，关闭煤矿区内构造复杂程度包括三大类型(图 3-41)。

第一类为简单构造类型，构造形态主要为宽缓的褶曲，未见、少见断层且断层以小型为主，不影响煤层发育或开采，无陷落柱或有较少陷落柱，无岩浆岩侵入，井田地质构造划分为简单类型的矿区占比为 68.24%，剩余煤炭资源量占比为 53.51%。第二类为中等构造类型，构造形态较简单，一般发育断层或陷落柱，且断层具有一定规模，井田内地层或煤层受到断层影响，井田地质构造划分为中等类型的矿区占比为 25.68%，剩余煤炭资源量占比为 35.29%。第三类是复杂构造类型，构造形态多变，断层和陷落柱极为发育，且以大至中型断层为主，井田地质构造划分为复杂类型的矿区占比为 6.08%，剩余煤炭资源量占比为 11.20%。

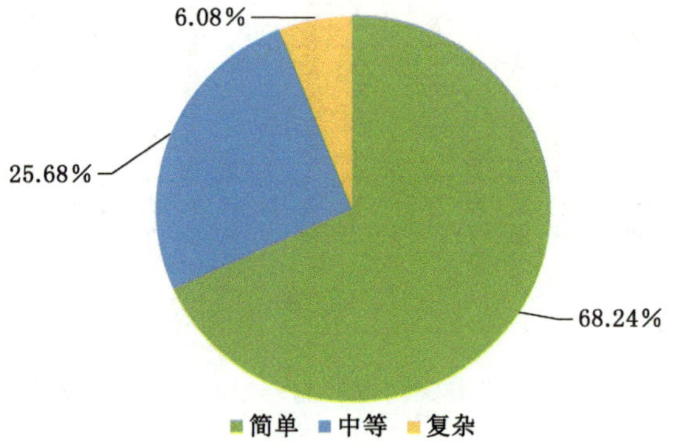

图 3-41　山西省关闭煤矿各地质构造类型占比

在山西省 158 个关闭煤矿区中，24 个煤矿陷落柱相关资料缺失，统计分析其余 134 个煤矿陷落柱发育情况。其中 76 个煤矿不发育陷落柱，剩余煤炭资源量为 322 043.63 万 t；58 个煤矿发育陷落柱，在大同、平朔、东山、阳泉、武夏、潞安、晋城、霍东、汾西、西山、霍州矿区以及五台煤产地均有发育，其中霍州矿区、西山矿区和阳泉矿区尤为发育(图 3-42)。煤炭资源量发育陷落柱的煤矿区剩余煤炭资源量约为 695 388.19 万 t，占比为 68.35%。虽然陷落柱所在矿区剩余煤炭资源量占比较大，但并非所有陷落柱均会影响煤层，综合煤矿整体地质评价，山西省关闭煤矿区地质构造类型总体为简单至中等，极少数为复杂地质构造条件，且简单类型地质构造矿区剩余资源量最多。

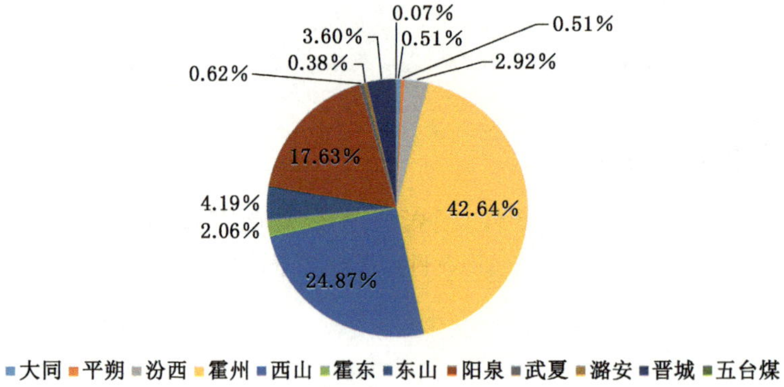

图 3-42　山西省关闭煤矿各矿区陷落柱发育情况

(2) 围岩稳定程度

所谓围岩的稳定性，是指在开挖后不加支护的情况下围岩自身的稳定程度，当下，主要用以岩石稳定性为基础的综合分类法，依据《矿井地质工作规定》划分围岩的稳定程度(表 3-7)。

表 3-7 围岩稳定程度划分

围岩稳定程度	岩 石 特 征
Ⅰ稳定	硬质岩,不风化,层状,胶结好,无软弱夹层,饱和单轴抗压强度 $R_c>60$ MPa
Ⅱ较稳定	完整,较坚硬,层状,胶结好,无泥充填,$R_c \geqslant 30$ MPa
Ⅲ中等稳定	完整中硬,夹少量软岩,$R_c=5\sim30$ MPa
Ⅳ不稳定	较软完整,中硬层状,$R_c=5\sim30$ MPa
Ⅴ极不稳定	松散,破碎,脱落软岩

关闭煤矿剩余煤炭资源中的太原组(C_2-P_1t)岩性以泥岩、砂质泥岩、粉砂岩、砂岩为主,部分地区夹石灰岩;山西组(P_1s)以深灰色泥岩、砂质泥岩、粉砂岩和灰白色中粗粒砂岩为主;大同组(J_2d)以灰色、灰黑色泥岩、砂质泥岩、粉砂岩和灰白色中粗粒砂岩为主。当煤层顶板为泥岩时,为软弱顶板,顶板松软易冒落,不易维护;当顶板为砂质泥岩时,为中等顶板,中等冒落性;当顶板为石灰岩、砂岩时,顶板稳定性好,为坚硬顶板,易于管理(赵玉杰,2021)。统计表明山西省关闭煤矿区煤层围岩多以泥岩、砂质泥岩为主,部分为石灰岩,顶板坚硬程度为软弱至中坚硬至坚硬不等,因此据各关闭煤矿工程地质资料以及 5 口施工的关闭煤矿钻井,依据煤层顶底板岩性特征及矿压强度,判断围岩稳定程度大部分为中等型。

此外,根据煤层顶底板岩性、厚度以及抗压强度、抗拉强度、抗剪强度、坚固性系数、内摩擦角、内聚力等工程力学参数,结合构造、矿井水、瓦斯等影响因素,综合判断工程地质条件复杂程度划分为简单类型、简单至中等类型、中等类型、中等至复杂类型以及复杂类型五大类(表 3-8)。

表 3-8 工程地质条件复杂程度划分

类别	复杂	中等至复杂	中等	简单至中等	简单
岩溶发育程度	强烈发育	中等发育	弱发育	微弱发育	不发育
涌水程度	特大、大型突水 10 000～ 100 000 m^3/d	较大型涌突水 1 000～ 10 000 m^3/d	中型涌水 100～1 000 m^3/d	小型涌水 <100 m^3/d	小型涌水 <100 m^3/d
断层稳定程度	大型断裂破碎带	中型断层带	中小型断层带	小型断层带	小型或无断层
地应力影响程度	极高应力 $R_c/d_{max}<4$	高应力 $R_c/d_{max}=4\sim7$	—	—	—
瓦斯影响程度	瓦斯突出	高瓦斯	低瓦斯	较低瓦斯	无

依据山西省 110 个关闭煤矿地质工程复杂情况资料得出了统计结果(图 3-43)。其中中等类型的矿区占比最多,约为 66.36%,剩余煤炭资源量为 311 909.26 万 t;其次为简单类型,占比为 20.91%,剩余煤炭资源量为 59 731.33 万 t;简单至中等类型的矿区占比最少,约为 1.82%,剩余煤炭资源量为 2 183.00 万 t。整体而言,各关闭煤矿区地质工程复杂条件较好,复杂程度以简单至中等为主。

(3) 煤层厚度、倾角及埋深

我国按煤层赋存条件将煤层分为薄煤层(小于 1.3 m)、中厚煤层(1.3～3.5 m)和厚煤

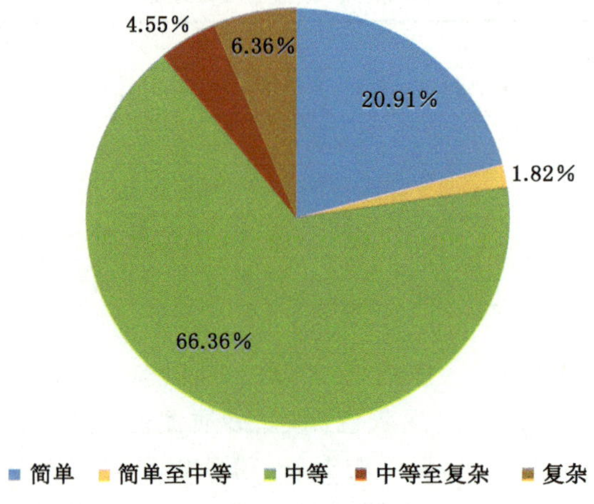

图 3-43　山西省关闭煤矿工程地质条件复杂程度

层(大于 3.5 m),统计 150 个去产能关闭煤矿的 618 个主采煤层信息得到,在关闭煤矿剩余煤炭资源中(图 3-44),薄煤层占比 37.05%,剩余煤炭资源量最少,为 96 279.00 万 t,且动用量最少,约占 32.18%;中厚煤层占比最大,为 41.59%,剩余煤炭资源量 247 501.24 万 t,动用了 57.26%,动用量最多;厚煤层占比最小,为 21.36%,剩余煤炭资源量最多,为 389 645.99 万 t,动用量占 49.55%。由此可见,山西省关闭煤矿剩余煤炭资源赋存在各个煤层中,中厚煤层动用量占比最多,而厚煤层剩余资源量最多。

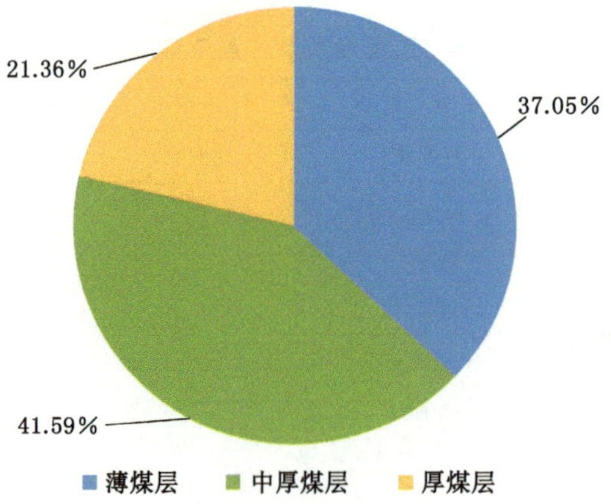

图 3-44　山西省关闭煤矿剩余煤炭资源煤层分布情况

煤层按倾角可分为近水平煤层(小于 8°)、缓倾斜煤层(8°~25°)、倾斜煤层(25°~45°)、急倾斜煤层(大于 45°)。据统计,关闭煤矿剩余煤炭资源极大部分为近水平煤层至缓倾斜煤层,个别为倾斜煤层,占比仅为 2.78%。整体而言,煤层稳定,便于利用。

煤层埋深对煤储层的物性及含气量有重要影响,煤层埋深是从地表到煤层顶底板之间的距离。分析山西省关闭煤矿剩余煤炭资源埋藏深度(图 3-45)发现,剩余煤炭资源埋藏较浅,主要分布在 400 m 以内,有 618 908.89 万 t,占比较大,而埋深大于 600 m 煤炭资源较少，仅为 41 131.2 万 t。

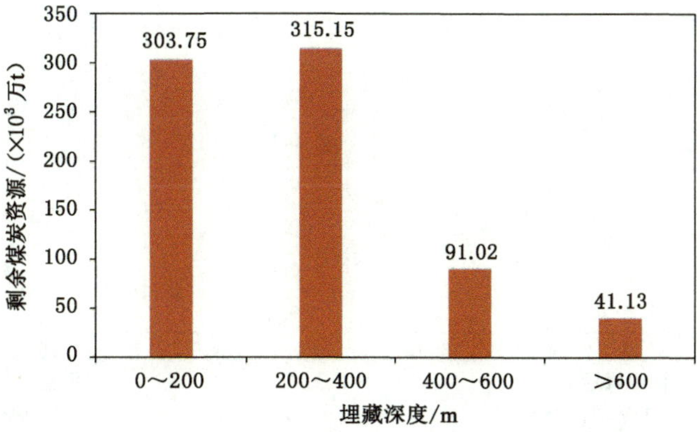

图 3-45　山西省剩余煤炭资源埋深图

综合分析山西省关闭煤矿剩余煤炭赋存条件认为，大部分煤层构造简单，围岩中等稳定，工程地质复杂程度中等，中厚煤层较多且煤层发育平缓，多为近水平，剩余煤炭资源埋藏较浅，整体赋存条件好。对于少部分剩余煤炭资源赋存条件相对较差的煤矿区，应结合具体矿区煤层赋存条件进行详细划分。

3.3.3　剩余煤炭煤质特征

山西省煤炭资源丰富、分布广、煤类齐全，主要为气煤、焦煤、贫煤、无烟煤。分析山西省中生代煤质特点，若进行有针对性的开发，会产生更好的经济、环境及社会价值。据收集的山西省关闭煤矿煤质相关资料，对煤层水分、灰分、挥发分、硫分、发热量、黏结指数等进行了论述，并依据煤碳质量分级相关国家标准（GB/T 15224.1—2018、GB/T 15224.2—2021、GB/T 15224.3—2022）逐一进行了分类分析。

(1) 大同组（J_2d）

大同组煤的水分含量较低，平均约 4.58%，主要为低水分煤。其中 8 号煤层水分最高约为 8.84%，15 号煤层最低约为 2.44%。大同组为低灰至低中灰煤，灰分含量平均约 10.71%，其中大同组 15 号煤层为弱黏煤，灰分含量最高，约 14.91%；2 号煤层不黏煤含量最低，均值约 7.97%。大同组挥发分含量较高，为中高挥发分煤，挥发分含量平均约 31.34%，其中 2 号煤层灰发分含量最高，均值约 33.16%；14 号煤层不黏煤含量最低，均值约 29.85%[图 3-46(a)]。

大同组全硫含量平均约 0.74%，整体含量较低，从特低至低硫至低中硫煤变化，其中 9 号煤层含量最高，均值约 1.08%；7 号煤层含量最低，均值约 0.44%[图 3-46(b)]。大同组煤的发热量较高，平均约 31.20%，15 号煤层发热量最高，约为 33.38%；11 号煤层最低，约为 29.56%，整体变化不大，属特高热值煤。黏结指数介于 0～77。

(2) 山西组（P_1s）

山西组煤的水分含量平均约 1.41%，属低水分煤，7 号煤层水分最高，约为 2.21%，5 号煤层最低，约为 0.78%；水分含量表现为中部高、南北低的特征。山西组灰分含量平均为

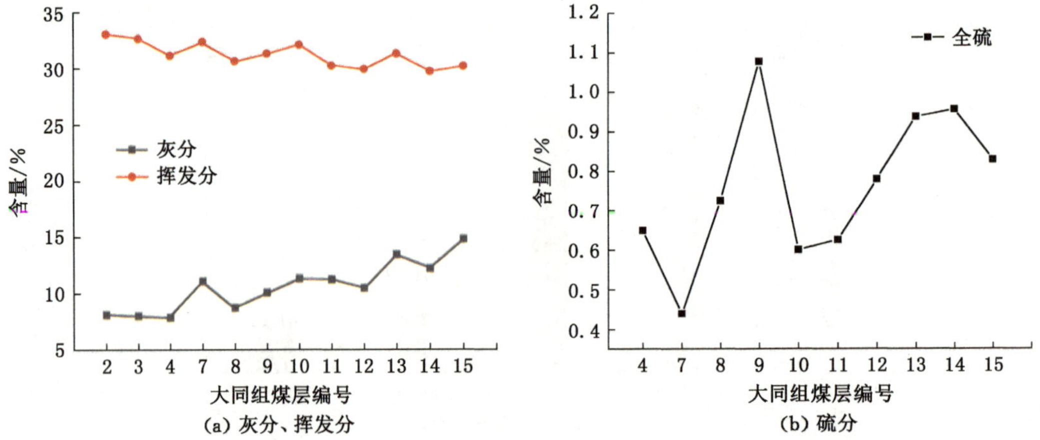

图 3-46　山西省关闭煤矿大同组煤层灰分、挥发分和硫分变化

24.27%，9 号煤层为焦煤，其灰分含量最高，约 42.29%，6 号煤层主要是无烟煤，灰分最低，约 16.28%。山西组煤的挥发分含量平均约 24.64%，其中 8 号煤层挥发分含量最高(约 34%)，最低是 6 号煤层(9.71%)，总体上变化较大，从特低至低至中等至中高挥发分煤变化，呈北高南低、西高东低的特点[图 3-47(a)]。山西组各煤层的全硫含量普遍较低，平均约 0.78%，大部分地区为低硫分煤，含量最高的煤层是 6 号煤(1.18%)，最低的是 1 号和 4 号煤层，约 0.62%[图 3-47(b)]。发热量整体较高，平均约 28.71%，1 号煤层发热量最高，约为 31.36%，5 号煤层最低，约为 25.47%，无特低热值煤，大部分区域为特高热值煤。煤的黏结指数由 0～10 变化，其中霍西煤田中部为高值中心，反映了煤的变质程度由北向南、由西向东逐渐变高，煤类由烟煤向无烟煤变化的趋势。

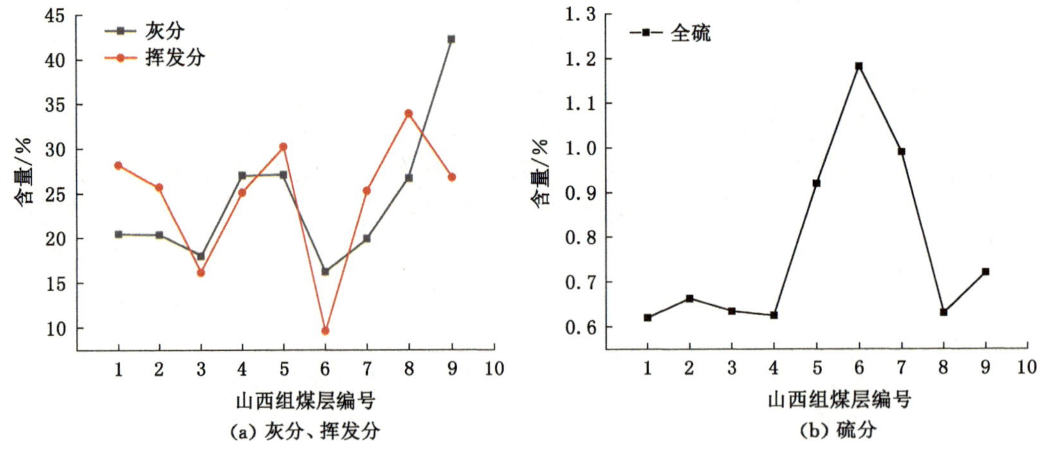

图 3-47　山西省关闭煤矿山西组煤层灰分、挥发分和硫分变化

(3) 太原组(C_2-P_1t)

太原组煤的水分含量平均约 1.52%，5 号煤层水分最高约为 2.49%，7 号煤层最低，约

为 0.846%，为低水分煤，水分含量表现为中部高、南北低的特征。太原组煤层灰分含量平均约 22.01%，且北部以中灰煤为主，南部以低中灰煤为主，其中 6 号煤层灰分最高，约 26.26%，7 号煤层灰分最低，约为 16.01%。煤的挥发分含量平均约 26.72%，4 号煤层挥发分最高，约为 37.95%，15 号煤层最低，约为 12.28%[图 3-48(a)]。

太原组的全硫含量平均约 1.85%，为中硫分煤，其中 15 号煤层硫含量最高，约为 2.56%，5 号煤层硫含量最低，约为 0.84%[图 3-48(b)]，各煤层中全硫含量变化很大。发热量方面太原组发热量整体较高，平均约 29.32%，7 号煤层发热量最高，约为 33.43%，5 号煤层最低，约为 25.57%，无特低热值煤，大部分区域为特高热值煤。黏结指数由 0～105 变化，呈北高南低、西高东低的趋势，其中霍西煤田中部为高值中心，反映了煤的变质程度由北向南、由西向东逐渐变高，煤类由烟煤向无烟煤变化的趋势。

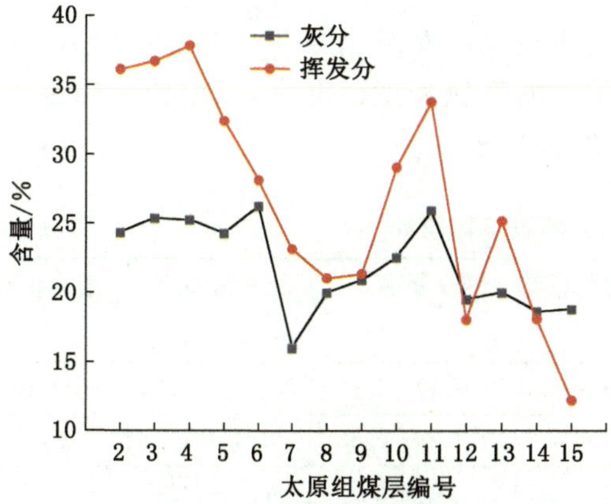

(a) 灰分、挥发分

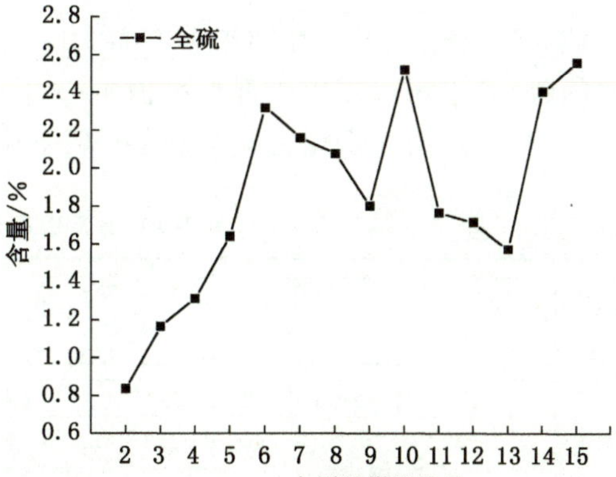

(b) 硫分

图 3-48 山西省关闭煤矿太原组煤层灰分、挥发分和硫分变化

此外还有仅分布在霍州矿区的霍州煤电集团丰峪煤业有限责任公司的本溪组(C_2b)。本溪组含煤 1 层，水分含量较低，平均约 1.02%，为低水分煤。灰分含量平均 27.69%，为中灰煤。挥发分含量较高，平均 36.70%，为中高挥发分煤。全硫含量平均约 0.57%，为低硫煤。本溪组主要为中热值煤，发热量均值约 18.54%。本溪组主要是肥煤，黏结指数平均约 98。

总体而言，关闭煤矿煤炭资源中，大同组水分含量相对最高，山西组水分含量较太原组低(图 3-49)，两者都表现为中部高、南北低的特征。灰分含量为山西组＞太原组＞大同组，且整体含量变化较大，具有四周高、中间低的分布特点。其中大同矿区和晋城矿区灰分含量最高。

挥发分为大同组＞山西组＞太原组，或由于大同组和太原组较山西组煤层形成时还原、凝胶化作用更强，植物原始结构破坏更彻底，因此形成的镜质组较多，惰质组较少。煤的挥发分总体上均呈北高南低、西高东低的特点，反映了两组煤的变质程度由北向南逐渐变高的趋势。硫分含量太原组＞大同组＞山西组，整体含量普遍较低，大部分地区为低硫分煤，各煤层中全硫含量变化很大，且北高南低，大同矿区含量最高。

发热量方面大同组＞太原组＞山西组，且各组煤发热量整体较高，无特低热值煤，大部

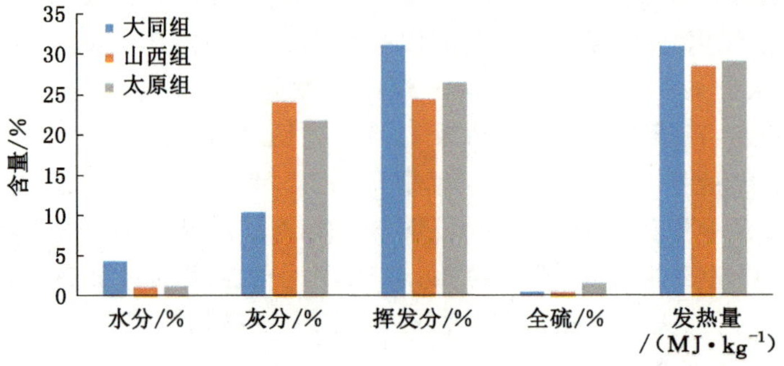

图 3-49　各组煤层水分、灰分、挥发分、硫分及发热量对比

分区域为特高热值煤。黏结指数方面太原组和山西组煤的黏结指数均呈北高南低、西高东低的趋势，其中霍西煤田中部为高值中心，反映了煤的变质程度由北向南、由西向东逐渐变高，煤类由烟煤向无烟煤变化的趋势(唐跃刚等，2013)(表 3-9)。

表 3-9　山西省原煤主要煤质指标统计

组	煤田	水分 M_{ad}/%	灰分 A_d/%	挥发分 V_{daf}/%	硫分 $S_{t,d}$/%	发热量 $Q_{gr,d}$ /(MJ·kg^{-1})	黏结指数 $G_{R,I}$
大同组	大同	2.24～8.44	0.9～21.36	15.83～35.75	0.19～2.89	29.56～33.38	0～49
	轩岗	0.32～0.60	8.68～15.08	39.94～41.54	0.28～0.34	30.21～31.34	58～77
	岚县	1.85～6.80	3.38～24.68	36.09～42.31	0.39～1.65	24.92～34.45	13～75
太原组	大同	0.68～6.92	9.76～43.38	1.52～42.73	0.07～3.08	19.90～28.16	0～81
	宁武	0.32～5.33	9.90～43.38	25.92～43.21	0.35～3.14	17.16～32.75	1～96
	河东	0.14～7.34	7.86～38.72	8.33～42.87	0.34～10.38	17.35～31.16	0～98
	西山	0.26～2.94	11.03～46.39	8.18～25.89	0.49～10.47	16.73～34.17	0～87
	霍西	0.08～4.00	9.78～47.95	2.85～36.98	0.46～6.56	14.89～32.09	0～105
山西组	大同	0.38～5.76	13.65～47.17	2.70～39.60	0.14～3.61	24.95～26.71	10～34
	宁武	0.73～5.26	8.42～45.86	2.62～42.56	0.27～3.32	18.27～31.32	0.5～93.7
	河东	0.22～5.76	5.40～47.94	8.41～42.66	0.18～4.58	19.94～33.81	0～100.5
	西山	0.18～4.98	8.65～42.95	0.53～30.14	0.24～4.17	1.49～33.94	0～95
	霍西	0.20～4.40	8.10～41.41	2.85～40.31	0.17～2.86	19.65～33.29	0～105
	沁水	0.08～3.85	3.14～48.40	3.93～22.37	0.16～4.47	20.18～34.66	0～97

4 关闭煤矿煤层气资源特征

4.1 煤层气地质特征

山西省煤层气赋存具有低饱和度、低渗透性、低储层压力、高变质程度的地质特征(王耀锋,2020)。煤层气生成、储集、封盖、迁移、聚集、保存等条件的配置一体化过程影响着最终煤储层含气量。煤变质程度、煤层厚度及埋藏深度、煤层顶底板圈闭条件、储-盖组合、水文地质条件、岩浆活动等都对煤层气富集产生重要影响。沉积-构造控制下煤层物性与含气性特征是关闭煤矿煤层气资源的先天物质基础,是影响关闭煤矿煤层气资源丰度的决定性因素。

对矿区构造特征、煤层埋深及含气量数据等的研究表明,2009 年兼并重组前及兼并重组中关闭煤矿关闭时间早,煤层埋深浅,基本为低瓦斯煤矿,先天资源条件差,加之资料缺失或研究程度不够,评价关闭煤矿煤层气资源潜力意义不大。2016—2020 年煤炭行业化解过剩产能关闭煤矿(去产能关闭煤矿)资料相对翔实,统计分析调查显示,共有 17 座煤矿关闭前为高瓦斯矿井,其余基本为低瓦斯矿井。高瓦斯矿井主要分布在阳泉矿区、晋城矿区、西山矿区,低瓦斯矿井主要分布在大同矿区、潞安矿区、武夏矿区及霍州矿区等。对大同矿区、阳泉矿区、晋城矿区、潞安矿区、武夏矿区、西山矿区、霍州矿区典型煤层气潜力区开展了进一步分析。

4.1.1 大同矿区

(1) 煤层含气性

大同煤田在侏罗系煤系形成后,经历了燕山运动和喜马拉雅运动,其中燕山运动在压-扭构造应力下呈现为两条向斜轴的盆地构造,边缘发育大型断裂构造,喜马拉雅运动表现为拉伸的构造应力背景,形成一系列张性正断裂。大同矿区瓦斯赋存呈现明显的区域不均衡性,其瓦斯含量介于 1.10～2.69 m^3/t。侏罗系煤田中峪口、忻州窑、晋华宫、四台、云冈 5 个高瓦斯矿井集中在云冈沟内(李兴,2008)。然而,矿井与矿井内部各工作面瓦斯显现差异明显,含气性整体受埋深和构造控制(李兴,2008;李春生等,2011)。石炭-二叠系煤田以低瓦斯矿井为主,煤层瓦斯含量低。

(2) 储层物性特征

采集大同矿区生产煤矿中大同组 8-2、12 号煤层开展孔-渗测试,8-2 号煤孔隙度介于 14.50%～15.50%,渗透率介于 0.011 0～0.032 4 mD,12 号煤孔隙度约 4.01%,小于 8-2 号煤层。煤层孔隙的成因分类可以分为原生孔、外生孔、变质孔、矿物质孔 4 大类,并可进一步分为 10 小类(张慧,2001)(表 4-1)。扫描电镜观察下,孔隙类型以矿物质孔和原生孔为主，矿物质孔中的溶蚀孔与铸模孔十分发育，并可见原生胞腔孔和气孔；此外，煤中微裂隙较发育，以外生裂隙为主，呈直线状或者齿状，裂隙宽度较大且可见与孔隙连接，形成孔-裂隙连通系统，有利于提高储层渗透率（图 4-1）。大同组 8-2 煤样微至纳米 CT 扫描试验结果显示，煤中裂隙发育较少，以顺层裂隙为主，并可见大量直径＞100 μm 的孔-裂隙及 50～100 μm 的孔隙发育（图 4-2），这与扫描电镜结果能够良好对照。

表 4-1　煤孔隙类型及其成因（张慧，2001）

类　型		成　因　简　述
原生孔	胞腔孔	成煤植物本身所具有的细胞结构孔
	屑间孔	镜屑体、惰屑体和壳屑体等碎屑状颗粒之间的孔
变质孔	链间孔	凝胶化物质在变质作用下缩聚而形成的链之间的孔
	气孔	煤变质过程中由生气和聚气作用而形成的孔
外生孔	角砾孔	煤受构造应力破坏而形成的角砾之间的孔
	碎粒孔	煤受构造应力破坏而形成的碎粒之间的孔
	摩擦孔	压应力作用下面与面之间摩擦而形成的孔
矿物质孔	铸模孔	煤中矿物质在有机质中因硬度差异而铸成的印坑
	溶蚀孔	可溶性矿物质在长期气、水作用下受溶蚀而形成的孔
	晶间孔	矿物晶粒之间的孔

通过流体注入联测法（低压二氧化碳吸附-液氮吸附-压汞法），揭示了煤层孔隙结构参数（表 4-2）。与 12 号煤相比，大同组 8-2 号煤的孔隙更发育，比表面积和孔体积大于 12 号煤层。基于 CO_2 吸附、液氮吸附及压汞法各测试优势孔径范围，绘制了孔径分布图（图 4-3），8-2 号煤孔径分布曲线呈多峰分布，4 个峰位位于 3 nm 以内，微孔最为发育、介孔次之；12 号煤孔径分布曲线呈双峰分布，主峰在 1.2 nm 左右，微孔最为发育。大同组煤样孔径分布集中在微孔范围内，介孔发育较少，大孔基本不发育。流体注入联测法与扫描电镜和 CT 结构存在部分差异的原因可能是煤样粉碎后进行流体注入测试时煤样中的大孔已被破坏。

表 4-2　大同矿区大同组煤层孔隙结构参数

煤层	CO_2吸附（0.5～1.4 nm）		液氮吸附（1.7～300 nm）		压汞法（＞7.35 nm）	
	比表面积 /(m^2/g)	总孔体积 /(cm^3/g)	BET 比表面积 /(m^2/g)	总孔体积 /(cm^3/g)	总孔体积 /(cm^3/g)	平均孔径 /nm
8-2	87.75	0.016	34.07	0.039	0.122 8	31.4
	85.61	0.016	35.74	0.040	0.133 8	37.8
12	73.70	0.007	1.376	0.004	0.032 6	20.4

（3）关闭煤矿特征

大同矿区 2009 年兼并重组前关闭煤矿 8 座，地处朔州市怀仁市及山阴县境内，位于大同矿区西南部。基本为浅部煤层，多为平硐或斜井巷采，通风条件差，采掘工艺落后，资源

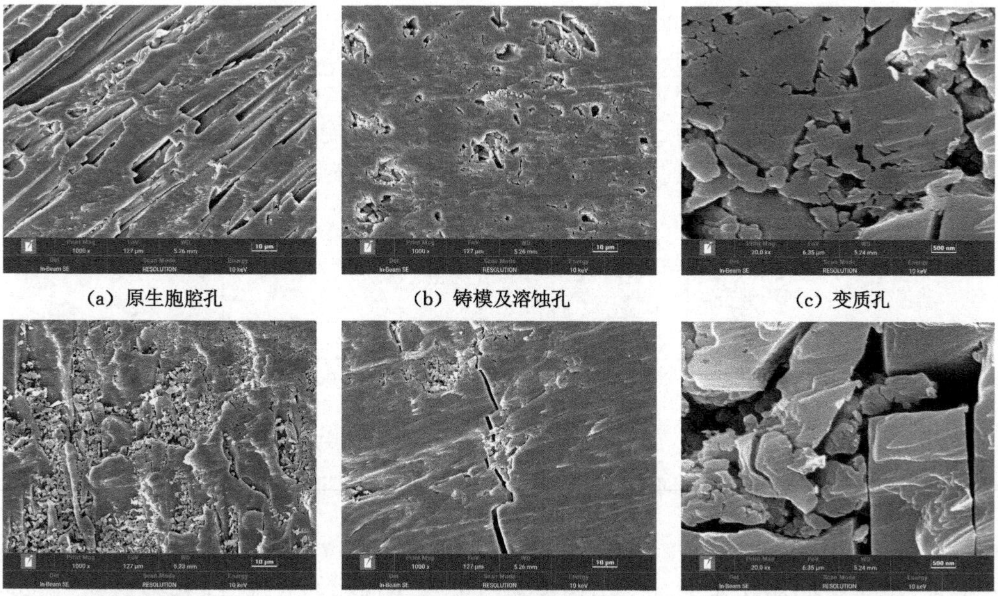

(a) 原生胞腔孔　(b) 铸模及溶蚀孔　(c) 变质孔

(d) 微裂隙（一）　(e) 微裂隙与铸模孔　(f) 微裂隙（二）

图 4-1　大同组 8-2 号煤层孔隙类型及形貌

(a) 原始三维模型　(b) X方向截面　(c) 截取数据体

(d) 直径>100 μm孔隙-裂隙　(e) 直径为50～100 μm孔隙　(f) 直径<50 μm孔隙

图 4-2　大同组 8-2 号煤层微至纳米 CT 扫描结果

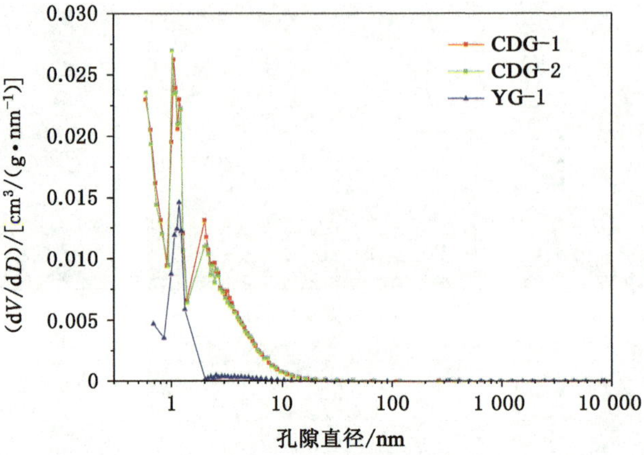

图 4-3　大同矿区大同组 8-2、12 号煤储层孔径分布曲线

浪费严重，面积介于 0.18～0.74 km^2。2009 年兼并重组中关闭煤矿 9 座，地处大同市云岗区、左云县，位于大同矿区东北部。关闭煤矿以开采大同组煤层为主，埋深较浅，面积介于 0.21～3.47 km^2，年产量基本小于 30 万 t。总体来说，大同矿区兼并重组前关闭煤矿及兼并重组中关闭煤矿共 17 座，基本开采浅部煤炭资源，煤层瓦斯含量低，关闭时间较早，矿井相关资料缺失或翔实程度低(表 4-3)(图 4-4)。

表 4-3　大同矿区兼并重组前关闭煤矿及重组中单独关闭煤矿信息

序号	煤矿名称	位置	面积/km^2	备注
1	山阴县八爷山煤矿	朔州市山阴县	0.74	2009 年兼并重组前关闭煤矿(面积小、采掘工艺落后的浅部煤矿)
2	山阴县吴马营乡大洼村窑坡煤矿	朔州市山阴县	0.44	
3	怀仁县新家园镇桦林沟煤矿	朔州市怀仁市	0.35	
4	怀仁县云中镇麻叶山煤矿	朔州市怀仁市	0.37	
5	怀仁县云中镇卧羊台煤矿	朔州市怀仁市	0.28	
6	怀仁县云中镇小偏岭煤矿	朔州市怀仁市	0.39	
7	怀仁县云中镇南半沟煤矿	朔州市怀仁市	0.55	
8	怀仁县新家园镇王坪村大东沟煤矿	朔州市怀仁市	0.18	
9	山西怀仁东山兴盛煤业有限公司	朔州市怀仁县	0.68	2009 年兼并重组中单独关闭煤矿，基本为年产量在 30 万 t 以下的煤矿
10	左云县鹊儿山镇石墙框煤矿	大同市左云县	0.40	
11	大同市城区新河煤矿	大同市云冈区	1.04	
12	左云县张家场乡云西煤矿	大同市左云县	0.70	
13	左云县马道头乡郭家坪煤矿	大同市左云县	0.77	
14	大同市矿区砂石煤矿	大同市云冈区	0.21	
15	左云县三屯乡南端午煤矿	大同市左云县	2.03	
16	左云县马道头乡鹊儿咀煤矿	大同市左云县	1.22	
17	大同市城区狼儿沟煤矿	大同市云冈区	3.47	

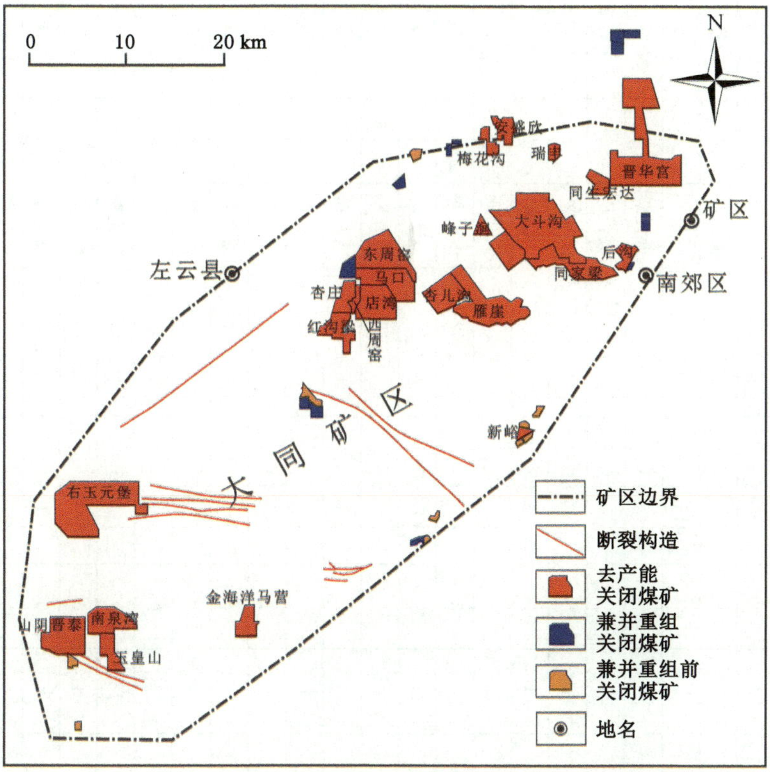

图 4-4　大同矿区关闭煤矿分布

大同矿区 2016—2020 年煤炭行业化解过剩产能的关闭煤矿共 26 座，其中高瓦斯矿井 1 座，瓦斯矿井 1 座，其余皆为低瓦斯矿井，主采煤层以大同组为主，关闭煤矿相关煤层气地质特征如表 4-4 所示。晋华宫矿南山井绝对瓦斯涌出量达 24.37 m^3/min，相对瓦斯涌出量达 7.77 m^3/t，为高瓦斯矿井。晋华宫井田位于大同煤田北部，井田内大同组可采和局部可采煤层共 17 层，其中 2-1、2-2、2-3、3、7-1、7-3、8、9、10 号煤层大部采完，关闭前正开采 11-1、12-2、15-2 号煤层，11-2、12-1、14-2、14-3、15-1 号煤层尚未开采。多层古采空区位置不明，高瓦斯煤层主要为 11-1 和 12-2 号厚煤层，埋深主体为 300～500 m。同生宏达煤业与晋华宫矿西南缘相邻，绝对瓦斯涌出量 1.09 m^3/min，相对瓦斯涌出量 2.13 m^3/t，为瓦斯矿井，向西南方向，关闭煤矿皆为低瓦斯矿井。大同组煤层埋深浅，中统的云岗组砂岩封闭能力差，不利于中侏罗统大同组煤层瓦斯的保存，这正是本次绝大部分关闭煤矿大同组煤层瓦斯涌出量较小的原因(李春生等，2011)。然而在向斜轴部，如本次关闭的晋华宫矿，瓦斯含量及瓦斯涌出量特别大，呈现明显的构造控制特征。

4.1.2　阳泉矿区

(1) 煤层含气性

阳泉矿区上石炭统太原组和下三叠统山西组煤层直接顶板多为低孔低渗的泥岩和砂质泥岩，具有良好的垂向封闭性，有利于煤层气保存而形成富气区带。矿区中部阳泉二矿资料显

表 4-4　大同矿区去产能关闭煤矿煤层气地质特征一览表

煤矿名称	位置	面积/km^2	煤层	煤类	井田构造复杂程度	断层数/条	陷落柱数/个	绝对瓦斯涌出量/(m^3/min)	相对瓦斯涌出量/(m^3/t)	瓦斯鉴定等级	采空区层数	水文地质条件
罗疃煤业	大同市广灵县	4.85	下花园组	不黏煤至长焰煤	简单	2	—	—	露天开采	—	—	中等
安盛欣煤业	大同市矿区	3.34	大同组	不黏煤	简单	3	—	0.44	1.94	低瓦斯	6	中等
后沟煤业	大同市矿区	2.78	大同组	不黏煤	简单	—	—	0.013 7～0.40	0.103～2.33	低瓦斯	7	中等
西周窑煤业	大同市矿区	1.53	大同组	弱黏煤	简单	7	—	0.73	1.50	低瓦斯	2	中等
峰子涧煤业	大同市矿区	1.35	大同组	不黏煤	简单	3	—	1.25	1.39	低瓦斯	3	中等
同家梁矿	大同市南郊区	24.90	大同组	弱黏煤	简单	119	—	4.81	1.54	低瓦斯	8	中等
同生宏达煤业	大同市南郊区	3.23	大同组	中黏煤	简单	2	—	1.09	2.13	瓦斯	1	中等
雁崖煤业	大同市南郊区	17.26	大同组	弱黏煤	简单	51	1	0	0	低瓦斯	12	中等
大斗沟煤业	大同市南郊区	11.25	大同组	弱黏煤至不黏煤	简单	37	3	1.40	2.02	低瓦斯	4	中等
晋华宫矿	大同市南郊区	28.53	大同组	1/2 中黏煤	简单	54	22	24.37	7.77	高瓦斯	3	中等
瑞丰煤业	大同市南郊区	1.36	大同组	不黏煤	简单	2	—	1.44	4.15	低瓦斯	4	中等
梅花沟煤业	大同市云岗区	1.30	大同组	不黏煤	简单	11	1	0.73	1.73	低瓦斯	1	中等
同地北杏庄煤业	大同市左云县	3.81	大同组	不黏煤	简单	7	—	0.77	1.85	低瓦斯	2	中等
东周窑煤矿	大同市左云县	12.42	大同组	不黏煤	简单	8	1	2.79	2.79	低瓦斯	4	中等
同地店湾	大同市左云县	10.49	大同组	不黏煤	简单	7	—	2.79	4.42	低瓦斯	4	中等
同地红沟梁煤业	大同市左云县	6.19	大同组	不黏煤	简单	3	—	0.69	—	低瓦斯	4	中等
马口煤矿木代井	大同市左云县	11.18	大同组	不黏煤	中等	16	6	2.36	3.58	低瓦斯	6	中等
杏儿沟煤业	大同市左云县	14.76	大同组	不黏煤	简单	18	1	4.25	2.49	低瓦斯	8	中等
山阴晋泰煤业	朔州市山阴县	3.46	太原组	长焰煤、气煤	简单	3	0	1.13	2.13	低瓦斯	3	复杂
朔煤新裕煤矿	朔州市怀仁县	1.47	太原组	气煤	简单	2	0	0.94	2.3	低瓦斯	3	中等
金海洋高山煤业	朔州市山阴县	9.57	太原组	长焰煤、气煤	简单	3	0	0.99	3.78	低瓦斯	5	复杂
右玉元堡煤业	朔州市右玉县	26.41	山西组、太原组	长焰煤、气煤	简单	5	3	0.91	2.60	低瓦斯	2	简单
玉皇山煤业	朔州市山阴县	4.98	山西组、太原组	气煤	简单	3	0	1.56	4.54	低瓦斯	3	中等

示，山西组 3 号煤层平均含气量为 10.7 m^3/t，太原组 8 号煤平均含气量为 10.3 m^3/t，15 号煤平均含气量为 8.5 m^3/t（傅雪海等，2005）。整体而言，阳泉矿区山西组平均含气量为 11.21 m^3/t，太原组平均含气量为 13.27 m^3/t（杨兆彪等，2018）。平面上，受埋深控制，总体呈现西南部含气量高而东北部含气量低的特点（唐军，2018）。

阳泉五矿 15 号煤煤样甲烷等温吸附（30 ℃、空气干燥基）试验显示，朗缪尔体积介于 28.41～28.90 cm^3/g（图 4-5）。煤炭充分解吸后的残余气量 q_{cy} 近似取煤在标准大气压条件下的吸附气量值，在获得煤样相关吸附参数后，计算得出残余气量 q_{cy} 介于 2.68～3.32 cm^3/g。

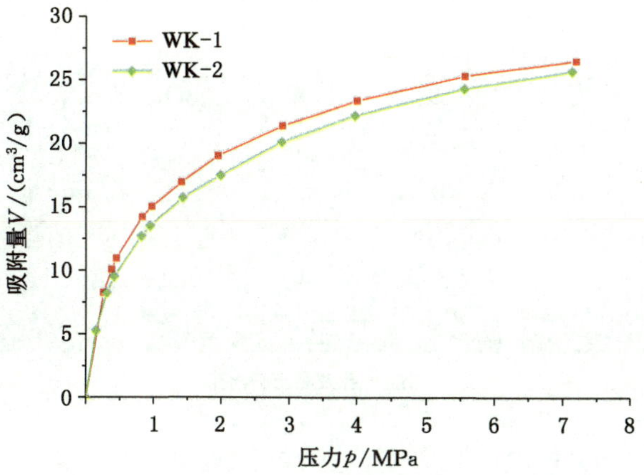

图 4-5 阳泉五矿太原组 15 号煤层等温吸附曲线

（2）储层物性特征

阳泉寿阳区块试井渗透率在 0.03～13.36 mD，平均在 3.67 mD，孟家村勘查区试井渗透率在 0.005 6～0.9 mD，平均在 0.12 mD，和顺区块 10 口煤层气井 15 号煤层试井渗透率在 0.01～0.14 mD，平均在 0.36 mD（杨兆彪等，2018）。埋深是煤储层渗透率大小的主要控制因素（图 4-6），高渗透率值集中于寿阳一带，高渗透率煤层主要为太原组 15 号煤层和山西组 3 号煤层。阳泉五矿太原组 15 号煤层孔-渗测试结果表明，其孔隙度介于 3.68%～4.81%，渗透率介于 0.004 4～0.025 3 mD，相对较低，可能与埋深较深有关。

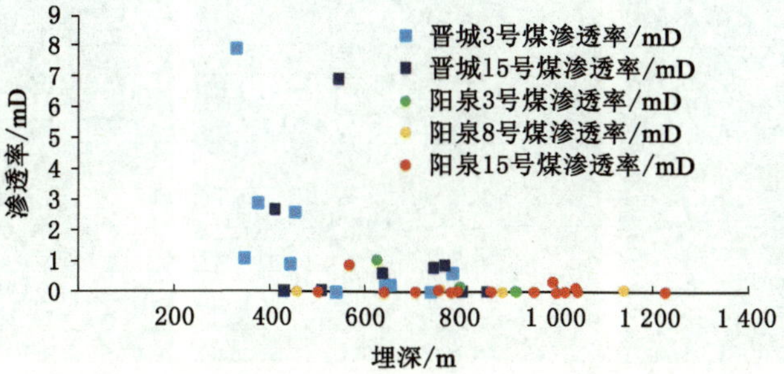

图 4-6 晋城、阳泉矿区埋深与渗透率关系图（杨兆彪等，2018）

薛圆圆（2014）对阳泉五矿 15 号煤层的物性特征的研究表明，煤中孔隙明显较发育，以呈圆形、椭圆形为主，孔径相差较大，连通性较好。扫描电镜观察下，15 号煤层微至纳米孔隙发育明显，镜质组中气孔最为常见，呈椭圆状，直径在 500 nm 左右；矿物质孔以黏土矿物晶间孔为主，呈团簇状分布；此外，镜下可见微裂隙呈阶梯状（齿状）延伸，裂隙延伸距离远，宽度大（2 μm），反映张性特征（图 4-7）。15 号煤样微至纳米 CT 扫描试验结果显示，作为高阶煤，CT 切片以灰色基质为主，并见少量的条带状的白色高亮的矿物质。从 X 方向截面和截取数据体来看，裂隙以小尺寸裂隙为主，垂直于层面，但延伸距离较短（图 4-8）。同时，与大同矿区大同组低阶煤显著不同的是，阳泉矿区太原组 15 号煤层中的微米尺度孔隙更加发育（图 4-8）。

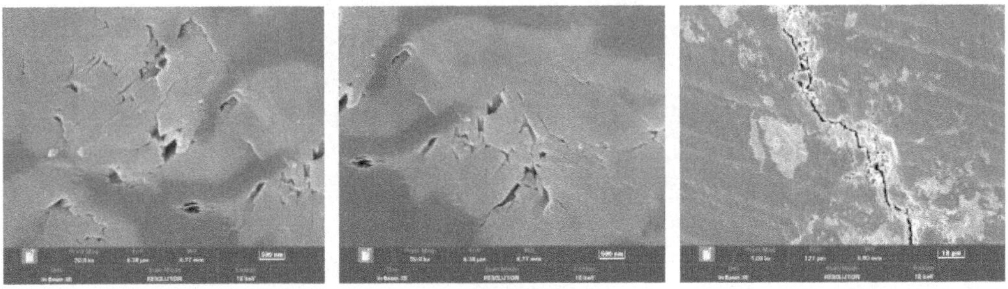

(a) 气孔　　(b) 气孔及黏土矿物孔　　(c) 微裂隙

图 4-7　阳泉五矿 15 号煤层孔隙类型及形貌

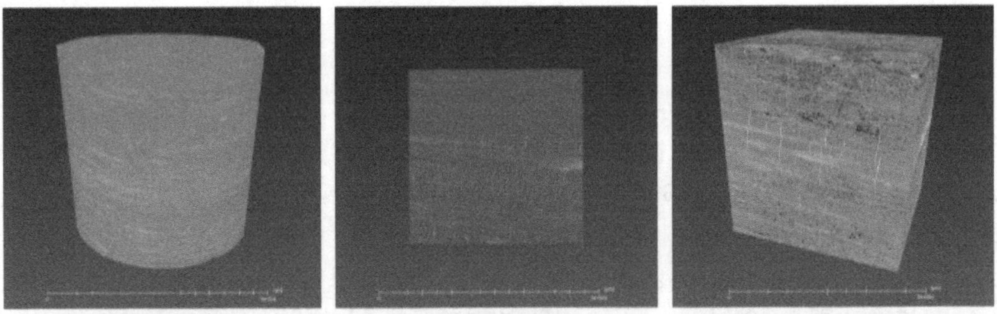

(a) 原始三维模型　　(b) X 方向截面　　(c) 截取数据体

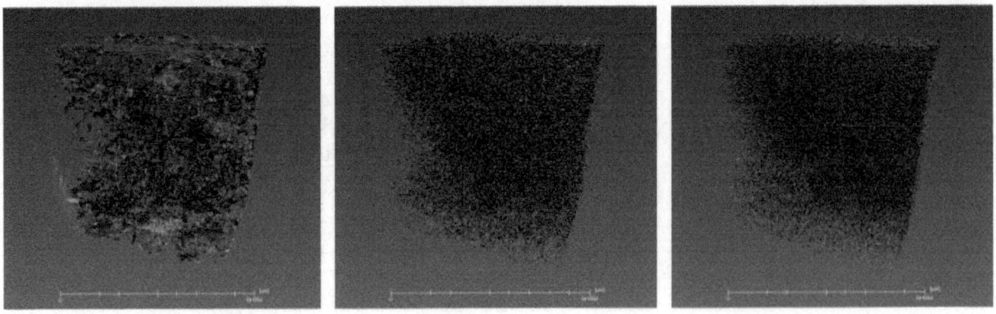

(d) 直径>100 μm 孔隙-裂隙　　(e) 直径为 50～100 μm 孔隙　　(f) 直径<50 μm 孔隙

图 4-8　阳泉五矿 15 号煤层微至纳米 CT 扫描结果

煤层孔隙结构参数如表 4-5 所示，15 号煤孔隙结构参数存在较大差异，靠近沁水盆地中心的五矿孔隙更为发育，拥有更高的总孔体积和孔比表面积，微孔孔体积达 0.019 m^3/g，微孔比表面积最大可达 116.950 m^2/g。基于低压二氧化碳吸附、液氮吸附及压汞法各测试优势孔径范围，绘制了 15 号煤孔径分布图（图 4-9）。阳泉矿区 15 号煤储层小于 2 nm 的微孔最为发育，孔径分布曲线呈单峰至双峰分布，峰位皆在小于 2 nm 的孔径范围内，介孔和大孔发育程度低。

表 4-5 阳泉矿区太原组 15 号煤层孔隙结构参数

煤矿	CO_2吸附（0.5～1.4 nm）		液氮吸附（1.7～300 nm）		压汞法（>7.35 nm）	
	比表面积/（m^2/g）	总孔体积/（cm^3/g）	BET 比表面积/（m^2/g）	总孔体积/（cm^3/g）	总孔体积/（cm^3/g）	平均孔径/nm
上社	27.252	0.002	3.601	0.005	0.005 5	20.5
	38.311	0.002	1.204	0.003	0.014 2	25.3
五矿	115.134	0.019	2.500	0.005	0.035 5	26.6
	115.563	0.019	1.532	0.004	0.029 6	19.2
	116.950	0.019	2.025	0.004	0.026 4	20.4

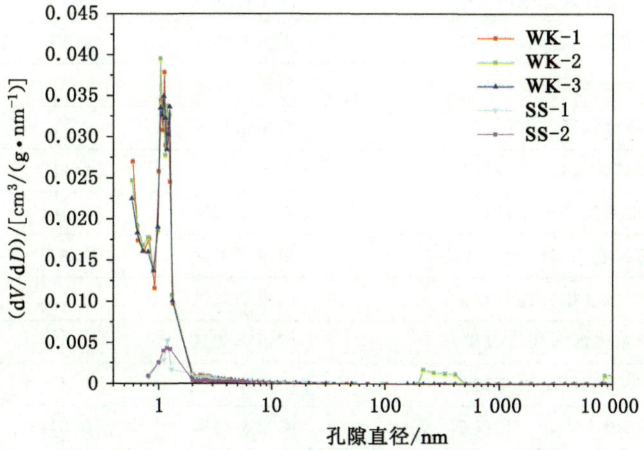

图 4-9 阳泉矿区太原组 15 号煤层孔径分布曲线

（3）关闭煤矿特征

阳泉矿区 2009 年兼并重组前关闭煤矿 50 座，地处阳泉市平定县、昔阳县及郊区境内，位于阳泉矿区东缘。通常为浅部煤层，多为平硐或斜井巷采，通风条件差，采掘工艺落后，资源浪费严重，面积介于 0.10～3.13 km^2，基本小于 1 km^2。2009 年兼并重组中关闭煤矿 14 座，地处阳泉市郊区、昔阳县及左权县，分布相对零散。关闭煤矿以开采山西组 3 号煤层为主，埋深较浅，面积介于 0.35～3.23 km^2，年产量基本小于 30 万 t。总体来说，阳泉矿区兼并重组前关闭煤矿及兼并重组中关闭煤矿共 64 座，基本开采浅部煤炭资源（表 4-6）。根据《山西省煤炭采空区煤层气资源调查评价》及前人研究成果，阳泉矿区东北部煤层埋深浅，煤层气逸散严重，基本处于瓦斯风化带中，煤层瓦斯含量低。此外，煤矿关闭时间较早，矿井相关资料缺失或翔实程度低。

表 4-6　阳泉矿区兼并重组前关闭煤矿及重组中关闭煤矿信息

序号	煤矿名称	位置	面积/km^2	备注
1	平定县维社乡岭上村煤矿	阳泉市平定县	1.33	2009 年兼并重组前关闭煤矿
2	平定县维社乡红卫村煤矿	阳泉市平定县	0.80	
3	平定县冠山镇西沟村煤矿	阳泉市平定县	0.50	
4	平定县锁簧镇西白岸村煤矿	阳泉市平定县	0.63	
5	平定县锁簧镇前锁簧煤矿（二坑）	阳泉市平定县	0.65	
6	平定县鑫盛联营煤矿	阳泉市平定县	1.38	
7	平定县贵石沟村煤矿	阳泉市平定县	0.36	
8	平定县冠山镇庙沟煤矿	阳泉市平定县	0.48	
9	平定县冠山镇冠庄垴村煤矿	阳泉市平定县	0.23	
10	平定县锁簧镇下马坊村煤矿	阳泉市平定县	0.54	
11	阳泉市郊区甄家庄煤矿（二坑）	阳泉市郊区	0.40	
12	阳泉市郊区冯家庄煤矿	阳泉市郊区	0.38	
13	阳泉市郊区余积粮沟煤矿	阳泉市郊区	0.15	
14	阳泉市郊区石马沟煤矿	阳泉市郊区	0.11	
15	阳泉市郊区桑岩煤矿	阳泉市郊区	0.40	
16	阳泉市郊区窑沟煤矿	阳泉市郊区	0.23	
17	阳泉市郊区南杨家庄村煤矿	阳泉市郊区	0.28	
18	阳泉市郊区齐家岩村煤矿	阳泉市郊区	0.10	
19	阳泉市郊区石卜咀村水泉沟煤矿	阳泉市郊区	0.87	
20	阳泉市郊区桃林沟村煤矿	阳泉市郊区	3.13	
21	阳泉市郊区龙凤沟煤矿	阳泉市郊区	0.41	
22	阳泉市郊区阜兴煤矿	阳泉市郊区	0.34	
23	阳泉市隆丰实业公司煤矿	阳泉市郊区	0.64	
24	阳泉市郊区河下煤矿	阳泉市平定县	0.44	
25	盂县秀水镇北庄经济联合社煤矿	阳泉市盂县	0.41	
26	盂县孙家庄乡文昌庙煤矿	阳泉市盂县	0.74	
27	盂县秀水镇东白煤矿	阳泉市盂县	0.83	
28	盂县下曹乡南河煤矿	阳泉市盂县	0.68	
29	盂县牛村镇炮台梁煤矿	阳泉市盂县	1.75	
30	寿阳县平舒乡段王富沟煤矿	晋中市寿阳县	1.00	
31	寿阳县董家村煤矿	阳泉市盂县	0.88	
32	寿阳县丰源煤业有限责任公司	晋中市寿阳县	2.04	
33	寿阳县解悉乡下解愁煤矿	晋中市寿阳县	1.03	

表 4-6(续)

序号	煤矿名称	位置	面积/km^2	备注
34	山西省寿阳县赵家庄煤矿	晋中市寿阳县	1.11	2009 年兼并重组前关闭煤矿
35	昔阳县三都乡李家河乡办矿	阳泉市昔阳县	1.07	
36	昔阳县李家庄乡王家庄煤矿	阳泉市昔阳县	0.71	
37	昔阳县乐平镇南关村煤矿	阳泉市昔阳县	0.38	
38	昔阳县城关镇梁家沟村办煤矿	阳泉市昔阳县	0.38	
39	昔阳县乐平镇河西村煤矿	阳泉市昔阳县	0.73	
40	昔阳县乐平镇李夫峪村办煤矿	阳泉市昔阳县	1.52	
41	山西昔阳恒雁煤业有限责任公司	阳泉市昔阳县	0.69	
42	昔阳县大寨镇留庄联办煤矿	阳泉市昔阳县	0.70	
43	昔阳县大寨乡金石坡煤矿	阳泉市昔阳县	0.30	
44	昔阳县大寨乡胡窝煤矿	阳泉市昔阳县	0.41	
45	昔阳县洪水乡东沟煤矿	阳泉市昔阳县	0.76	
46	昔阳县大寨镇井窑沟煤矿	阳泉市昔阳县	0.23	
47	昔阳县杜庄乡上郭庄村办煤矿	阳泉市昔阳县	1.03	
48	昔阳县大寨镇峪沟煤矿	阳泉市昔阳县	1.05	
49	和顺县义兴镇南窑村煤矿	晋中市和顺县	0.97	
50	和顺县城关镇阳坡庄煤矿	晋中市和顺县	0.28	
1	平定县南坳村煤矿	阳泉市平定县	0.95	2009 年兼并重组中关闭煤矿
2	阳泉市钱庄实业总公司平坦煤矿	阳泉市郊区	0.35	
3	阳泉市钱庄实业总公司煤矿	阳泉市郊区	0.98	
4	阳泉市宏源煤矿	阳泉市郊区	1.42	
5	盂县秀水镇东城武郑家湾煤矿	阳泉市盂县	0.66	
6	昔阳县乐平镇瑶湾煤矿	晋中市昔阳县	0.76	
7	昔阳县梁河煤矿	晋中市昔阳县	0.43	
8	山西昔阳阳坡煤业有限公司	晋中市昔阳县	0.59	
9	山西昔阳力能煤业有限公司	晋中市昔阳县	0.46	
10	山西昔阳北顺煤业有限公司	晋中市昔阳县	0.64	
11	山西和顺富祥煤业有限公司	晋中市和顺县	1.05	
12	山西左权兴瑞煤业有限公司	晋中市左权县	0.40	
13	山西左权辽阳煤业有限公司	晋中市左权县	1.64	
14	山西左权梅园突堤煤业有限公司	晋中市左权县	3.23	

阳泉矿区 2016—2020 年煤炭行业化解过剩产能关闭煤矿共 11 座，主要位于阳泉市郊区及阳泉市平定县，整体分布相对集中(图 4-10)。其中三矿裕公井属于三矿范围，而五矿五林井资料缺失，去产能关闭煤矿以高瓦斯矿井为主，主采煤层为山西组 3、6 号煤层及太原组 12、15 号煤层，以无烟煤为主，相关煤层气地质特征如表 4-7 所列。

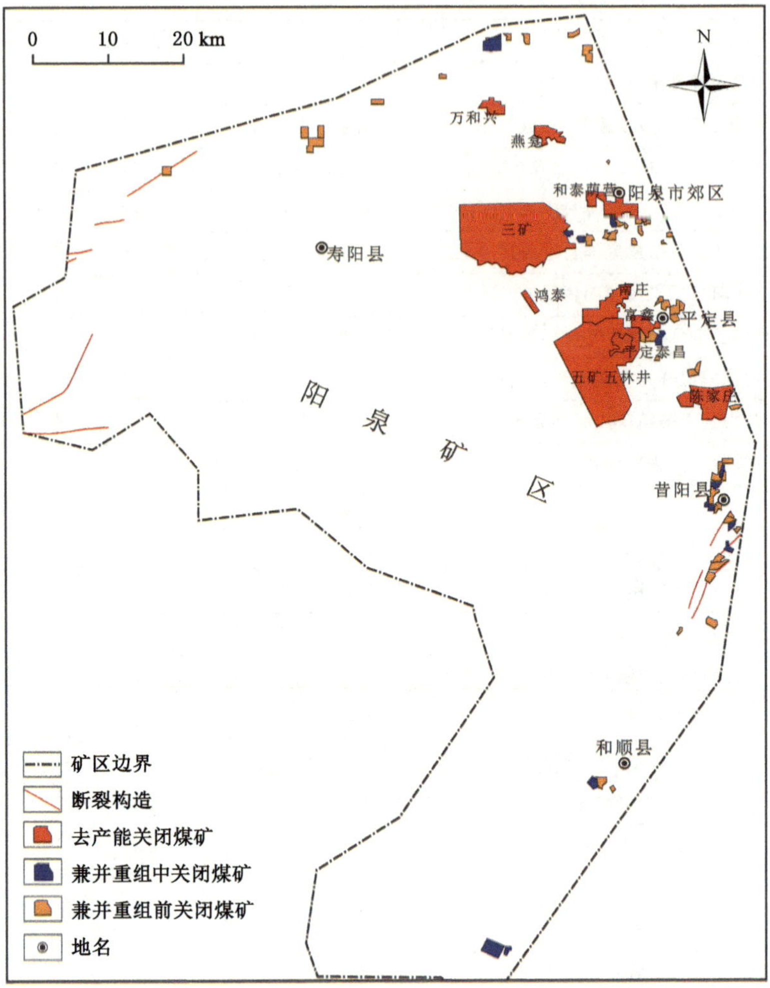

图 4-10　阳泉矿区关闭煤矿分布图

① 高瓦斯矿井

南庄煤矿和阳泉三矿的瓦斯涌出量最为突出，相对瓦斯涌出量分别为 41.64 m^3/t 和 30.83 m^3/t。南庄煤矿与五矿北缘相邻，3 号、6 号煤层早年已经基本采空，12 号煤层大面积采空，15 号煤层大部分采空，主要瓦斯来源为 12 号、15 号煤层。阳泉三矿关闭前主采 15 号煤层，主要瓦斯来源为 15 号煤层。总的来说，随着煤炭资源不断向深部开采，太原组 15 号煤层厚度大，埋深变深，有利于煤层气的保存。

平定古州富鑫煤矿关闭前主采 6 号、15 号煤层，15 号煤层为高瓦斯煤层，现阶段大面积采空；采空区整体可以分为上下两层，分别为 6 号煤采空区和 15 号煤采空区，分布复杂，存在上下叠置情况。平定泰昌煤矿开采 15 号煤层时，为高瓦斯矿井，井田内 15 号煤层大面积采空，存在 3 号、6 号、15 号三层采空区，并在部分区域存在上下叠置情况。燕龛煤矿井田内共有 5 层可采煤层，分别为太原组的 3 号、8 号、9 号、12 号、15 号煤层，2006 年度 9 号煤层瓦斯相对涌出量为 25.02 m^3/t；井田 9 号煤层基本采空，井田东部 12 号煤层、15 号煤层基

表 4-7 阳泉矿区去产能关闭煤矿煤层气地质特征一览表

煤矿名称	位置	面积/km^2	煤层所属组	煤类	井田构造复杂程度	断层数/条	陷落柱数/个	绝对瓦斯涌出量/(m^3/min)	相对瓦斯涌出量/(m^3/t)	瓦斯鉴定等级	采空区层数	水文地质条件
南庄煤业	阳泉市郊区	12.57	山西组、太原组	无烟煤	简单	40	85	76.92	41.64	高瓦斯	4	中等
鸿泰煤业	阳泉市郊区	1.61	山西组、太原组	无烟煤	简单	—	1	—	38.41	高瓦斯	1	复杂
燕龛煤业	阳泉市郊区	4.42	山西组、太原组	无烟煤	简单	—	34	8.93	25.02	高瓦斯	6	—
和泰荫营煤业	阳泉市郊区	8.93	山西组、太原组	无烟煤	简单	—	19	0.96	6.91	低瓦斯	4	—
阳泉煤业三矿	阳泉市矿区	40.46	山西组、太原组	无烟煤	中等偏简单	428	316	235.03	30.83	高瓦斯	6	—
平定泰昌煤业	阳泉市平定县	3.96	山西组、太原组	无烟煤	简单	5	14	9.69	21.46	高瓦斯	3	中等
陈家庄煤业	阳泉市平定县	15.57	山西组、太原组	无烟煤	简单	2	3	0.74	4.44	低瓦斯	1	中等
富鑫煤业	阳泉市平定县	4.85	山西组、太原组	无烟煤	简单	—	22	1.67～3.63	14.49～26.94	高瓦斯	2	中等
万和兴煤业	阳泉市盂县	3.43	山西组、太原组	贫煤	简单	9	11	0.94	5.69	低瓦斯	3	复杂

本采空;9 号煤层采空区面积大、分布连续,而 12 号、15 号煤层采空区面积小、分布相对集中。鸿泰煤矿开采山西组 3 号煤层时,为高瓦斯矿井,3 号煤层已经基本开采完毕,形成较大面积采空区,煤矿面积较小为 1.61 km^2,剩余煤炭资源少,下部太原组 8 号、15 号煤层厚度大,埋深适中(基本大于 500 m)。

② 低瓦斯矿井

陈家庄煤矿可采煤层为 15 号煤层,平均厚度 5.77 m,其他煤层属不稳定的不可采煤层,15 号煤顶板为砂质泥岩或泥岩,底板常为砂质泥岩,有时为泥岩。15 号煤层埋深基本小于 150 m,是其瓦斯含量低的主要原因。万和兴煤矿可采煤层为 8 号、9 号、15 号煤层,主采 15 号煤层,平均厚度 6.4 m,15 号煤层埋深浅,瓦斯含量低。可采煤层 4 层,分别是 3、8、12、15 号,其中 8 号为局部可采煤层,3 号、12 号煤基本采空,15 号煤大面积采空,15 号煤埋深主体小于 200 m。综上可知,煤层埋深浅是阳泉矿区关闭煤矿低瓦斯的主要原因。

4.1.3 晋城矿区

(1) 煤层含气性

晋城矿区晋获断褶带以东煤层埋藏浅或露头,基本处于瓦斯风化带中,含气量较低。含气量平面上总体呈现出向沁水盆地中心地带含气量增加的趋势(唐军,2018)。寺河煤矿、成庄煤矿、长平煤矿及赵庄煤矿等,均显示良好的煤层气含量(表 4-8)。在埋深大于 300 m 地区的含气量一般在 15~20 m^3/t,部分地区含气量可达 20 m^3/t 以上(唐军,2018)。晋城矿区煤层含气量明显受埋深控制,由于深度的增大,有利于煤层气的保存。由 3 号煤层和 15 号煤层对比结果来看,15 号煤层厚度大,含气量高于 3 号煤层。

表 4-8 晋城矿区典型煤矿含气量统计表(唐军,2018)

煤矿	煤层	最小含气量/(m^3/t)	最大含气量/(m^3/t)	平均含气量/(m^3/t)	平均甲烷浓度/%
寺河煤矿	3 号	2.51	16.54	8.76	95.44
长平煤矿	3 号	9.68	22.54	8.29	80.03
	15 号	10.74	36.92	9.26	79.15
赵庄煤矿	3 号	11.19	24.22	7.89	71.65
	15 号	0.33	30.44	9.52	66.92
成庄煤矿	3 号	7.96	15.56	7.62	82.26
	15 号	5.41	23.89	12.32	88.00

晋城成庄煤矿 15 号煤层的甲烷等温吸附(30 ℃、空气干燥基)试验显示(图 4-11),朗缪尔体积介于 30.77~31.95 cm^3/g,朗缪尔压力介于 0.55~0.64 MPa,根据朗缪尔方程,计算得出残余气量 q_{cy}介于 4.32~4.73 cm^3/g。

(2) 储层物性特征

晋城矿区渗透率为 0.011~41.72 mD,高渗区主要分布在潘河区块、寺河煤矿附近,渗透率在 1 mD 左右。影响煤储层渗透率的关键因素是割理和宏观裂隙,储层压力、现代地应力和有效地应力是次要因素,渗透率与煤层厚度无关(吴艳等,2016)。15 号煤层埋深大于 3

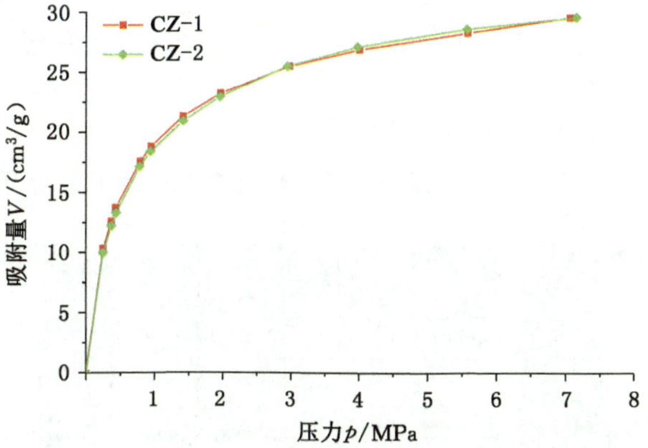

图 4-11 晋城矿区太原组 15 号煤层煤样等温吸附曲线

号煤层，3 号煤层的渗透率好于 15 号煤层，此外在褶皱轴部渗透率低于两翼，渗透性总体表现为随埋深变化明显，浅部较好，深部变差。成庄煤矿太原组 15 号煤层孔-渗测试结果显示：孔隙度介于 4.11%～5.45%，渗透率介于 0.004～18.792 mD。

对晋城矿区成庄煤矿太原组 15 号煤层煤样经过机械-氩离子抛光后，于扫描电镜下观察其孔隙类型及形貌。残余气孔呈短线状、椭圆状或狭缝状，反映先期形成的气孔经过了后期压实改造，但孔径仍然较大，基本大于 200 nm[图 4-12(a)]，而次生气孔孔径较小，分布较为密集[图 4-12(b)]。煤中还有大量黏土矿物晶间孔存在，呈狭缝状，连通性较好[图 4-12(c)至(e)]。此外还能观察到微裂隙发育，裂隙延伸距离远，宽度较大[图 4-12(f)]。

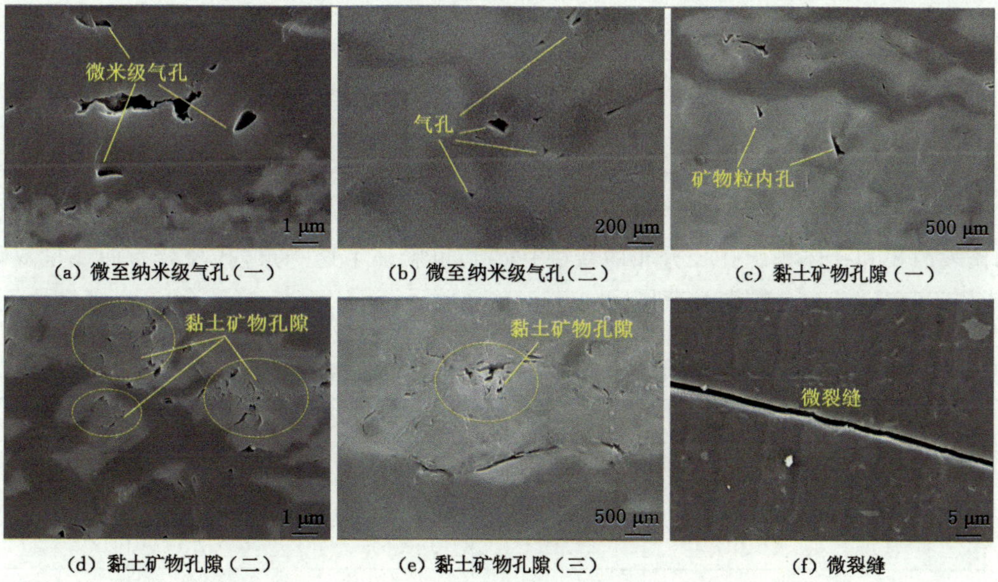

图 4-12 晋城矿区 15 号煤层煤样孔隙类型及形态特征

太原组 15 号煤层煤样微-纳米 CT 扫描试验结果显示，切片整体以灰色基质为主，并见少量的条带状的白色高亮的矿物质。从 X 方向截面和截取数据体来看，高亮的裂隙发育数量多，以小尺寸裂隙为主，垂直于层面，但延伸距离较短，没有形成垂向上的规模连通[图 4-13(a)至(c)]，但与阳泉矿区相比，煤样裂隙数量和尺寸更多。煤样中的微米孔隙也表现出相同的特征，在煤样中部微米孔隙发育少，而主要发育于上下两端[图 4-13(d)至(f)]，这是成庄煤矿太原组 15 号煤层煤样部分渗透率较低的主要原因。

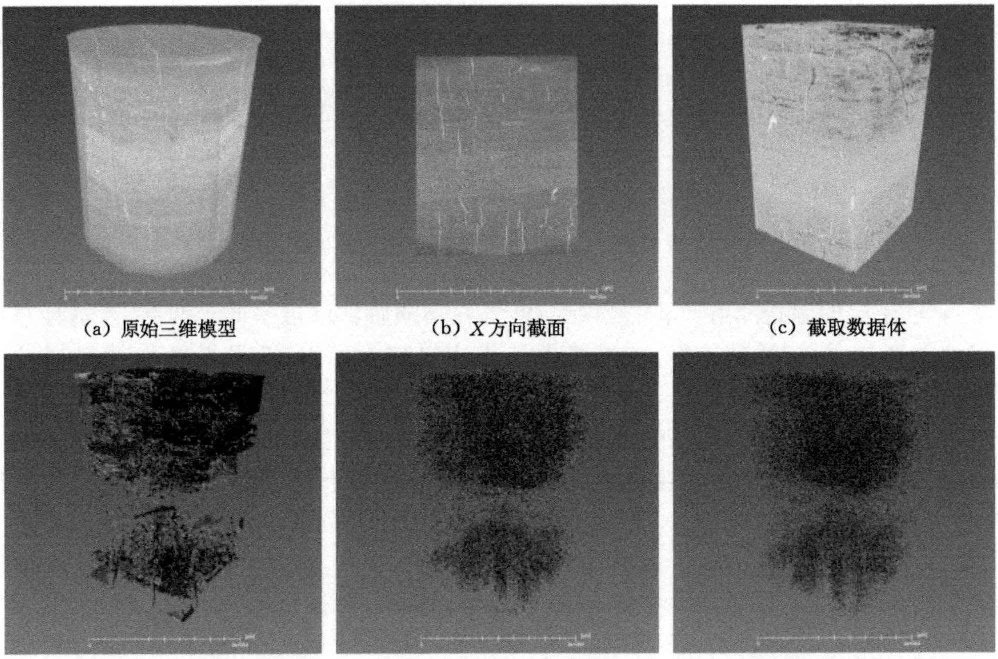

(a) 原始三维模型　(b) X方向截面　(c) 截取数据体

(d) 直径>100 μm孔隙-裂隙　(e) 直径为50～100 μm孔隙　(f) 直径<50 μm孔隙

图 4-13　晋城成庄矿 15 号煤层微至纳米 CT 扫描结果

由表 4-9 可知，基于低压二氧化碳吸附试验，煤样微孔比表面积介于 97.581～120.757 m^2/g，微孔体积介于 0.017 4～0.021 9 cm^3/g，均大于液氮吸附试验所得数据，表明微孔贡献了主要的比表面积和孔体积。孔径分布曲线(图 4-14)也验证了这一点，孔径分布曲线呈双峰分布，皆位于直径<2 nm 的微孔范围内。

表 4-9　晋城矿区太原组 15 号煤层孔隙结构参数

煤矿	CO_2吸附(0.5～1.4 nm)		液氮吸附(1.7～300 nm)		压汞法(>7.35 nm)	
	比表面积 /(m^2/g)	总孔体积 /(cm^3/g)	BET 比表面积 /(m^2/g)	总孔体积 /(cm^3/g)	总孔体积 /(cm^3/g)	平均孔径 /nm
成庄	97.581	0.017 4	2.415	0.005	0.027 8	23.7
	120.757	0.021 9	2.441	0.004	0.032 6	23.6
	117.332	0.021 2	2.119	0.004	0.040 4	31.5

(3) 关闭煤矿特征

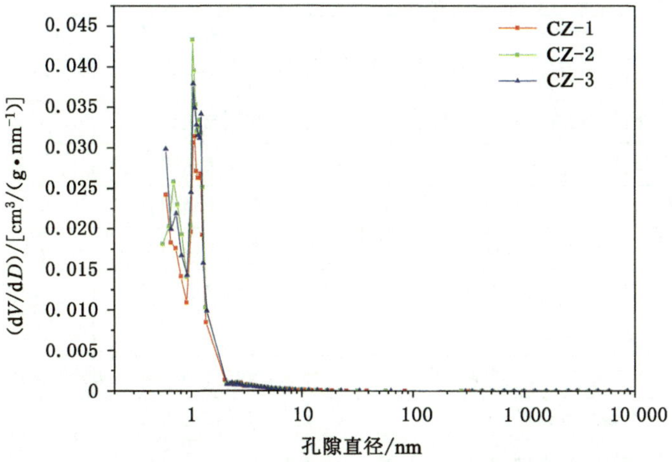

图 4-14 晋城矿区太原组 15 号煤层孔径分布曲线

晋城矿区 2009 年兼并重组前关闭煤矿 72 座，主要位于晋城市高平市、陵川县、泽州县及阳城县内，晋城矿区东北缘。通常为浅部煤层，矿井面积介于 0.13～3.84 km^2，基本小于 1 km^2。2009 年兼并重组中关闭煤矿 17 座，主要位于晋城市泽州县和陵川县内，面积介于 0.37～1.75 km^2，分布相对零散(表 4-10)。

表 4-10 晋城矿区兼并重组前关闭煤矿及重组中关闭煤矿信息

序号	煤矿名称	位置	面积/km^2	备注
1	翼城县桥上镇尧望煤矿	长治市翼城县	1.19	2009 年兼并重组前关闭煤矿
2	翼城县中卫乡段庄煤矿	长治市翼城县	1.00	
3	翼城县甘泉乡望月山煤矿	长治市翼城县	0.64	
4	高平市陈沤香山煤矿	晋城市高平市	1.02	
5	高平市云泉岭头煤矿	晋城市高平市	1.17	
6	高平市陈沤镇西窑头村煤矿	晋城市高平市	0.33	
7	高平市南城街办事处下韩庄煤矿	晋城市高平市	0.94	
8	高平市米山镇川起煤矿	晋城市高平市	0.48	
9	高平市米山镇南坡煤矿	晋城市高平市	0.40	
10	高平市南城张庄煤矿	晋城市高平市	0.38	
11	高平市牛庄乡双井煤矿	晋城市高平市	0.89	
12	龙东企业发展中心东吴庄煤矿	晋城市高平市	0.19	
13	高平市汤王头煤矿	晋城市高平市	0.42	
14	高平市神农镇东沙煤矿	晋城市高平市	0.50	
15	高平市神农镇口则煤矿	晋城市高平市	0.56	
16	高平市东城东山煤矿	晋城市高平市	0.35	
17	高平市路家山煤矿	晋城市高平市	0.54	

表 4-10(续)

序号	煤矿名称	位置	面积/km^2	备注
18	山西省高平市悬南乡南岭煤矿	晋城市高平市	0.57	2009 年兼并重组前关闭煤矿
19	山西陵川北坡煤业有限公司	晋城市陵川县	0.40	
20	陵川县附城镇后山煤矿	晋城市陵川县	0.61	
21	陵川县杨村乡太和煤矿	晋城市陵川县	0.99	
22	陵川县附城镇窑岭煤矿	晋城市陵川县	0.37	
23	陵川县秦家庄乡金家岭煤矿	晋城市陵川县	1.16	
24	山西省陵川县平城镇西川煤矿	晋城市陵川县	1.24	
25	陵川县附城镇七一煤矿	晋城市陵川县	0.99	
26	陵川县杨村乡桑树河煤矿	晋城市陵川县	0.64	
27	陵川县附城镇后山煤矿平道坑口	晋城市陵川县	0.32	
28	陵川县平城镇南召煤矿	晋城市陵川县	0.45	
29	陵川县附城镇东河煤矿	晋城市陵川县	0.63	
30	陵川县秦家庄乡王家庄煤矿	晋城市陵川县	0.17	
31	陵川县秦家庄乡林则煤矿	晋城市陵川县	0.56	
32	陵川县秦家庄乡郭家沟煤矿	晋城市陵川县	0.32	
33	陵川县城关镇尧庄煤矿	晋城市陵川县	0.42	
34	泽州县金村镇煤矿	晋城市泽州县	0.58	
35	泽州县金村镇背荫煤矿	晋城市泽州县	0.51	
36	泽州县水东乡杨轩煤矿	晋城市泽州县	0.35	
37	泽州县李寨乡西岭煤矿	晋城市泽州县	0.50	
38	泽州县南岭村南岭煤矿	晋城市泽州县	0.43	
39	泽州县南岭乡闫庄村闫庄煤矿	晋城市泽州县	0.27	
40	泽州县南岭乡李沟煤矿	晋城市泽州县	0.26	
41	泽州县南村镇佛头村佛头煤矿	晋城市泽州县	0.29	
42	泽州县南村镇冯沟村冯沟煤矿	晋城市泽州县	0.27	
43	泽州县南村镇峪口煤矿	晋城市泽州县	0.27	
44	泽州县山河镇蓄粮掌煤矿	晋城市泽州县	0.45	
45	泽州县大箕镇峪沟煤矿	晋城市泽州县	0.42	
46	泽州县大箕乡庄科煤矿	晋城市泽州县	0.50	
47	泽州县南村镇段匠煤矿	晋城市泽州县	0.59	
48	泽州县犁川镇马河沟煤矿	晋城市泽州县	0.32	
49	泽州县犁川镇中庄煤矿	晋城市泽州县	0.20	
50	泽州县大箕镇小岭河煤矿	晋城市泽州县	0.25	
51	泽州县南村镇原家前山煤矿	晋城市泽州县	0.19	
52	泽州县大箕煤矿	晋城市泽州县	0.31	
53	泽州县大箕乡河上村办煤矿	晋城市泽州县	0.40	

表 4-10(续)

序号	煤矿名称	位置	面积/km²	备注
54	泽州县大箕乡申匠煤矿	晋城市泽州县	0.91	2009 年兼并重组前关闭煤矿
55	泽州县金村镇侯匠群林煤矿	晋城市城区	0.21	
56	泽州县南村镇牛匠煤矿	晋城市城区	0.54	
57	泽州县南村镇尚峪煤矿	晋城市泽州县	0.26	
58	晋城市城区茶元磺矿	晋城市城区县	0.16	
59	晋城市城区钟家庄乡南田石煤矿	晋城市城区	0.48	
60	晋城市城区东后河煤矿	晋城市城区	0.13	
61	晋城市城区后河煤矿	晋城市城区	0.41	
62	沁水县张村杨树坡煤矿	晋城市阳城县	0.73	
63	沁水县张村乡刘家沟煤矿	晋城市沁水县	1.54	
64	山西阳城蟒河煤业有限公司	晋城市阳城县	3.84	
65	山西阳城牛抵虎庄煤业有限公司	晋城市阳城县	2.79	
66	阳城县城关镇虎庄煤矿	晋城市阳城县	0.29	
67	阳城县南沟煤矿	晋城市阳城县	1.55	
68	阳城县城关镇北安阳煤矿	晋城市阳城县	0.35	
69	阳城县羊泉乡八一煤矿	晋城市阳城县	1.26	
70	阳城县城关镇上会庆煤矿	晋城市阳城县	0.31	
71	阳城县城关镇上芹煤矿	晋城市阳城县	0.99	
72	阳城县八甲口镇上孔村东后沟煤矿	晋城市阳城县	3.03	
1	山西高平三中岭煤业有限公司	晋城市高平市	0.39	2009 年兼并重组中关闭煤矿
2	陵川县崇文镇郭家川煤矿	晋城市陵川县	0.64	
3	山西陵川杨家河煤业有限公司	晋城市陵川县	0.49	
4	陵川县后河煤矿(二轻)	晋城市陵川县	1.41	
5	陵川县平城镇寺背煤矿	晋城市陵川县	0.49	
6	陵川县平城镇后河煤矿	晋城市陵川县	0.88	
7	山西平城北街煤业有限公司	晋城市陵川县	0.64	
8	山西平城草坡煤业有限公司	晋城市陵川县	0.58	
9	泽州县金村镇黄头联营煤矿	晋城市泽州县	1.56	
10	山西泽州裕丰霍秀煤业有限公司	晋城市泽州县	1.07	
11	山西泽州乾达煤业有限公司	晋城市泽州县	1.02	
12	泽州县李寨乡西岭煤矿	晋城市泽州县	0.50	
13	泽州县大箕镇槐树庄东风煤矿	晋城市泽州县	0.61	
14	山西泽州安和煤业有限公司	晋城市泽州县	0.75	
15	晋城东上庄煤矿	晋城市泽州县	0.11	
16	山西晋城大箕神龙煤业有限公司	晋城市泽州县	1.75	
17	山西晋城岭头煤业有限公司	晋城市泽州县	0.37	

晋城矿区 2016—2020 年去产能关闭煤矿共 26 座，可分为两个位置，大部分低瓦斯矿井位于晋城市城区至高平市一带，矿区面积大、分布较为集中，少数几个高瓦斯煤矿位于晋城矿区西南部阳城—泽州一带（图 4-15）（表 4-11）。

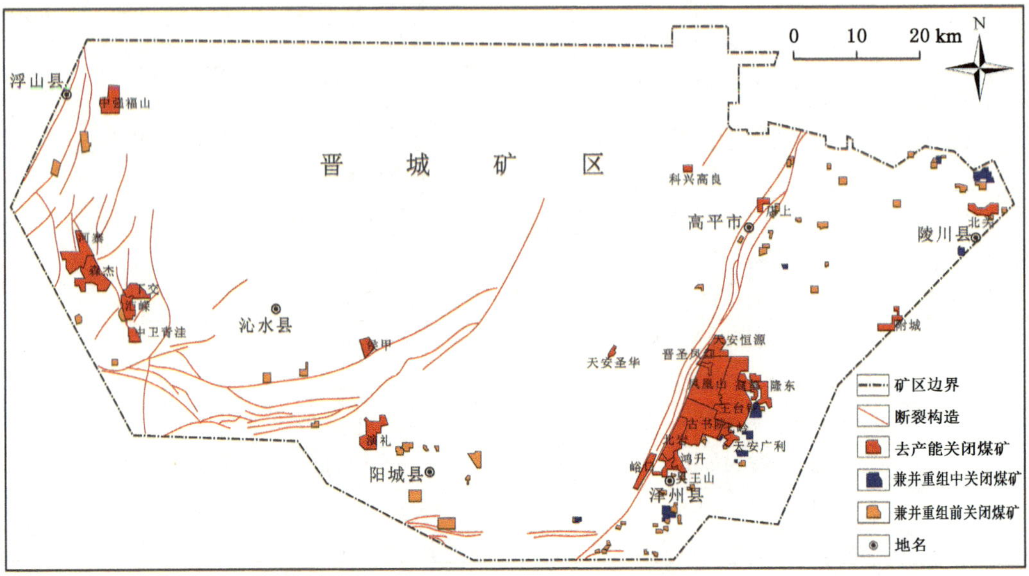

图 4-15　晋城矿区关闭煤矿分布图

① 低瓦斯矿井

低瓦斯矿井以凤凰山矿、古书院矿、王台铺矿为代表，为国有大型煤矿，矿井面积大，北岩、天安隆东、天安广利煤矿等分布于其周围。可采煤层为 3 号、9 号、15 号煤层，3 号、9 号煤层前期已经大面积采空，煤矿关闭前主采 15 号煤层。矿井相对瓦斯含量介于 0.70～5.76 m^3/t。受新华夏系晋获褶段带影响，高平以南逆冲断层时有显露，晋城一带逆冲挤压带结构比较明显，该段又称为白马寺断层，构成大部分关闭矿井的西部边界，断裂带被动盘一带虽然构造复杂程度较为简单（曹代勇等，1997），但逆冲剥蚀导致煤层埋深浅，基本小于 200 m，煤层气保存条件差。

② 高瓦斯矿井

侯甲煤矿位于阳城县芹池镇，可采煤层为山西组 3 号煤层，平均厚度 5.14 m，太原组 15 号煤层的平均厚度 3.51 m。3 号煤层钻孔岩芯甲烷含量 5.05～9.81 m^3/t，15 号煤层钻孔甲烷含量 11.13～13.09 m^3/t，甲烷成分高，大部分位于甲烷带内。3 号煤层埋深主体介于 430～520 m，15 号煤层埋深主体介于 520～650 m。15 号煤层开采后导水裂缝带高度为 68.48 m，不会沟通地表。阳城演礼煤矿位于阳城县演礼乡，可采煤层为山西组 3 号煤层，平均厚度为 3.67 m，太原组 15 号煤层的平均厚度 2.01 m，重组区内各矿及周边生产矿井开采 3 号煤层时，为高瓦斯至煤与瓦斯突出矿井，井田为单层采空区（为 3 号煤层），15 号煤层基本未动用，也具一定瓦斯含量，拟减量重组。天安圣华煤矿位于泽州县下村镇，井田内批采煤层为山西组 3 号煤层，3 号煤层厚度大，瓦斯含量高。太原组 9 号、15 号煤层瓦斯含量尚不明确，但矿区面积较小（1.06 km^2），制约着采空区煤层气抽采工作。

表 4-11 晋城矿区去产能关闭煤矿煤层气地质特征一览表

煤矿简称	位置	面积/km^2	煤层所属组	煤类	井田构造复杂程度	断层数/条	陷落柱数/个	绝对瓦斯涌出量/(m^3/min)	相对瓦斯涌出量/(m^3/t)	瓦斯鉴定等级	采空区层数	水文地质条件
古书院矿	晋城市城区	25.42	山西组、太原组	无烟煤	中等	164	27	28.23	3.81	低瓦斯	3	中等
王台铺矿	晋城市城区	33.71	山西组、太原组	无烟煤	—	145	8	10.41	4.50	低瓦斯	3	复杂
晋圣七岭	晋城市城区	2.88	山西组、太原组	无烟煤	简单	—	—	0.58	1.23	低瓦斯	2	简单
北岩煤矿	晋城市城区	10.19	山西组、太原组	无烟煤	简单	2	—	2.50	4.18	低瓦斯	2	中等
晋圣鸿升	晋城市城区	2.75	山西组、太原组	无烟煤	简单	—	—	0.64	3.24	低瓦斯	3	简单
凤凰山矿	晋城市城区	29.35	山西组、太原组	无烟煤	中等	116	53	22.87	5.45	低瓦斯	3	复杂
科兴高良	晋城市高平市	1.04	山西组、太原组	无烟煤	简单	4	10	1.56	1.89	瓦斯	1	中等
店上煤业	晋城高平市	2.15	山西组、太原组	无烟煤	简单	2	—	0.46	0.70	低瓦斯	1	中等
崇安附城煤业	晋城市陵川县	3.53	山西组、太原组	无烟煤	简单	—	—	0.28	0.76	低瓦斯	1	中等
崇安北关煤业	晋城市陵川县	5.14	山西组、太原组	无烟煤	简单	—	—	0.57	1.84	低瓦斯	1	—
阳城演礼煤业	晋城市阳城县	9.92	山西组、太原组	无烟煤	中等	7	—	8.47～13.54	14.23～44.62	高瓦斯	1	—
阳城侯甲煤业	晋城市阳城县	3.64	山西组、太原组	无烟煤	简单	2	—	6.24	—	高瓦斯	—	—
天安高都煤业	晋城市泽州县	5.86	山西组、太原组	无烟煤	简单	—	—	2.66	2.13	低瓦斯	2	中等
天安广利煤业	晋城市泽州县	2.13	山西组、太原组	无烟煤	简单	1	—	0.27	1.46	低瓦斯	2	中等至复杂
天安吴王山煤业	晋城市泽州县	4.16	山西组、太原组	无烟煤	简单	—	—	—	—	低瓦斯	3	中等
天安隆东煤业	晋城市泽州县	6.07	山西组、太原组	无烟煤	简单	—	—	1.51	1.56	低瓦斯	2	中等
天安恒源煤业	晋城市泽州县	5.35	山西组、太原组	无烟煤	简单	1	—	1.83	1.71	低瓦斯	3	中等
晋圣凤红煤业	晋城市泽州县	3.09	山西组、太原组	无烟煤	简单	1	—	0.96	0.99	低瓦斯	3	中等
天安圣华煤业	晋城市泽州县	1.06	山西组、太原组	无烟煤	简单	—	—	7.96	10.48	高瓦斯	1	中等
天安峪口煤业	晋城市泽州县	2.88	山西组、太原组	无烟煤	简单	2	—	1.62～9.82	4.88～10.37	高瓦斯	3	中等
翼城河寨煤业	临汾市翼城县	11.11	山西组、太原组	贫煤	简单	9	—	0.55	1.26	低瓦斯	1	中等
翼城汇嵘煤业	临汾市翼城县	5.31	山西组、太原组	无烟煤至贫煤	简单	9	—	2.19	0.69	低瓦斯	2	中等
翼城森杰煤业	临汾市翼城县	13.07	山西组、太原组	无烟煤至贫煤	简单	4	—	0.32～0.76	1.78～2.59	低瓦斯	2	中等
翼城下交煤业	临汾市翼城县	4.65	山西组、太原组	无烟煤	简单	9	—	1.69	—	低瓦斯	2	中等
中卫青洼煤业	临汾市翼城县	2.77	山西组、太原组	无烟煤	简单	9	—	0.83	1.47	低瓦斯	2	中等
中强福山煤矿	临汾市浮山市	8.48	山西组、太原组	无烟煤至贫煤	简单	5	—	1.79	1.21	低瓦斯	2	中等

4.1.4 潞安、武夏矿区

(1) 煤层含气性及储层物性特征

潞安矿区3号煤层含气量平面上受埋深控制，呈现西部高而东部低的特点，朝向沁水盆地中心含气量增加，而往东煤层埋藏变浅，部分地区为煤层露头区，煤层气逸散严重，含气量较低。平均含气量在10 m^3/t左右，但含气饱和度较低(刘小峰等，2018)。总的来说，埋深控制着煤的变质程度、渗透率等，进而控制煤储层含气量。武夏矿区也表现出相同的煤层含气规律，西部含量高而东部含量低，向着沁水盆地中心方向，煤层含气量高，如榆社-武乡区块，15号煤层含气量为7.51～26.35 m^3/t，平均为16.90 m^3/t(陈崇域，2018)。

潞安矿区煤层渗透率基本小于$0.5\times10^{-3}\mu m^2$，矿区中部余吾矿3号煤层试井渗透率介于$0.015\sim0.106\times10^{-3}\mu m^2$，与国内平均水平相比，渗透性相对较小(李阳等，2014；刘小峰等，2018)。其煤储层孔隙度介于2.6%～12.79%，长子区块孔隙度介于2.52%～4.00%。

(2) 关闭煤矿特征

潞安矿区2009年兼并重组前关闭煤矿11座，主要位于长治市长治县内，沁水盆地东缘。矿井面积介于0.26～1.15 km^2，基本小于1 km^2。兼并重组中关闭煤矿共11座，基本位于长治市长治县内，矿井面积介于0.36～1.79 km^2。武夏矿区2009年兼并重组前关闭煤矿14座，主要位于长治市襄垣县、晋中市左权县内，沁水盆地东缘。矿井面积介于0.29～1.71 km^2，基本小于1 km^2。兼并重组中关闭煤矿共2座，位于长治市襄垣县及武乡县内，矿井面积分别为0.42、0.48 km^2。整体来说，煤矿面积小，分布相对零散，通常开采浅部煤层，以低瓦斯矿井为主，煤层含气性差(表4-12)。

表4-12 潞安、武夏矿区兼并重组前关闭煤矿及重组中关闭煤矿信息

序号	煤矿名称	所属矿区	位置	面积/km^2	备注
1	武乡县洪水镇中村义安获煤矿	武夏矿区	长治市武乡县	0.33	2009年兼并重组前关闭煤矿
2	武乡县白和煤矿	武夏矿区	长治市武乡县	1.46	
3	襄垣县善福乡上丰煤矿	武夏矿区	长治市襄垣县	1.42	
4	山西省襄垣县大阳沟联营煤矿	武夏矿区	长治市襄垣县	0.50	
5	长治市襄垣县善福乡石坪煤矿	武夏矿区	长治市襄垣县	0.60	
6	襄垣县古韩镇上峪接替井煤矿	武夏矿区	长治市襄垣县	0.41	
7	山西省襄垣县南漳煤矿	武夏矿区	长治市襄垣县	0.66	
8	襄垣县白杨岭煤矿	武夏矿区	长治市襄垣县	0.48	
9	长治县西火镇东附村煤矿	潞安矿区	长治市长治县	1.15	
10	长治县荫城镇荫城村煤矿	潞安矿区	长治市长治县	0.59	
11	长治县江火乡井东村煤矿	潞安矿区	长治市长治县	0.60	
12	山西省长治县东火乡南河煤矿	潞安矿区	长治市长治县	0.48	
13	长治县荫城镇树家头煤矿	潞安矿区	长治市长治县	0.42	
14	长治县王坊乡河东煤矿	潞安矿区	长治市长治县	0.24	

表 4-12(续)

序号	煤矿名称	所属矿区	位置	面积/km²	备注
15	山西省长治县荫城镇木坡煤矿	潞安矿区	长治市长治县	0.44	2009 年兼并重组前关闭煤矿
16	长治县经坊村煤矿	潞安矿区	长治市长治县	0.74	
17	长治市郊区西白兔乡小河堡煤矿	潞安矿区	长治市潞城市	0.39	
18	长治县韩店镇南沟村煤矿	潞安矿区	长治市长治县	0.26	
19	山西省长治县城关镇东汉村煤矿	潞安矿区	长治市长治县	0.29	
20	山西左权望阳垴煤业有限公司	武夏矿区	晋中市左权县	0.31	
21	左权县龙泉乡温城村煤矿	武夏矿区	晋中市左权县	0.66	
22	左权县堡则村煤矿	武夏矿区	晋中市左权县	0.67	
23	左权县垴上煤矿	武夏矿区	晋中市左权县	0.55	
24	左权县龙泉乡梁峪第二煤矿	武夏矿区	晋中市左权县	0.94	
25	左权县松树坪煤矿	武夏矿区	晋中市左权县	1.71	
1	武乡县韩北乡果烟垴煤矿	武夏矿区	长治市武乡县	0.42	2009 年兼并重组中关闭煤矿
2	山西襄垣联力煤业有限公司	潞安矿区	长治市襄垣县	0.78	
3	襄垣县护家垴煤矿	武夏矿区	长治市襄垣县	0.48	
4	长治市郊区西白兔联营煤矿	潞安矿区	长治市郊区	1.79	
5	山西长治李家岭煤业有限公司	潞安矿区	长治市长治县	1.58	
6	长治县东和乡团山煤矿	潞安矿区	长治市长治县	1.89	
7	长治县荫城镇王庆煤矿	潞安矿区	长治市长治县	1.04	
8	长治县西火镇东庄煤矿	潞安矿区	长治市长治县	0.56	
9	长治县西火镇兴华煤矿	潞安矿区	长治市长治县	0.39	
10	长治县西火镇振华煤矿	潞安矿区	长治市长治县	0.36	
11	长治县荫城镇西陕村煤矿	潞安矿区	长治市长治县	0.48	
12	长治县西池乡北耳煤矿	潞安矿区	长治市长治县	0.66	
13	长治中发煤业有限公司	潞安矿区	长治市长治县	0.50	

潞安、武夏矿区 2016—2020 年煤炭行业化解过剩产能关闭煤矿共 10 座，位于矿区东部，其中瓦斯矿井 1 座，其余皆为低瓦斯矿井，主采山西组 3 号及太原组 15 号煤层，从南向北，地质条件逐渐变简单，断裂发育程度低，煤层埋深较浅，整体瓦斯含量低，为低瓦斯矿井（表 4-13）。以矿井面积较大的赵屋煤矿和石圪节煤矿为例，构造相对简单，褶皱两翼平缓，井田内大部地区由于煤层埋深较浅，煤层出露及风氧化现象严重，瓦斯成分均以氮气为主，其次为二氧化碳，重烃微量，根据自然瓦斯成分可将主采煤层划分为二氧化碳至氮气带和氮气至甲烷带。

4.1.5 西山矿区

（1）煤层含气性

西山矿区自西北向东南煤变质程度逐渐增高，即靠近沁水盆地方向，瓦斯含量平面变

表 4-13 潞安、武夏矿区去产能关闭煤矿煤层气地质特征一览表

煤矿简称	位置	面积/km^2	煤层所属组	煤类	井田构造复杂程度	断层数/条	陷落柱数/个	绝对瓦斯涌出量/(m^3/min)	相对瓦斯涌出量/(m^3/t)	瓦斯鉴定等级	采空区层数	水文地质条件
赵屋煤业	长治市壶关县	17.21	山西组、太原组	贫煤	简单	15	2	1.01	1.11	瓦斯	2	中等
石圪节煤业	长治市郊区	14.02	山西组、太原组	瘦煤至贫瘦煤	简单	23	7	1.81	0.78	低瓦斯	2	—
小南村煤业	长治市屯留县	5.18	山西组、太原组	贫瘦煤至贫煤	简单	4	—	1.59	1.25	低瓦斯	—	中等
王家峪村煤业	长治市武乡县	2.41	山西组、太原组	贫煤	简单	—	10	0.50	2.66	低瓦斯	1	中等
庄底煤业	长治市武乡县	2.40	山西组、太原组	瘦煤至贫煤	简单	—	—	0.46	1.80	低瓦斯	1	中等
槐安煤业	长治市武乡县	5.21	山西组、太原组	瘦煤至焦煤	简单	6	1	3.11	4.77	低瓦斯	3	中等
三元古韩永丰煤业	长治市襄垣县	4.09	山西组、太原组	瘦煤	简单	4	—	0.74	1.79	低瓦斯	1	中等
联盛师庄煤业	长治市长治县	4.92	山西组、太原组	贫煤	简单	—	1	0.35	4.29	低瓦斯	1	中等
雄山李坊煤业	长治市长治县	1.29	山西组、太原组	贫煤	简单	—	1	0.75	1.19	低瓦斯	2	简单
显王煤业	长治市长治县	7.60	山西组、太原组	焦煤至瘦煤至贫煤	简单	3	8	1.97	1.09	低瓦斯	3	中等

化趋势与其相一致(李志勇,2010)。煤层埋深是控制西山矿区瓦斯含量的重要因素,埋藏在 150 m 左右处于风氧化带中,随着埋藏深度和地应力的增加,煤层及围岩透气性变差,有利于瓦斯在煤层中的储存(李志勇,2010)。矿区山西组 2 号煤层及太原组 8 号煤层的瓦斯压力、含量普遍较高。马兰矿、杜儿坪矿等 5 个矿井的资料显示,山西组 2 号煤层孔隙度介于 2.21%～7.14%,高瓦斯压力有利于煤中孔隙的保存,马兰矿埋深相对较浅,瓦斯压力及瓦斯含量较低,深部矿井的煤层瓦斯压力及瓦斯含量相对较高(表 4-14)。此外,同一煤矿深部太原组 8 号煤层的瓦斯含量大于山西组 2 号煤层(表 4-15),夏鹏等(2019)认为古交矿区 8 号煤层临界埋深在 650 m 左右,在埋深 650 m 以浅,含气量与埋深呈正相关关系,在 650 m 以深,含气量与埋深呈负相关关系。同时瓦斯含量还受水文地质、褶皱位置、断裂构造、岩浆侵入以及陷落柱发育的影响,整体来看,主要在屯兰和东曲矿以南的邢家社勘查区和杜儿坪矿以西的部分区域煤层气富集条件较好(曾玲等,2019)。

表 4-14　西山矿区 2 号煤层瓦斯特征(李志勇,2010)

矿井	孔隙度/%	瓦斯压力/MPa	瓦斯含量/(m^3/t)
马兰矿	2.99	0.20	3.15
杜儿坪矿	2.21～3.52	0.11～0.32	3.27～5.78
西铭矿	6.99～7.14	0.28～0.64	5.02～10.21
东曲矿	3.60～5.44	0.30～0.52	3.91～6.25
官地矿	—	0.15～0.20	4.58～5.28

表 4-15　西山矿区 8 号煤层瓦斯特征(李志勇,2010)

矿井	测点	瓦斯压力/MPa	瓦斯含量/(m^3/t)
马兰矿	1	0.15	2.62
杜儿坪矿	2	0.64	10.21
		0.36	6.94
西铭矿	3	0.34	6.48
		0.28	8.19
		0.46	10.53
东曲矿	2	0.36	7.69
		0.41	7.76
屯兰矿	6	0.42	10.96
		0.40	9.73
		0.40	10.56
		0.12	8.63
		1.70	15.49
		1.80	9.00

西山矿区马兰煤矿太原组 8 号煤层及官地煤矿 9 号煤层的甲烷等温吸附(30 ℃、空气干燥基)试验显示(图 4-16),8 号煤样朗缪尔体积为 15.34 cm^3/g,朗缪尔压力为 1.86 MPa,

计算得出残余气量 q_{cy} 为 0.78 cm^3/g；9 号煤样朗缪尔体积为 26.18 cm^3/g，朗缪尔压力为 0.89 MPa，计算得出残余气量 q_{cy} 为 2.64 cm^3/g。整体而言，9 号煤的甲烷吸附能力大于 8 号煤层。

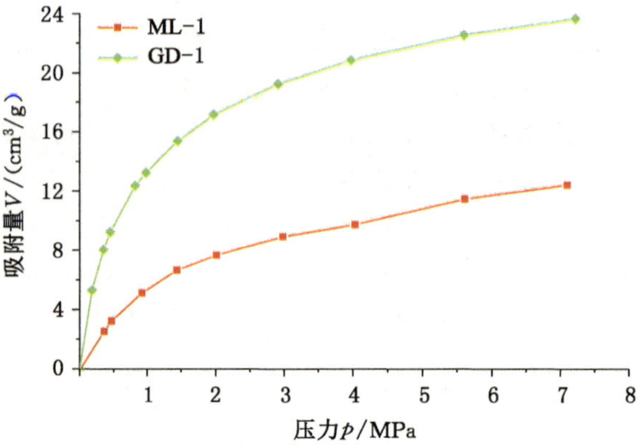

图 4-16 西山矿区太原组 8、9 号煤层等温吸附曲线

（2）储层物性特征

西山矿区太原组 8、9 号煤层孔隙度介于 3.25%～3.63%，煤层气井注入-压降法测试结果显示，2 号煤层原始渗透率为 0.047 06×10^{-3} μm^2，8 号煤层为 0.029 64×10^{-3} μm^2，9 号煤层为 0.049 29×10^{-3} μm^2，渗透性总体表现为随埋深变化明显，浅部较好，深部变差。

扫描电镜观察表明，8 号煤层中可见尺寸较大的微米孔隙(2 μm)，呈狭缝状，为黏土矿物间孔隙；此外，在镜质组条带中见原生气孔被后期改造呈平板状(图 4-17)。太原组 9 号煤层的微孔更发育，主要以矿物质孔为主，分布较为集中，变质孔、外生孔少见(图 4-18)。

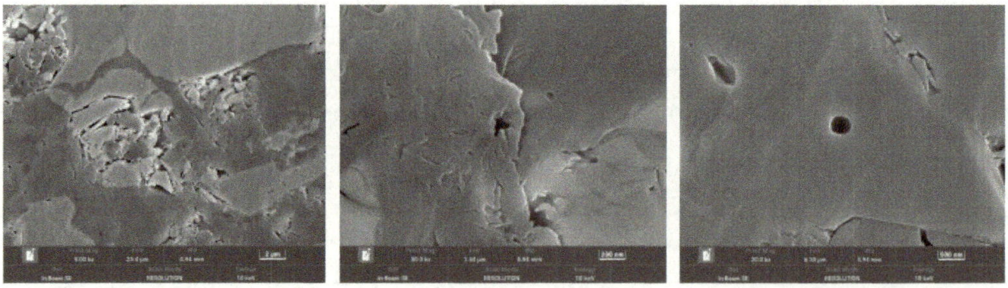

(a) 黏土矿物孔隙　(b) 狭缝状气孔　(c) 圆形和椭圆形气孔

图 4-17 太原组 8 号煤层孔隙类型及形态特征

煤样孔隙结构参数如表 4-16 所列，8 号煤层微孔比表面积为 56.52 m^2/g，微孔体积为 0.001 3 cm^3/g，9 号煤层孔隙较 8 号煤层更为发育，比表面积和孔体积更高，有利于气体吸附。由孔径分布曲线(图 4-19)可知，太原组 8 号煤层孔径分布曲线呈单峰分布，而 9 号煤层呈多峰分布，位于 8 号煤层上侧，微孔更为发育，这与扫描电镜下观察结果一致，介孔发育次之，大孔基本不发育。

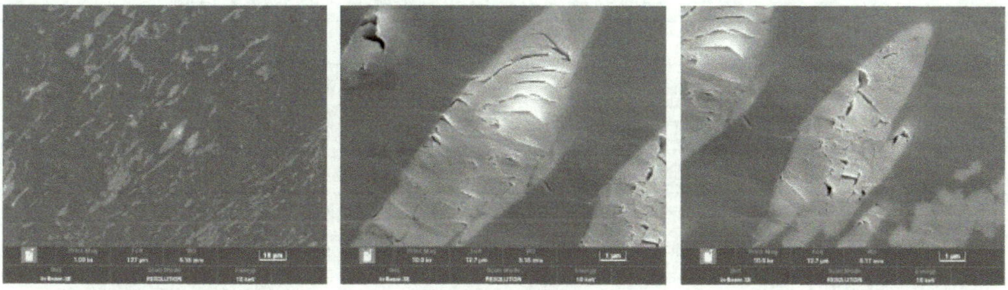

(a) 黏土矿物分布　(b) 黏土矿物微裂隙　(c) 黏土矿物孔隙

图 4-18　太原组 9 号煤层孔隙类型及形态特征

表 4-16　西山矿区太原组 8、9 号煤层孔隙结构参数

煤层	CO_2吸附(0.5～1.4 nm)		液氮吸附(1.7～300 nm)		压汞法(>7.35 nm)	
	比表面积 /(m^2/g)	总孔体积 /(cm^3/g)	BET 比表面积 /(m^2/g)	总孔体积 /(cm^3/g)	总孔体积 /(cm^3/g)	平均孔径 /nm
8 号	56.52	0.001 3	0.539	0.002	0.024 5	25.6
9 号	89.53	0.012 4	0.669	0.002	0.036 4	22.2

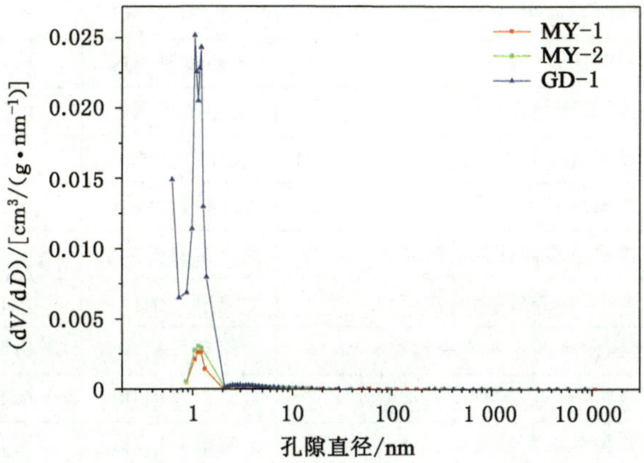

图 4-19　西山矿区太原组 8、9 号煤层孔径分布曲线

(3) 关闭煤矿特征

西山矿区 2009 年兼并重组前关闭煤矿 63 座，主要位于太原市万柏林区、晋源区、古交市及交城县内，西山矿区边缘；通常为浅部煤层，矿井面积介于 0.13～2.85 km^2，基本小于 0.5 km^2。2009 年兼并重组中关闭煤矿 21 座，主要位于太原市晋源区、古交市内，面积介于 0.09～2.12 km^2，分布相对零散(表 4-17)。根据《山西省煤炭采空区煤层气资源调查评价》及前人研究成果，西山矿区边缘煤层埋深浅，煤层含气量低，这两大部分关闭煤矿基本为低瓦斯矿井。

表 4-17 西山矿区兼并重组前关闭煤矿及重组中关闭煤矿信息

序号	煤矿名称	位置	面积/km²	备注
1	太原市万柏林区王封乡榆树峁煤矿	太原市万柏林区	0.08	2009 年兼并重组前关闭煤矿
2	太原市万柏林区王封乡冀家沟村火烧洼煤矿	太原市万柏林区	0.42	
3	太原市万柏林王封乡上南山村沙沟煤矿	太原市万柏林区	0.27	
4	太原市万柏林王封乡孟家沟煤矿	太原市万柏林区	0.93	
5	太原市万柏林区王封乡榆树峁北角上煤矿	太原市万柏林区	0.11	
6	太原市万柏林区王封乡堡山煤矿	太原市万柏林区	0.26	
7	太原市万柏林区王封乡炉上沟煤矿	太原市万柏林区	0.05	
8	太原市晋源区晋祠花塔煤矿	太原市晋源区	0.29	
9	太原市晋源区晋泉煤矿	太原市晋源区	0.64	
10	太原市晋源区晋祠镇吴家峪村煤矿	太原市晋源区	0.06	
11	太原市万柏林区洼沟煤矿	太原市万柏林区	0.21	
12	太原市万柏林区王封村猪场煤矿	太原市万柏林区	0.13	
13	太原市万柏林区北转角里煤矿	太原市万柏林区	0.05	
14	太原市万柏林区北山崖煤矿	太原市万柏林区	0.10	
15	古交市草庄头乡新华煤矿	太原市万柏林区	0.21	
16	太原市万柏林王封乡东河掌煤矿	太原市万柏林区	0.36	
17	太原市万柏林区开城里卧牛沟煤矿	太原市万柏林区	0.34	
18	太原市晋源区青阳河煤矿	太原市晋源区	0.84	
19	太原市晋源区桃坪煤矿	太原市晋源区	0.71	
20	太原市晋源区姚村乡槐树煤矿	太原市晋源区	1.86	
21	太原市晋源区平地窑煤矿	太原市晋源区	0.92	
22	太原市万柏林区西铭乡小西铭村山神庙煤矿	太原市万柏林区	0.03	
23	万柏林区西铭乡小西铭村西南马沟煤矿	太原市万柏林区	0.11	
24	太原市万柏林区西铭乡西铭村亲家沟煤矿	太原市万柏林区	0.19	
25	太原市万柏林区西铭乡小西铭村南马沟煤矿	太原市万柏林区	0.18	
26	太原市万柏林东玉站煤矿	太原市万柏林区	0.19	
27	太原市晋源区庙门前煤矿	太原市晋源区	0.30	
28	太原市晋源区罗城街办开化煤矿	太原市晋源区	0.40	
29	太原市晋源区万发煤矿	太原市晋源区	0.47	
30	太原市晋源区万发煤矿	太原市晋源区	0.47	
31	太原市晋源区金胜乡喜庆煤矿	太原市晋源区	0.31	
32	太原市晋源区金胜乡罗城煤矿	太原市晋源区	0.21	
33	太原市晋源区金胜乡二煤矿	太原市晋源区	0.38	
34	太原市晋源区秋花坝煤矿	太原市晋源区	0.85	
35	太原市晋源区金胜镇冶峪石岔煤矿	太原市晋源区	0.57	
36	太原市晋源区晋祠镇新窑煤矿	太原市晋源区	2.18	

表 4-17(续)

序号	煤矿名称	位置	面积/km^2	备注
37	太原市晋源区仙居煤矿	太原市晋源区	0.38	2009 年兼并重组前关闭煤矿
38	太原市万柏林区王封乡城封村东河旋煤矿	太原市万柏林区	0.25	
39	太原市万柏林区王封乡水草洼煤矿	太原市万柏林区	0.49	
40	太原市尖草坪区马头水乡马角村西墙角煤矿	太原市万柏林区	0.20	
41	尖草坪区马头水乡窑儿上村石渣沟煤矿	太原市万柏林区	0.21	
42	太原市万柏林区王封乡圪垛村阳坡煤矿	太原市万柏林区	0.99	
43	太原市万柏林区王封乡炭红脑煤矿	太原市万柏林区	2.12	
44	太原市尖草坪区马头水乡上水峪煤矿	太原市万柏林区	0.09	
45	古交市上磨石煤矿接替井	太原市古交市	2.85	
46	古交市镇城底镇兴源煤矿	太原市古交市	0.30	
47	古交市梭峪乡杏林坪煤矿	太原市古交市	0.16	
48	古交市河口镇火山村煤矿	太原市古交市	0.97	
49	古交市河南乡沟子村煤矿	太原市古交市	0.14	
50	古交市草庄头乡随老母煤矿	太原市古交市	0.70	
51	古交市常安乡睦联坡煤矿	太原市古交市	1.35	
52	清徐县马峪乡西马峪村煤矿	太原市清徐县	0.55	
53	清徐县水屯营煤矿	太原市清徐县	0.91	
54	清徐县马峪乡西梁泉煤矿	太原市清徐县	0.79	
55	交城县古洞道乡西河湾煤矿	吕梁市交城县	0.41	
56	交城县古洞道乡龙城崖煤矿	吕梁市交城县	0.30	
57	交城县陈台煤矿	吕梁市交城县	0.32	
58	交城县水峪贯镇井沟里煤矿	吕梁市交城县	0.24	
59	交城县水峪贯镇煤矿	吕梁市交城县	0.20	
60	交城县古洞道乡金银梁煤矿	吕梁市交城县	0.16	
61	交城县古洞道乡永安煤矿	吕梁市交城县	0.44	
62	交城县城关镇坡底煤矿	吕梁市交城县	1.43	
63	交城县水峪贯镇圪垛梁煤矿	吕梁市交城县	0.42	
1	太原市晋源区郑家沟煤矿	太原市晋源区	0.28	2009 年兼并重组中关闭煤矿
2	太原市晋源区新村煤矿	太原市晋源区	0.46	
3	太原市晋源区金田煤矿	太原市晋源区	0.23	
4	太原市晋源区蚕石煤矿	太原市晋源区	0.47	
5	山西太原百草沟煤业有限公司	太原市万柏林区	0.47	
6	太原市万柏林区王封乡前西岭煤矿	太原市万柏林区	0.09	
7	太原市万柏林王封乡师家山煤矿	太原市古交市	0.25	
8	山西太原南洼煤业有限公司	太原市万柏林区	0.37	
9	古交市河口镇扫石煤矿	太原市古交市	0.43	

表 4-17(续)

序号	煤矿名称	位置	面积/km^2	备注
10	太原井沟旋煤业有限公司	太原市万柏林区	0.39	2009 年兼并重组中关闭煤矿
11	太原市晋源区晋祠光窑煤矿	太原市晋源区	0.30	
12	古交市邢家社乡邢家社村煤矿	太原市古交市	0.37	
13	古交市常安乡科头村煤矿	太原市古交市	0.56	
14	古交市河口镇沙岩村办煤矿	太原市古交市	0.25	
15	山西清徐桃园煤矿有限公司	太原市清徐县	0.44	
16	清徐县马峪新兴煤矿	太原市清徐县	1.26	
17	山西清徐马峪煤业有限公司	太原市清徐县	2.80	
18	山西交城县晋阳煤矿有限公司	吕梁市交城县	1.63	
19	交城县环宇煤炭有限公司	吕梁市交城县	2.12	
20	交城县马庄沟煤矿有限公司	吕梁市交城县	0.97	
21	山西桃林煤业有限公司	太原市古交市	0.58	

西山矿区 2016—2020 年煤炭行业化解过剩产能关闭煤矿共 18 座，主要分布在西山矿区西北缘、东缘位置，其中仅靠近沁水盆地的鼎盛煤矿、大成煤矿、永兴煤矿、南峪煤矿为高瓦斯矿井，其余皆为低瓦斯矿井(图 4-20)(表 4-18)。

① 低瓦斯矿井

关闭煤矿中低瓦斯矿井主要分布在西山矿区西北缘，太原市古交市附近，构造上可见近平行排列的正断层发育，陷落柱分布密集，构造复杂。煤的变质程度低，以肥煤、焦煤为主。煤层埋深较浅，山西组 2 号煤层通常埋深小于 100 m，部分剥蚀或出露地表，太原组 8 号、9 号煤层埋深主体在 200 m 左右，基本介于氮气至二氧化碳带、氮气带、氮气至甲烷带。

② 高瓦斯矿井

鼎盛煤矿、大成煤矿、永兴煤矿、南峪煤矿为相邻的高瓦斯矿井，靠近沁水盆地，煤变质程度高，达到贫煤至无烟煤阶段，煤层中保存瓦斯的结构越有利，吸附瓦斯量就越多。整体位于马兰复向斜东翼，东翼构造形态单一，以倾向南西的平缓单斜为主，主采煤层埋深、厚度分布稳定。

梅园永兴煤矿，2 号煤层埋深较浅，在 150～200 m 左右，8 号、9 号煤层埋深在 300 m 左右，开采 8 号、9 号煤层时，均为高瓦斯矿井背景。井田内存在 4 层采空区，其中 2 号煤层大面积采空，上下情况复杂，6 号煤层采空后导水裂缝带到达 2 号煤层，9 号煤层采空后，导水裂缝带到达 8 号煤层采空区。其闭坑原因之一：梅园永兴煤矿与各类保护区存在重叠情况，经核实与天龙山自然保护区重叠面积为 0.53 km^2，与晋祠泉域保护区重叠面积为 1.62 km^2，累计重叠面积达 2.15 km^2，占总面积的 36%。南峪煤矿 2 号煤层位于瓦斯风化带，6 号煤层为氮气至甲烷带，8 号煤层全为甲烷带，8 号煤层小面积采空。大成煤矿部分面积与天龙山自然保护区、天龙山国家森林公园天龙山景区重叠，导致环评手续一直未批复，一直处于停建状态。其中，与天龙山森林公园天龙山风景区重叠，禁止开采面积 2.32 km^2，重叠面积达 46%。2 号煤层东部大面积采空，6 号煤层古空区位于井田东南角，8 号煤层在井田南部和北部存在采空区，9 号煤层未动用。井田内 2 号、8 号煤层为氮气带，6 号煤层为

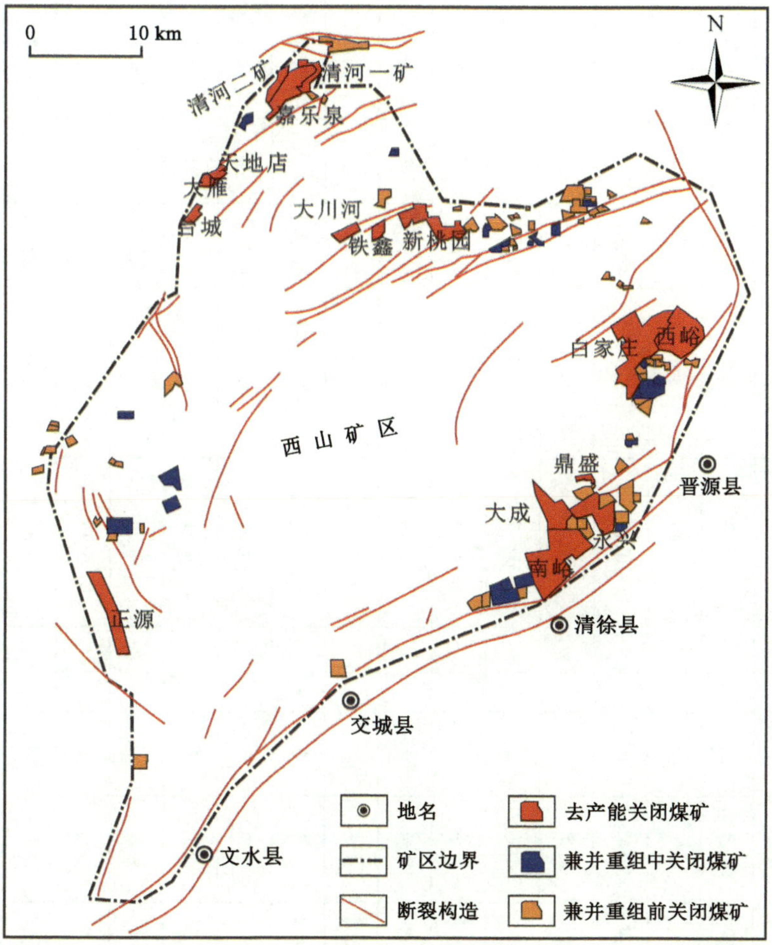

图 4-20　西山矿区关闭煤矿分布图

氮气至甲烷带、氮气至二氧化碳带、氮气带，9 号煤层为氮气至二氧化碳带、氮气至甲烷带、氮气带。鼎盛煤业于 2004 年开始建井，至今未投产，没有煤炭采空区，可采煤层埋深大，构造简单，推测也为高瓦斯矿井。

4.1.6　霍州矿区

(1) 煤层含气性

从霍州矿区整体来看，李雅庄煤矿作为唯一的高瓦斯矿井，采煤工作面绝对瓦斯涌出量为 10～14 m^3/min，煤的瓦斯压力 0.47～0.48 MPa，断层附近瓦斯含量有明显的增大趋势，当采掘揭露到断层或断层附近时，常会出现瓦斯动力现象。除了李雅庄矿外，其余基本为瓦斯至低瓦斯矿井，煤层含气量低，煤矿关闭后无法提供充足的气源。

霍州矿区山西组 2 号、太原组 9 号煤层的甲烷等温吸附(30 ℃、空气干燥基)试验显示(图 4-21)，2 号煤样朗缪尔体积为 15.85 cm^3/g，朗缪尔压力为 1.56 MPa，计算得出残余气量 q_{cy} 为 0.81 cm^3/g；9 号煤样朗缪尔体积为 23.31 cm^3/g，朗缪尔压力为0.99 MPa，计算得

表 4-18　西山矿区去产能关闭煤矿煤层气地质特征一览表

煤矿简称	位置	面积/km²	煤层	煤类	井田构造复杂程度	断层数/条	陷落柱数/个	绝对瓦斯涌出量/(m³/min)	相对瓦斯涌出量/(m³/t)	瓦斯鉴定等级	采空区层数	水文地质条件
清河二煤矿	太原市古交市	1.06	山西组、太原组	肥煤至焦煤	简单	14	6	—	—	低瓦斯	2	中等
嘉乐泉煤矿	太原市古交市	7.03	山西组、太原组	肥煤至焦煤	中等	24	47	0.63	0.47	低瓦斯	4	中等
大川河煤矿	太原市古交市	1.29	山西组、太原组	焦煤至瘦煤	中等	20	20	5.46	12.68	高瓦斯	1	中等
清河一煤矿	太原市古交市	2.11	山西组、太原组	肥煤至焦煤	中等	12	4	0.45	1.18	瓦斯	3	中等
鼎盛煤业	太原市晋源区	0.65	山西组、太原组	贫煤至无烟煤	简单	—	—	19.49	15.44	—	未投产	中等
大成煤业	太原市晋源区	4.34	山西组、太原组	贫煤至无烟煤	中等	5	21	2.37～5.29	15.93～22.31	高瓦斯	4	中等
梅园永兴煤业	太原市晋源区	6.00	山西组、太原组	贫煤至无烟煤	简单	1	13	1.94～5.04	13.60～29.03	高瓦斯	3	中等
天池店煤业	太原市娄烦县	0.96	山西组、太原组	肥煤至焦煤	简单	9	—	2.98	3.14	低瓦斯	2	中等
太原西峪煤矿	太原市万柏林区	9.99	山西组、太原组	贫瘦煤至贫煤	复杂	43	255	13.98	4.66	低瓦斯	5	中等至复杂
白家庄矿业	太原市万柏林区	15.15	山西组、太原组	贫瘦煤至贫煤	中等	8	133	3.00～4.77	3.72～6.73	低瓦斯	—	复杂
正源煤矿	吕梁市交城县	6.65	山西组、太原组	贫煤	简单	—	—	0.09	4.50	低瓦斯	2	复杂
红崖头煤矿	太原市古交市	0.51	山西组、太原组	瘦煤	简单	2	—	0.81	5.81	低瓦斯	1	简单
台城煤矿	太原市古交市	1.17	山西组、太原组	肥煤至焦煤	简单	—	1	0.30	1.51	低瓦斯	1	中等
大雁煤矿	太原市古交市	0.87	山西组、太原组	肥煤至焦煤	简单	1	—	0.43	0.53	低瓦斯	2	中等
新桃园煤矿	太原市古交市	6.33	山西组、太原组	焦煤至瘦煤	简单	12	18	0.88	2.87	低瓦斯	5	中等
铁鑫煤矿	太原市古交市	1.22	山西组、太原组	焦煤至瘦煤	简单	1	—	1.09	6.38	低瓦斯	1	中等
南峪煤业	太原市晋源区	15.28	山西组、太原组	贫煤至无烟煤	中等	10余	95	9.09～11.02	29.70～33.20	高瓦斯	7	复杂

出残余气量 q_{cy} 为 2.14 cm^3/g。

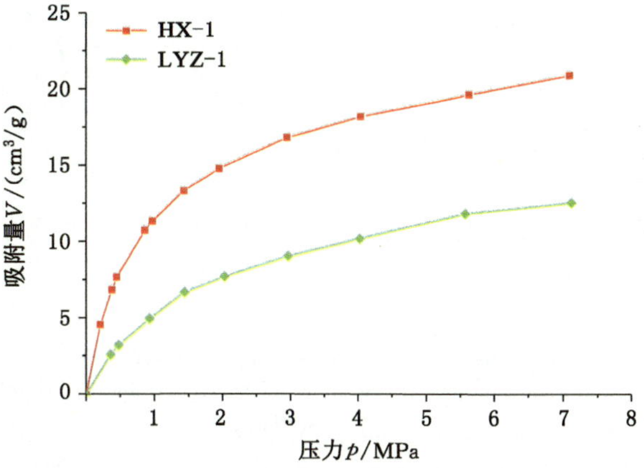

图 4-21　霍州矿区山西组 2 号、太原组 9 号煤层等温吸附曲线

(2) 储层物性特征

山西组 2 号煤层微孔比表面积介于 52.38～53.65 m^2/g，微孔体积介于 0.001 3～0.001 5 cm^3/g，太原组 9 号煤层微孔比表面积介于 37.84～52.43 m^2/g，微孔体积为 0.001 1 cm^3/g，略低于 2 号煤层(表 4-19)；孔径分布曲线(图 4-22)显示，山西组 2 号和太原组 9 号孔径分布相似，呈双峰分布，孔径在 2 nm 以下的微孔最为发育，介孔也较为发育，大孔发育程度低。

表 4-19　霍州矿区山西组 2 号、太原组 9 号煤层孔隙结构参数

煤层	CO_2 吸附(0.5～1.4 nm)		液氮吸附(1.7～300 nm)		压汞法(>7.35 nm)	
	比表面积 /(m^2/g)	总孔体积 /(cm^3/g)	BET 比表面积 /(m^2/g)	总孔体积 /(cm^3/g)	总孔体积 /(cm^3/g)	平均孔径 /nm
2 号	53.65	0.001 3	0.640	0.002	0.027 1	26.1
	52.38	0.001 5	0.620	0.002	0.023 5	24.1
9 号	37.84	0.001 1	0.738	0.003	0.026 1	27.4
	52.43	0.001 1	0.495	0.002	0.026 6	27.7

(3) 关闭煤矿特征

霍州矿区 2016—2020 年煤炭行业化解过剩产能关闭煤矿共 11 座，主要位于霍州矿区东部，临汾市霍州市境内，除了天煜新星煤业、白龙煤矿为瓦斯矿井，其余为低瓦斯矿井，总体相对瓦斯涌出量介于 0.65～4.97 m^3/t，煤层气含量低。

由表 4-20 可知，霍州矿区去产能关闭煤矿的开采煤层埋深浅，基本处于氮气带、氮气至甲烷带，断层和陷落柱较为发育，构造复杂程度为简单至中等，水文地质情况为中等至复杂，不利于煤层气资源保存。煤矿关闭后，采空区埋深浅，采动裂缝部分沟通地表，采空区甲烷浓度低，煤层气资源潜力小。

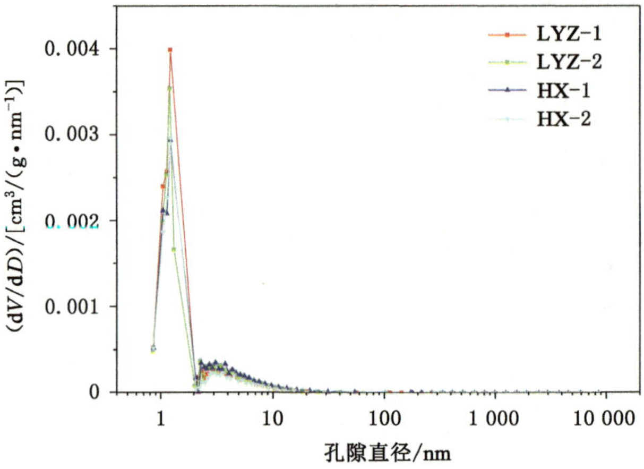

图 4-22　霍州矿区山西组 2 号、太原组 9 号煤层孔径分布曲线

4.2　煤层气资源量

4.2.1　典型煤矿煤层气资源量

由阳泉矿区南庄煤矿煤层展布及构造条件分析可知，3 号煤层及 6 号煤层厚度小，埋深钱，并可见煤层露头，开放性正断裂及陷落柱发育，加之采空区封闭时间长，3 号和 6 号煤层的采空区煤层气资源可以忽略不计。

根据采空区煤层气资源量估算范围及采空区空间连通条件，将南庄煤矿 12 号、15 号煤层采空区划分为 3 个资源估算单元，分别为 NZ-1、NZ-2、NZ-3(图 4-23)，相对应的采空区面积、采高及回采率数据根据矿井相关资料得出。NZ-1 单元包括垂向连通的 12 号、15 号煤层采空区，采空区位置大致重合。NZ-2 单元由两层采空区组成，但 12、15 号煤层采空区不完全重合，12 号煤层部分卸压。NZ-3 单元为矿区东缘的 15 号煤层采空区，上部 12 号煤层卸压。此外，根据原位煤层展布特征，将原位煤层分为 NZ-4 和 NZ-5 共两个资源量估算单元(图 4-23)。

采空区煤层气资源量估算结果如表 4-21 所示，3 个评价单元，合计的采空区游离气资源量 Q_{y1} 为 1 678×10^4 m^3，采空区工作面遗煤吸附气资源量 Q_{x1} 为 1 188×10^4 m^3，采空区煤柱吸附气资源量 Q_{x2} 为 2 051×10^4 m^3，采空区卸压煤层吸附气资源量 Q_{x3} 为 1 005×10^4 m^3，合计采空区煤层气资源量 Q 为 5 922×10^4 m^3，其中游离气资源所占比例为 28.34%。

NZ-4 和 NZ-5 原位煤层位于 NZ-2 采空区北部和南部，基本为保护煤柱资源，其资源量估算结果如表 4-22 所示，原位煤层资源量为 602.47×10^4 t，原位煤层气资源量为 5 318×10^4 m^3。

总的来说，南庄关闭煤矿煤层气资源量合计 11 240×10^4 m^3。

表 4-20 霍州矿区去产能关闭煤矿煤层气地质特征一览表

煤矿简称	位置	面积/km^2	煤层	煤类	井田构造复杂程度	断层数/条	陷落柱数/个	绝对瓦斯涌出量/(m^3/min)	相对瓦斯涌出量/(m^3/t)	瓦斯鉴定等级	采空区层数	水文地质条件
巨富园煤矿	临汾市汾西县	4.57	山西组、太原组	肥煤至焦煤	简单	1	2	1.30	3.15	低瓦斯	1	复杂
王庄煤矿	临汾市霍州市	8.38	山西组、太原组	肥煤	中等	9	35	0.62	3.38	低瓦斯	—	—
什林煤业	临汾市霍州市	9.51	山西组、太原组	肥煤至焦煤	中等	13	85	1.31	4.97	低瓦斯	2	中等至复杂
白龙煤矿	临汾市霍州市	31.64	山西组、太原组	气煤至肥煤	复杂	45	646	1.18	1.55	瓦斯	4	复杂
丰峪煤矿	临汾市霍州市	24.43	山西组、太原组	气煤至肥煤	中等	34	123	2.98	1.26	低瓦斯	6	中等至复杂
鑫磊煤业	临汾市洪洞县	1.65	山西组、太原组	气煤	中等	21	—	1.47	3.29	低瓦斯	1	中等
团柏煤矿	临汾市霍州市	33.84	山西组、太原组	气煤至气肥煤	中等	152	352	3.06	0.65	低瓦斯	3	复杂
巨华塬煤业	临汾市汾西县	2.93	山西组、太原组	1/3 焦煤	简单	—	—	0.31	2.79	低瓦斯	2	中等至复杂
天煜新星煤业	临汾市蒲县	13.67	山西组、太原组	1/3 焦煤	简单	2	—	—	—	瓦斯	1	中等
同地龙驭煤业	临汾市尧都区	6.41	山西组、太原组	焦煤	简单	4	—	1.58	—	低瓦斯	2	中等
金岁达煤业	临汾市尧都区	1.29	山西组、太原组	肥煤至焦煤	简单	2	—	—	—	低瓦斯	2	中等

表 4-21　阳泉矿区南庄煤矿采空区煤层气资源估算结果表

估算单元	煤层	面积 /(10^4 m^2)	采高 H_c /m	回采率 /%	V_c /(10^4 m^3)	M_y /(10^4 t)	M_z /(10^4 t)	M_x /(10^4 t)	q_0 /(m^2/t)	q_c /(m^2/t)	q_{cy} /(m^2/t)	η/%	g_{yl} /%	Q_{yl} /(10^4 m^3)	Q_{x1} /(10^4 m^3)	Q_{x2} /(10^4 m^3)	Q_{x3} /(10^4 m^3)	Q /(10^4 m^3)
NZ-1	12 号	115.23	1.23	82	121.89	36.48	34.70	—	4.2	1.63	1.34	90	57	69	49	57	—	175
	15 号	106.44	5.68	82	519.92	155.68	187.00	—	4.2	1.63	1.34	90	57	296	209	305	—	810
	小计				641.81	小计								365	258	362	—	985
NZ-2	12 号	11.78	1.22	82	12.36	3.70	10.68	—	5.8	1.79	1.34	90	57	7	5	19	—	31
	12 号	59.53	1.28	82	65.53	19.61	12.41	—	8.0	2.00	1.34	90	57	37	26	25	—	88
	12 号	133.01	1.30	82	148.70	44.51	83.48	—	9.0	2.22	1.47	90	57	85	65	186	—	336
	15 号	359.09	5.78	82	1 784.97	534.25	541.08	—	8.5	2.06	1.34	90	57	1 017	716	1 112	—	2 845
	12 号	43.03	1.22	40	—	45.04	—	75.07	6.0	3.48	1.34	54	—	—	—	—	157	157
	12 号	43.00	0.50	—	—	—	—	30.74	8.0	4.40	1.34	54	—	—	—	—	135	135
	12 号	67.22	1.30	—	—	—	—	124.96	8.5	4.63	1.34	54	—	—	—	—	579	579
	小计				2 011.56	小计								1 146	812	1 342	871	4 171
NZ-3	15 号	61.40	5.54	82	292.50	88.16	168.92	—	8.5	2.06	1.34	90	57	167	118	347	—	632
	12 号	27.71	1.27	40	—	30.20	—	50.33	4.0	2.56	1.34	54	—	—	—	—	77	77
	12 号	28.62	0.50	—	—	—	—	20.46	4.5	2.79	1.34	54	—	—	—	—	57	57
	小计				292.50	小计								167	118	347	134	766
合计														1 678	1 188	2 051	1 005	5 922

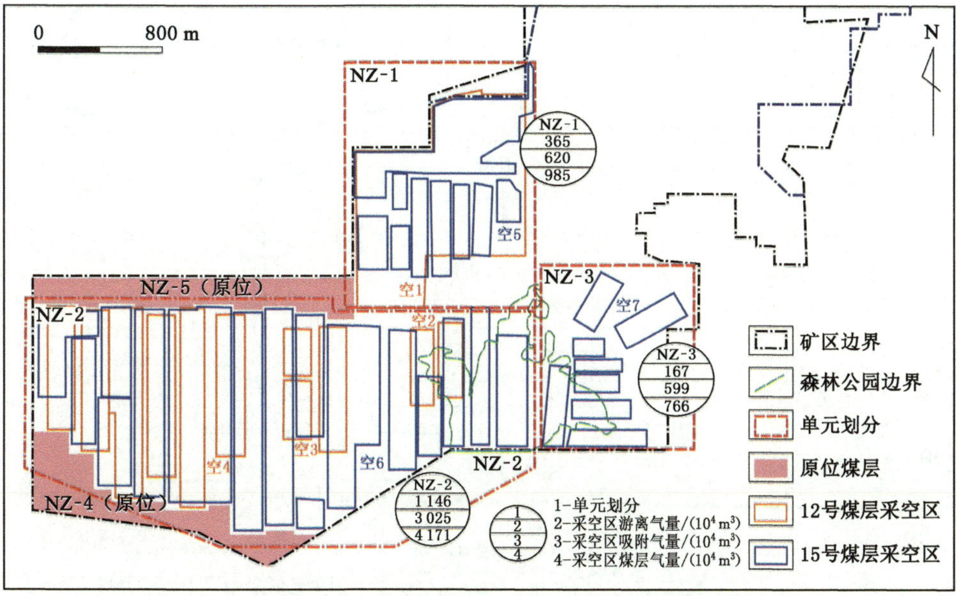

图 4-23　阳泉矿区南庄煤矿采空区估算单元平面图

表 4-22　阳泉矿区南庄煤矿原位煤层气资源估算结果表

评价单元	煤层	面积/(10^4 m^2)	煤厚/m	原位煤层含气量/(m^3/t)	原位煤层煤炭资源量/(10^4 t)	原位煤层气资源量/(10^4 m^3)
NZ-4	12 号	36.05	1.25	9.00	64.43	580
	15 号	33.71	5.92	9.00	285.39	2 569
	小计				349.82	3 149
NZ-5	12 号	23.90	1.25	9.00	42.73	385
	15 号	24.80	5.92	8.50	209.92	1 784
	小计				252.65	2 169
合计					602.47	5 318

4.2.2　大同矿区

大同矿区关闭煤矿煤层气资源量计算对象包括 3 个矿井，分别为高瓦斯矿井晋华宫矿、低瓦斯矿井店湾煤矿和马口煤矿。

晋华宫矿采空区可分为三层，分别为 11-1、12-2、15-2 煤层采空区，但 11-1 煤层采空区浅，不在资源估算范围内。12-2、15-2 煤层采空区大部分上下叠置，根据采空区上下连通情况，划分为 4 个评价单元（图 4-24）。

同家店湾矿总体煤层含气量较低，12、13-2 号煤层采空区保存条件相对较好，采空区划分为 DW-1、DW-2 两个估算单元（图 4-25）。

大同市马口煤矿 3 号和 7 号煤层埋深浅，导水裂缝带大部分沟通地表，采空区封闭性

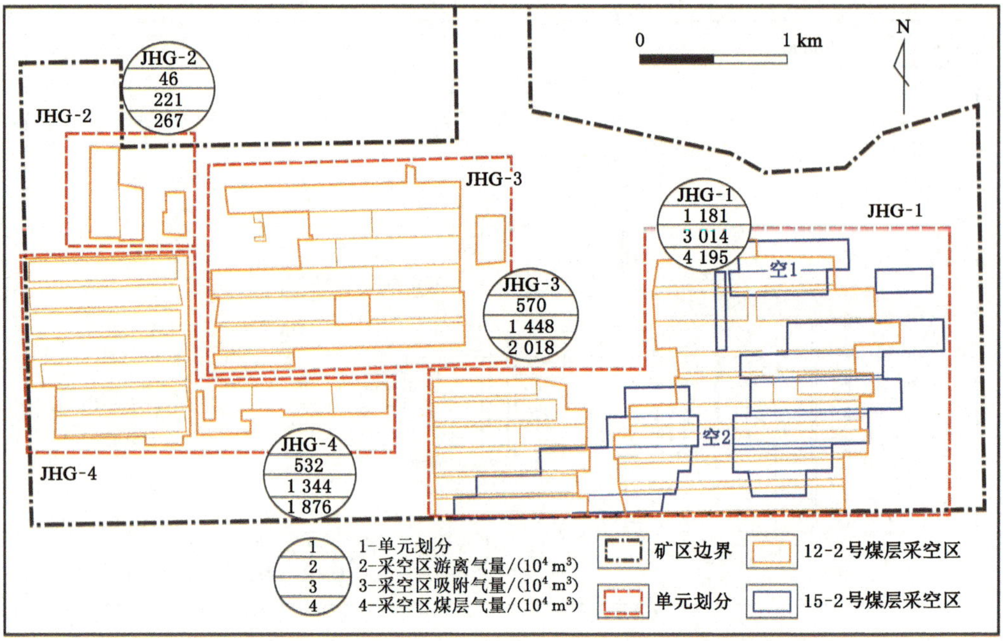

图 4-24　大同矿区晋华宫矿采空区估算单元划分示意图

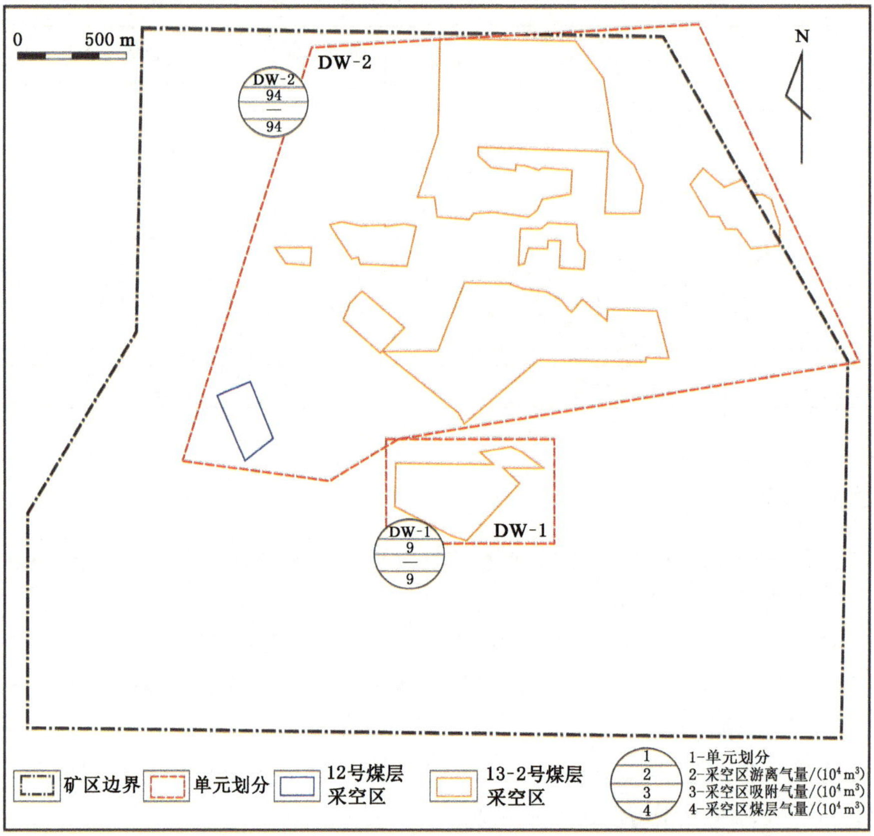

图 4-25　大同矿区同家店湾矿采空区估算单元划分示意图

差,10-1 号煤层基本未开采,下部 11-1、11-2、13-2 号煤层采空区垂向上相互导通,划分为 3 个评价单元(图 4-26)。

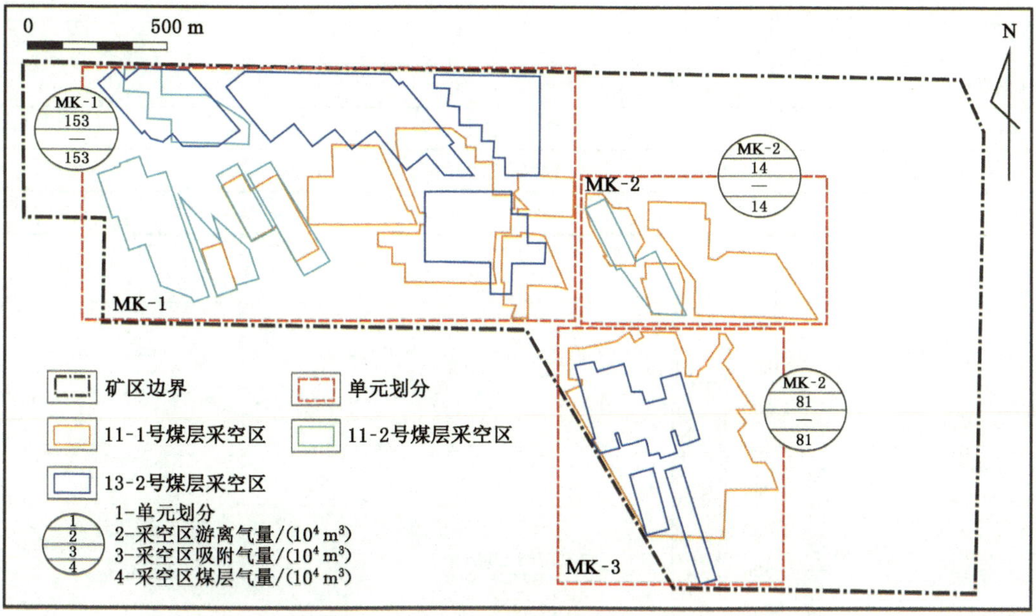

图 4-26 大同矿区马口煤矿采空区估算单元划分示意图

如表 4-23 所列,在资源估算范围内,关闭煤矿采空区体积为 4 407.79×10^4 m^3,游离气资源量为 2 680×10^4 m^3,吸附气资源量为 6 027×10^4 m^3,合计的采空区煤层气资源量为 8 707×10^4 m^3,游离气资源量所占比例为 30.78%。由于原位煤层气含量未达到起算标准,因此无原位煤层气资源量。由图 4-27 所示,晋华宫煤矿的资源条件最好,采空区体积、游离气资源量、吸附气资源量及资源总量都远大于其他关闭煤矿,其中 JHG-1 和 JHG-3 的资源条件最佳。

表 4-23 大同矿区关闭煤矿采空区煤层气资源量汇总表

煤矿名称	评价单元	采空区体积/(10^4 m^3)	游离气资源量/(10^4 m^3)	吸附气资源量/(10^4 m^3)	采空区煤层气资源量/(10^4 m^3)	游离气资源量所占比例/%
晋华宫煤矿	JHG-1	1 737.19	1 181	3 014	4 195	28.15
	JHG-2	67.55	46	221	267	17.23
	JHG-3	838.32	570	1 448	2 018	28.25
	JHG-4	782.24	532	1 344	1 876	28.36
小计		3 425.30	2 329	6 027	8 356	—
同家店湾	DW-1	25.47	9	—	9	—
	DW-2	265.14	94	—	94	—
小计		290.61	103	—	103	—

表 4-23(续)

煤矿名称	评价单元	采空区体积/(10^4 m^3)	游离气资源量/(10^4 m^3)	吸附气资源量/(10^4 m^3)	采空区煤层气资源量/(10^4 m^3)	游离气资源量所占比例/%
马口煤矿	MK-1	426.86	153	—	153	—
	MK-2	39.96	14	—	14	—
	MK-3	225.06	81	—	81	—
小计		691.88	248	—	248	—
合计		4 407.79	2 680	6 027	8 707	30.78

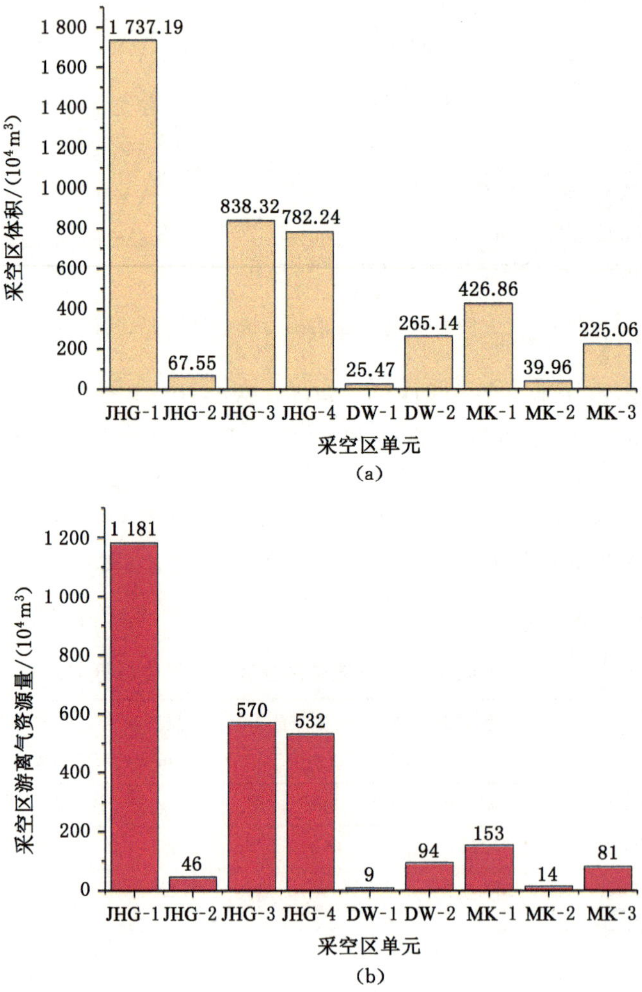

图 4-27　大同矿区各采空区单元体积、游离气资源量、煤层气资源量柱状图

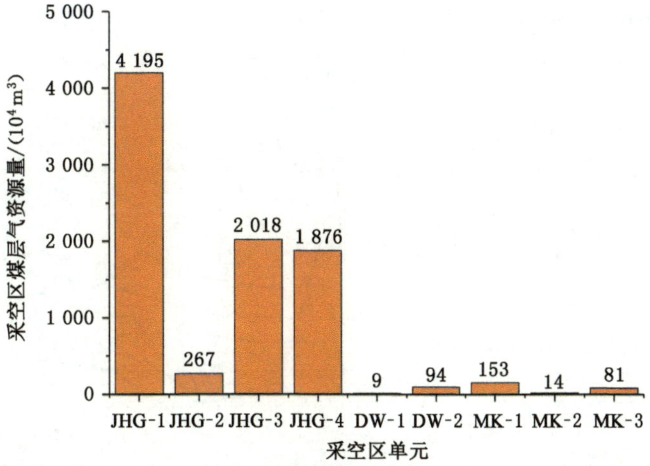

(c)

图 4-27(续)

4.2.3 阳泉矿区

阳泉矿区关闭煤矿煤层气资源量计算对象包括 7 个煤矿，其中 6 个为高瓦斯矿井，低瓦斯矿井的 12 号、15 号煤层埋深浅，厚度大，开采造成裂缝直达地表，采空区煤层气逸散严重。根据采空区上下叠置及连通情况，将富鑫煤矿、泰昌煤矿、鸿泰煤矿、燕龛煤矿、阳泉三矿、南庄煤矿及万和兴煤矿采空区共分为 21 个评价单元。

富鑫煤矿可采煤层为 6 号、12 号、15 号煤层，已开采 6 号、15 号煤层，15 号煤层已鉴定为高瓦斯煤层。6 号煤层埋藏深度浅，采空区邻近风化带，采空区与地表可能存在沟通。15 号煤层导水裂缝带沟通 12 号煤层，将 15 号煤层采空区划分为 2 个估算单元，分别为 FX-1、FX-2(图 4-28)。

泰昌煤矿可采煤层为 3 号、6 号、8 号、12 号、15 号煤层，已采 3 号、6 号、15 号煤层。3 号煤层东部采空区之间存在沟通，且邻近煤层风化带，6 号煤层采空区位于煤矿东部，埋藏深度较浅，且采空区有陷落柱，煤层气保存条件差。将煤矿 3 号煤层西部划分为 1 个估算单元 TC-1，将 15 号煤层划分为 2 个估算单元 TC-2、TC-3(图 4-29)。

鸿泰煤矿开采山西组 3 号煤层时，为高瓦斯矿井，3 号煤层已经基本开采完毕，形成较大面积的采空区，划分出 1 个采空区估算单元 HT-1，原位区划分出 1 个估算单元 HT-2(图 4-30)。

燕龛煤矿 9 号煤层采空区面积大、分布连续，大范围采空区之间相互沟通，且沟通煤矿东部煤层风化带，因此将 9 号煤层南部相对独立的采空区划分为 1 个估算单元 YK-1；12 号、15 号煤层采空区面积小、分布集中，15 号煤层导水裂缝带沟通 12 号煤层，将 12 号、15 号煤层划分为 1 个估算单元 YK-2(图 4-31)。

万和兴煤矿可采煤层为 8 号、9 号、15 号煤层，均已开采。8 号、9 号煤层大范围采空，与西部煤层风化带邻近，采空区煤层气保存条件差。15 号煤层西部采空区间存在沟通，邻近煤层风化带，因此仅将东部 15 号煤层相对独立的采空区划分为 1 个估算单元 WHX-1(图 4-32)。

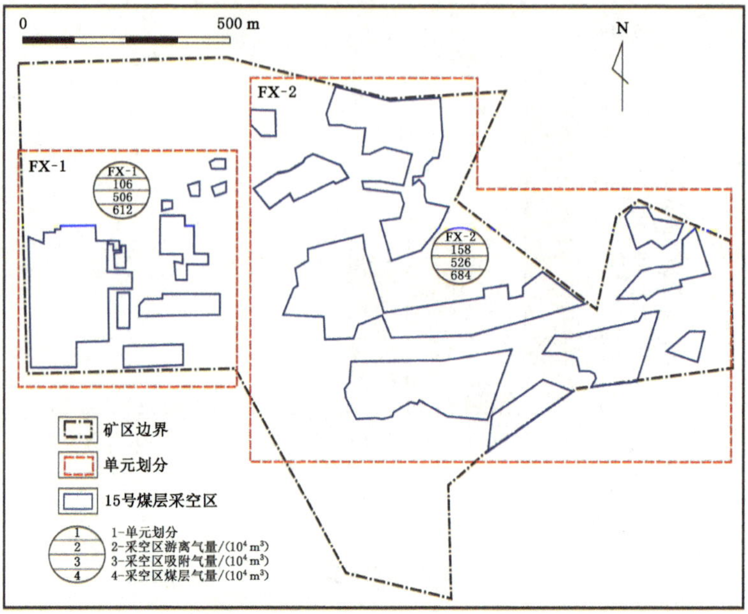

图 4-28 阳泉矿区富鑫煤矿采空区估算单元划分示意图

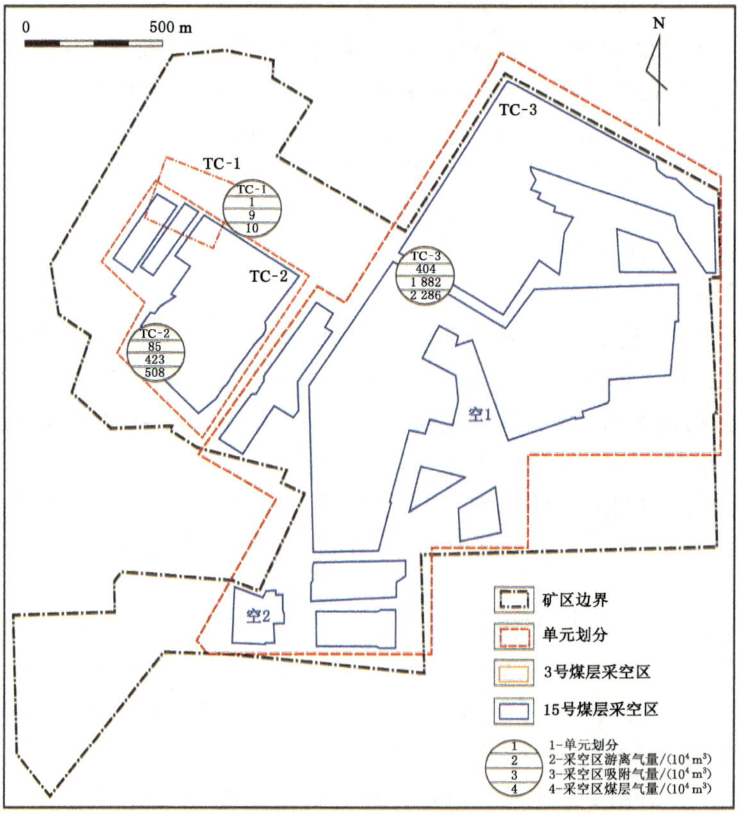

图 4-29 阳泉矿区泰昌煤矿采空区估算单元划分示意图

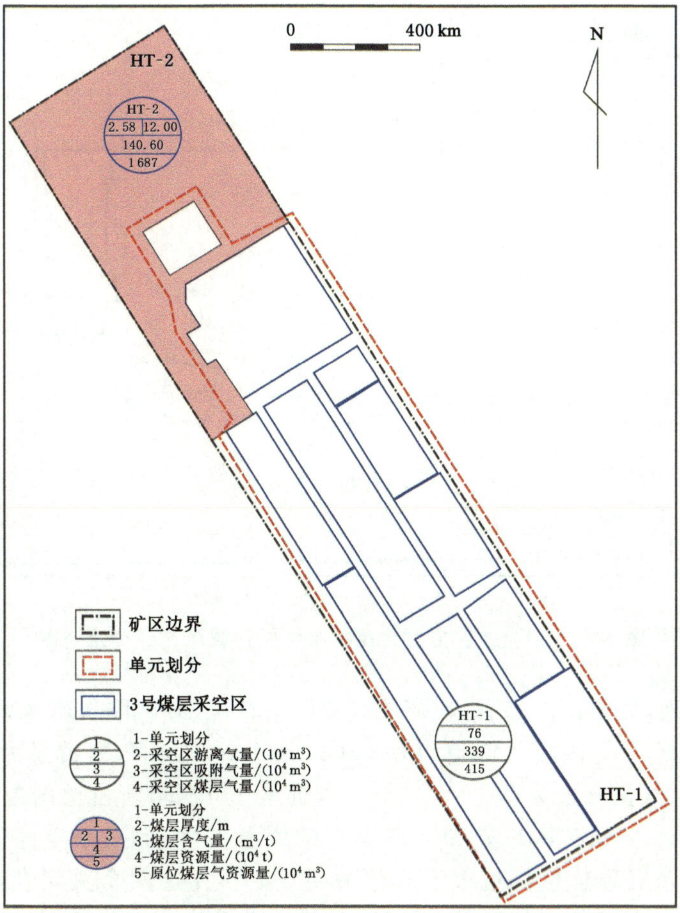

图 4-30　阳泉矿区鸿泰煤矿采空区估算单元划分示意图

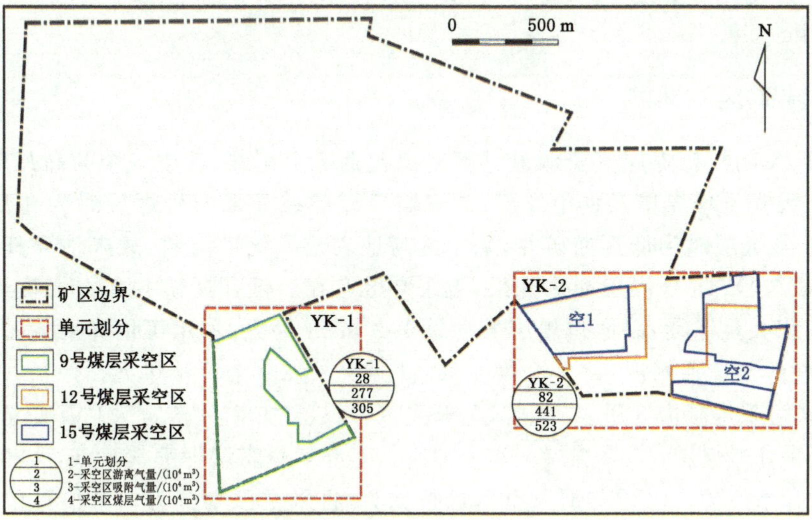

图 4-31　阳泉矿区燕龛煤矿采空区估算单元划分示意图

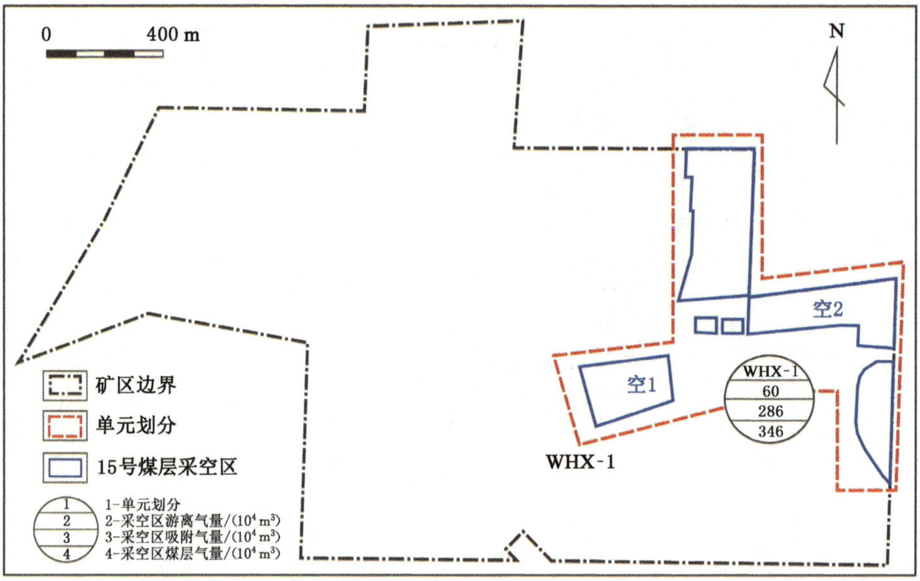

图 4-32　阳泉矿区万和兴煤矿采空区估算单元划分示意图

如表 4-24 所列，从整体上来看，在煤层气资源估算范围内，阳泉矿区关闭煤矿采空区体积为 14 001.17×10^4 m^3，游离气资源量为 8 303×10^4 m^3，吸附气资源量为 28 091×10^4 m^3，合计的采空区煤层气资源量为 36 394×10^4 m^3，游离气资源量所占比例为 22.81%。

由图 4-33 所示，阳泉矿区三矿和南庄煤矿的资源条件最好，采空区体积、游离气资源量、吸附气资源量及资源总量都远大于其他关闭煤矿。在这两个关闭煤矿中，采空区单元 SK-5、SK-6 及 NZ-2 的资源条件最佳，采空区连续成片分布，具有较好的开发前景。

由表 4-25 可知，阳泉矿区去产能关闭煤矿中，未受采动影响的原位煤层合计 6 241.76×10^4 t，原位煤层气资源量达 75 061×10^4 m^3；从资源分布来看，主要位于三矿中 SK-11 和 SK-10 单元中。

4.2.4　晋城矿区

晋城矿区关闭煤矿煤层气资源量计算对象包括 7 个矿井，其中 3 个为高瓦斯矿井，分别为演礼煤矿、天安圣华煤矿及侯甲煤矿；天安峪口煤矿在开采 3 号煤层时为高瓦斯矿井，而开采 9 号、15 号煤层时为低瓦斯矿井，采空区与地表或风化带沟通，故未估算其煤层气资源量。侯甲煤矿 3 号、15 号煤层尚未开采，无采空区存在。低瓦斯矿井如古书院矿、王台铺矿等，采空区面积大且连续，以原位煤层气含量 1.8 m^3/t 为界，划定可估算采空区单元。根据采空区上下叠置及连通情况，将 7 个煤矿采空区划分为 20 个评价单元。

演礼煤矿可采煤层为 3 号、15 号煤层，开采 3 号煤层时，矿井鉴定为高瓦斯至煤与瓦斯突出矿井，已开采 3 号煤层，15 号煤层基本未动用。南部 3 号煤层埋藏深度浅，实测煤层气含量低，煤层气保存条件差。仅对北部采空区进行估算，将采空区划分为 3 个估算单元，即 YL-1、YL-2、YL-3。将 3 号煤层未采动且煤层含气量大于 8 m^3/t 的区域划分为 1 个估算单元，即 YL-4(图 4-34)。15 号煤层含气量大于 8 m^3/t 的区域与 3 号煤层相当，划分为 YL-5 单元。

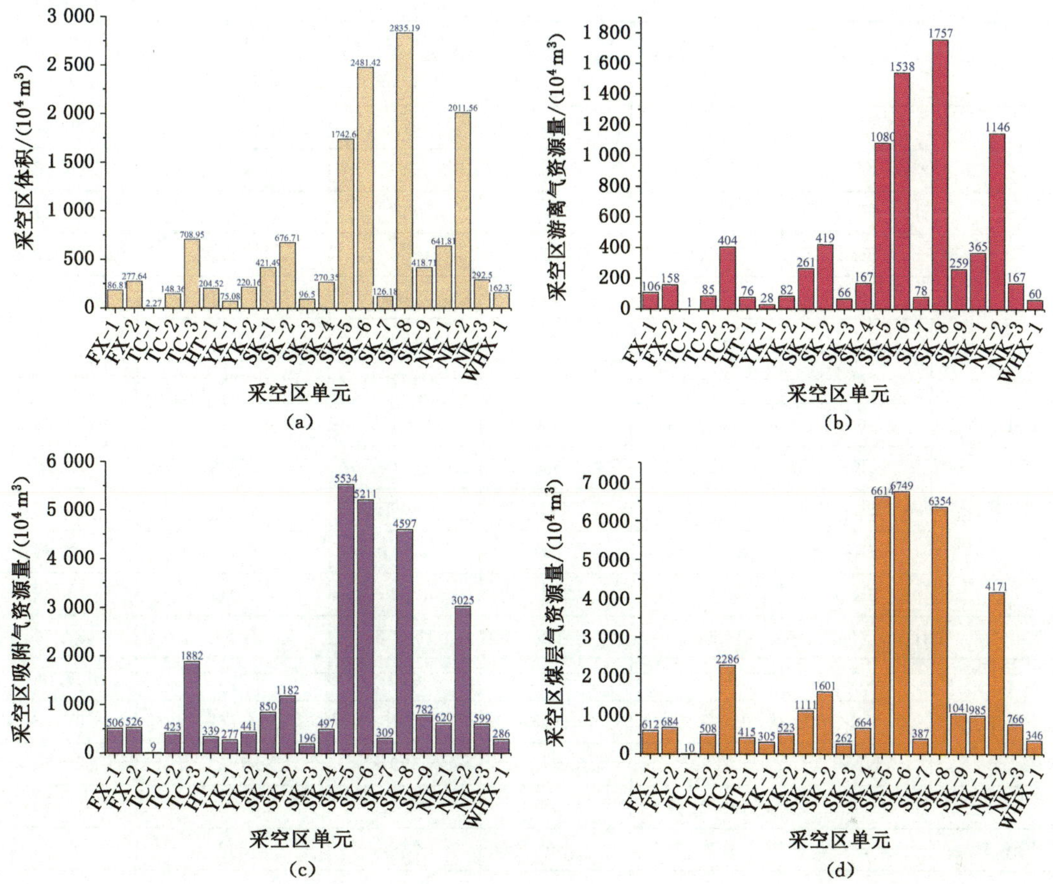

图 4-33　阳泉矿区采空区单元体积以及游离气、吸附气、煤层气资源量柱状图

表 4-24　阳泉矿区关闭煤矿采空区煤层气资源量汇总表

煤矿名称	评价单元	采空区体积/(10^4 m³)	游离气资源量/(10^4 m³)	吸附气资源量/(10^4 m³)	采空区煤层气资源量/(10^4 m³)	游离气资源量所占比例/%
富鑫	FX-1	186.81	106	506	612	17.32
	FX-2	277.64	158	526	684	23.10
小计		464.45	264	1 032	1 296	20.37
泰昌	TC-1	2.27	1	9	10	10.00
	TC-2	148.36	85	423	508	16.73
	TC-3	708.95	404	1 882	2 286	17.67
小计		859.58	490	2 314	2 804	17.48
鸿泰	HT-1	204.52	76	339	415	18.31

表 4-24(续)

煤矿名称	评价单元	采空区体积/($10^4 m^3$)	游离气资源量/($10^4 m^3$)	吸附气资源量/($10^4 m^3$)	采空区煤层气资源量/($10^4 m^3$)	游离气资源量所占比例/%
燕龛	YK-1	75.08	28	277	305	9.18
	YK-2	220.16	82	441	523	15.68
小计		295.24	110	718	828	13.29
阳泉三矿	SK-1	421.49	261	850	1 111	23.49
	SK-2	676.71	419	1 182	1 601	26.17
	SK-3	96.50	66	196	262	25.19
	SK-4	270.35	167	497	664	25.15
	SK-5	1 742.64	1 080	5 534	6 614	16.33
	SK-6	2 481.42	1 538	5 211	6 749	22.79
	SK-7	126.18	78	309	387	20.16
	SK-8	2 835.19	1 757	4 597	6 354	27.65
	SK-9	418.71	259	782	1 041	24.88
小计		9 069.19	5 625	19 158	24 783	22.70
南庄	NK-1	641.81	365	620	985	37.06
	NK-2	2 011.56	1 146	3 025	4 171	27.48
	NK-3	292.5	167	599	766	21.80
小计		2 945.87	1 678	4 244	5 922	28.34
万和兴	WHX-1	162.32	60	286	346	17.34
合计		14 001.17	8 303	28 091	36 394	22.81

表 4-25　阳泉矿区关闭煤矿原位煤层气资源汇总表

煤矿名称	估算单元	原位煤炭资源量/(10^4 t)	原位煤层气资源量/($10^4 m^3$)
南庄煤矿	NZ-4	349.82	3 149
	NZ-5	252.65	2 169
	小计	602.47	5 318
三矿	SK-10	1 216.22	17 856
	SK-11	4 057.15	48 173
	SK-12	225.32	2 027
	小计	5 498.69	68 056
鸿泰煤矿	HT-2	140.60	1 687
合计		6 241.76	75 061

天安圣华煤矿批采煤层为 3 号煤层，煤矿煤层含气量低于估算起算值 8 m^3/t。3 号煤层采空区位于煤矿北部及西部，根据采空区沟通情况，将采空区划分为 3 个估算单元，即 TA-1、TA-2、TA-3(图 4-35)。

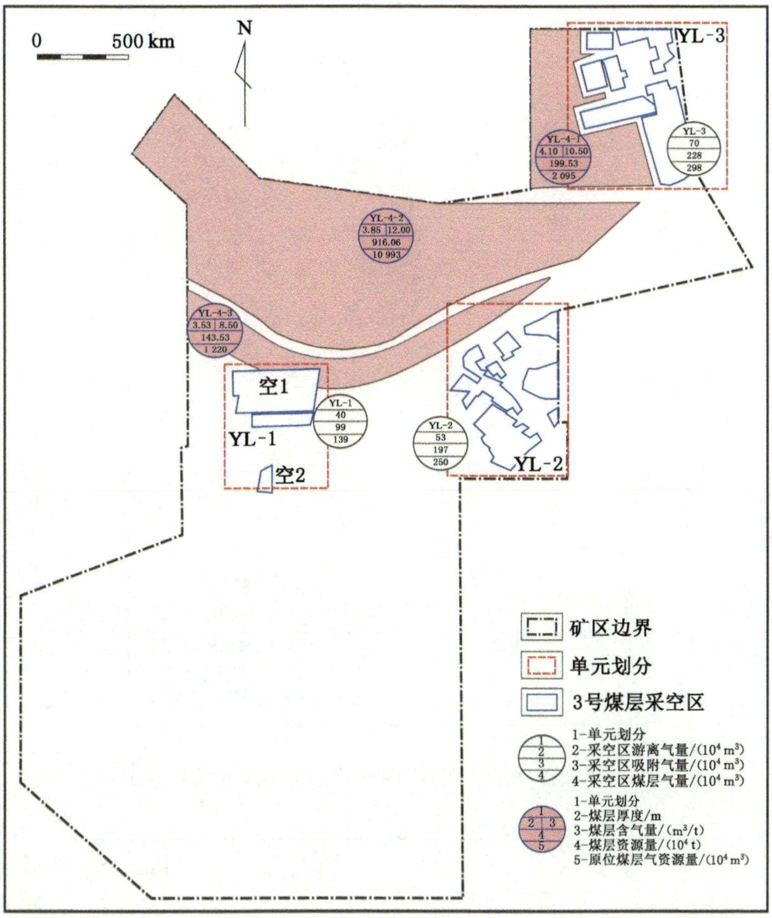

图 4-34 晋城矿区演礼煤矿采空区估算单元划分示意图

古书院煤矿可采煤层为 3 号、9 号、15 号煤层，均已开采。3 号煤层大范围采空，将北部采空区保存较好的划分为 1 个估算单元 GSY-1(图 4-36)；将 9 号、15 号煤层划分为 4 个估算单元，即 GSY-2、GSY-3、GSY-4、GSY-5(图 4-37)。

王台铺煤矿可采煤层为 3 号、9 号、15 号煤层，已开采 3 号、9 号、15 号煤层。3 号煤层大范围采空，北部、南部、东部被小窑破坏，采空区邻近煤层风化带，煤层气保存条件差。9 号、15 号煤层采空区已沟通，在保存条件较好的西部，将采空区划分为 1 个估算单元 WTP-1(图 4-38)。

凤凰山煤矿可采煤层为 3 号、9 号、15 号煤层，均已开采。3 号煤层北部有煤层风化带，将 3 号煤层南部采空区划分为 1 个估算单元 FHS-1(图 4-39)，9 号、15 号煤层为一个采空区含气单元，将采空区划分 4 个估算单元，即 FHS-2、FHS-3、FHS-4、FHS-5(图 4-40)。

北岩煤矿可采煤层为 3 号、9 号、15 号煤层，开采煤层为 3 号、9 号。北岩煤矿煤层含气量低，保存条件总体较差。将 9 号煤层保存条件较为有利的采空区划分为 3 个估算单元，即 BY-1、BY-2、BY-3(图 4-41)。

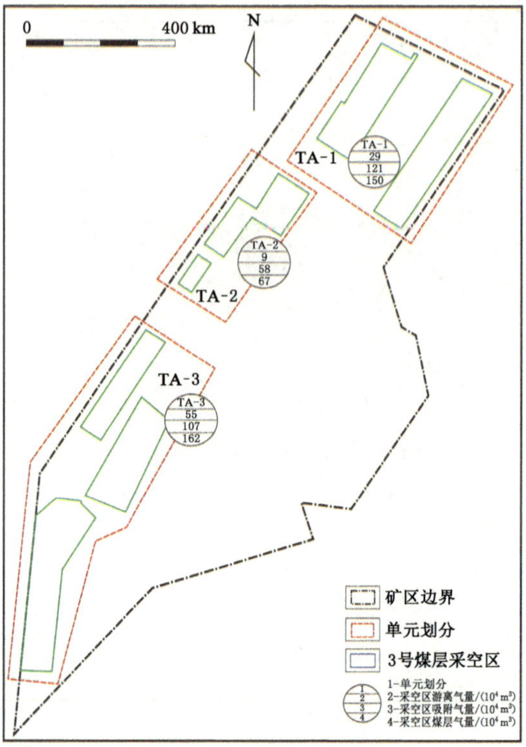

图 4-35 晋城矿区天安圣华煤矿采空区估算单元划分示意图

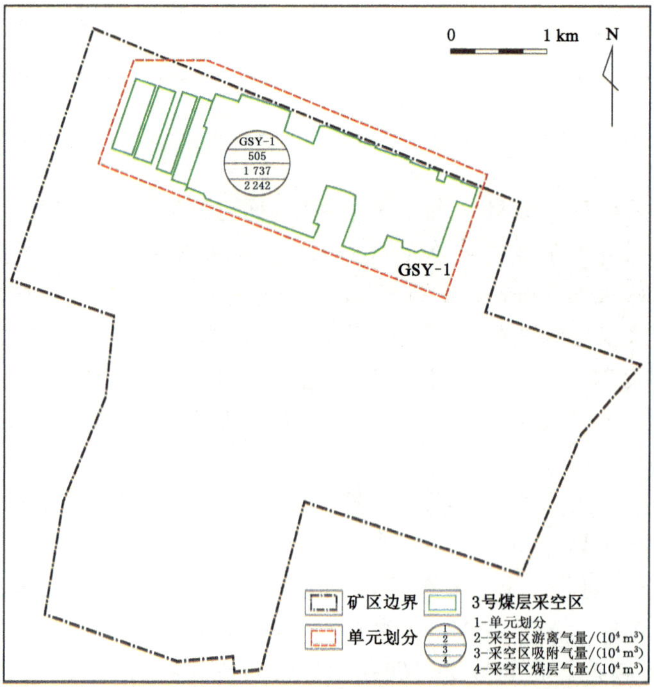

图 4-36 晋城矿区古书院煤矿 3 号煤层采空区估算单元划分示意图

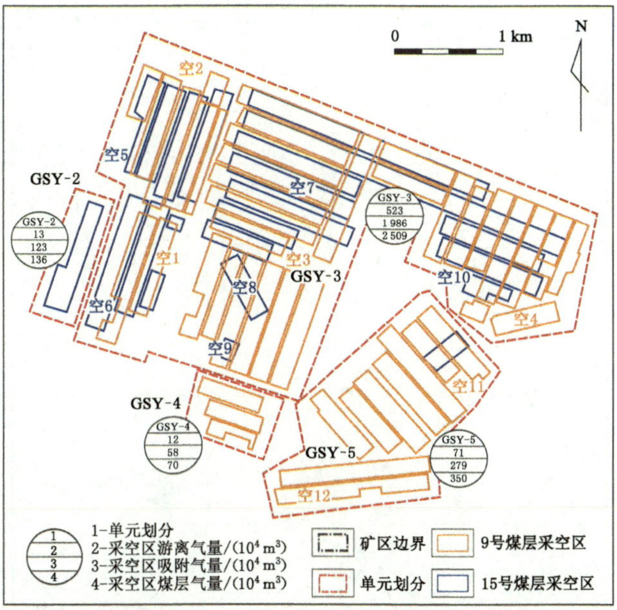

图 4-37 晋城矿区古书院煤矿 9 号、15 号煤层采空区估算单元划分示意图

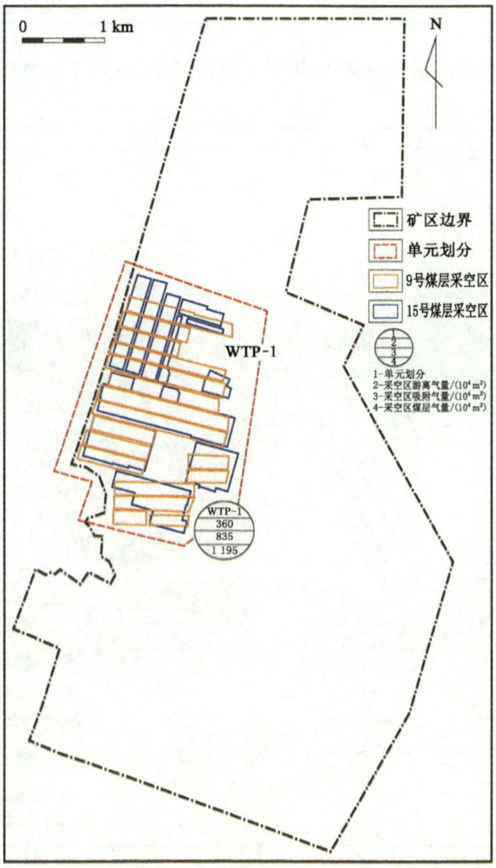

图 4-38 晋城矿区王台铺煤矿采空区估算单元划分示意图

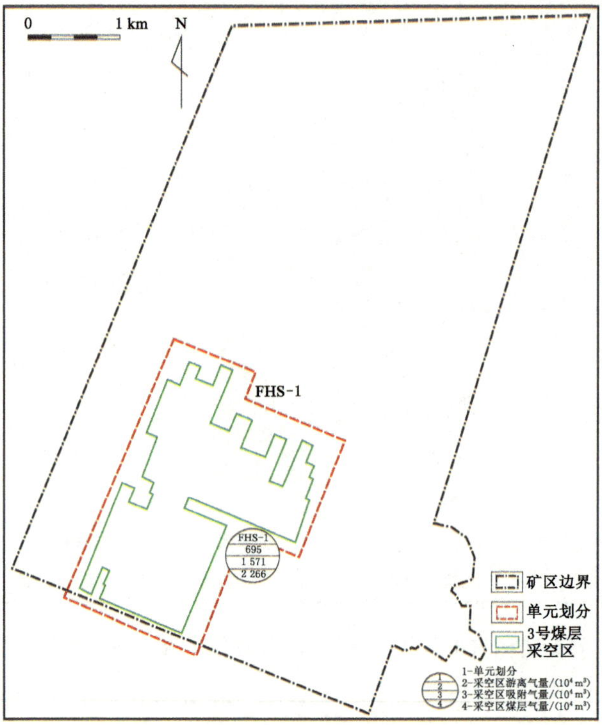

图 4-39　晋城矿区凤凰山煤矿 3 煤采空区估算单元划分示意图

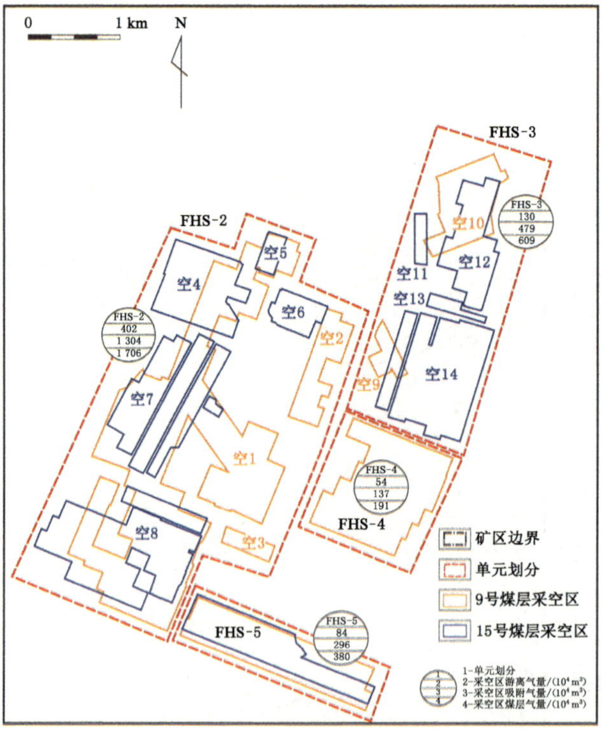

图 4-40　晋城矿区凤凰山煤矿 9 号、15 号煤层采空区估算单元划分示意图

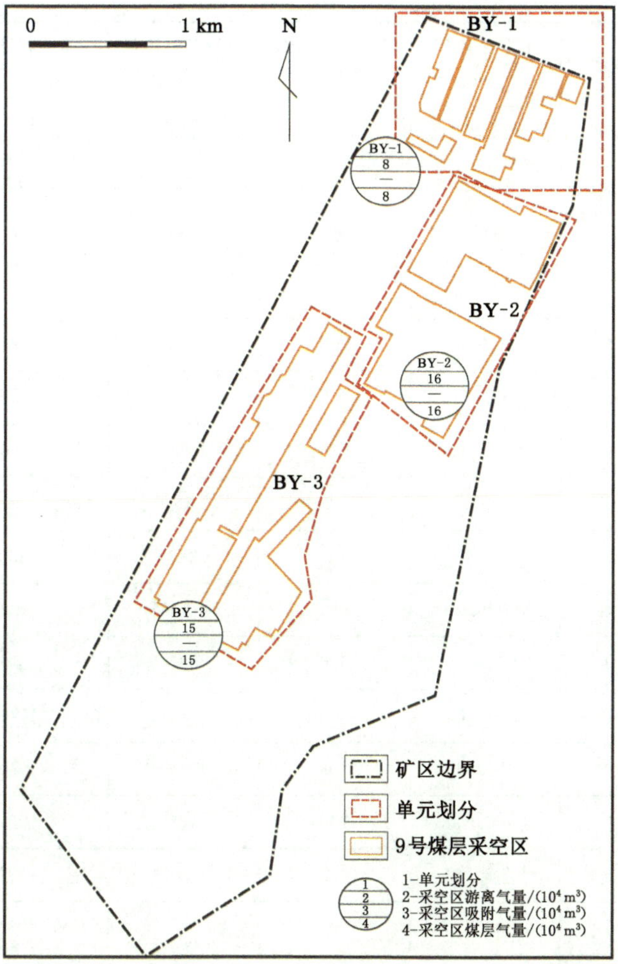

图 4-41 晋城矿区北岩煤矿采空区估算单元划分示意图

如表 4-26 所列，在资源估算范围内，晋城矿区关闭煤矿采空区体积为 8 494.33×10^4 m^3，其中大部分由低瓦斯矿井贡献，游离气资源量为 3 144×10^4 m^3，吸附气资源量为 9 615×10^4 m^3，合计采空区煤层气资源量为 12 759×10^4 m^3，游离气资源量所占比例为 24.64%。

表 4-26 晋城矿区关闭煤矿采空区煤层气资源量汇总表

煤矿名称	评价单元	采空区体积/(10^4m^3)	游离气资源量/(10^4m^3)	吸附气资源量/(10^4m^3)	采空区煤层气资源量/(10^4m^3)	游离气资源量所占比例/%
演礼	YL-1	46.71	40	99	139	28.78
	YL-2	62.31	53	197	250	21.20
	YL-3	82.29	70	228	298	23.49
小计		191.31	163	524	687	23.73

表 4-26(续)

煤矿名称	评价单元	采空区体积/($10^4 m^3$)	游离气资源量/($10^4 m^3$)	吸附气资源量/($10^4 m^3$)	采空区煤层气资源量/($10^4 m^3$)	游离气资源量所占比例/%
天安圣华	TA-1	34.23	29	121	150	19.33
	TA-2	10.03	9	58	67	13.43
	TA-3	64.86	55	107	162	33.95
小计		109.12	93	286	379	24.54
古书院	GSY-1	1 365.85	505	1 737	2 242	22.52
	GSY-2	35.82	13	123	136	9.56
	GSY-3	1 416.02	523	1 986	2 509	20.84
	GSY-4	32.88	12	58	70	17.14
	GSY-5	189.33	71	279	350	20.29
小计		3 039.90	1 124	4 183	5 307	21.18
王台铺	WTP-1	972.08	360	835	1 195	30.13
凤凰山	FHS-1	1 986.89	695	1 571	2 266	30.67
	FHS-2	1 149.30	402	1 304	1 706	23.56
	FHS-3	366.87	130	479	609	21.35
	FHS-4	155.70	54	137	191	28.27
	FHS-5	239.92	84	296	380	22.11
小计		3 898.68	1 365	3 787	5 152	26.49
北岩	BY-1	60.06	8	—	8	—
	BY-2	111.83	16	—	16	—
	BY-3	110.35	15	—	15	—
小计		282.24	39	—	39	—
合计		8 494.33	3 144	9 615	12 759	24.64

由图 4-42 所示，晋获断褶带以东低瓦斯矿井古书院矿 GSY-1、GSY-3 和凤凰山矿 FHS-1、FHS-2 的采空区体积最大，虽然甲烷浓度较低，但资源总量较大。演礼、天安圣华等高瓦斯矿井面积小，采空区体积有限，资源总量小。

由表 4-27 可知，晋城矿区去产能关闭煤矿中，未受采动影响的原位煤层合计 6 197.63×10^4 t，原位煤层气资源量达 71 325×10^4 m^3，从资源分布来看，主要位于侯甲煤矿中。

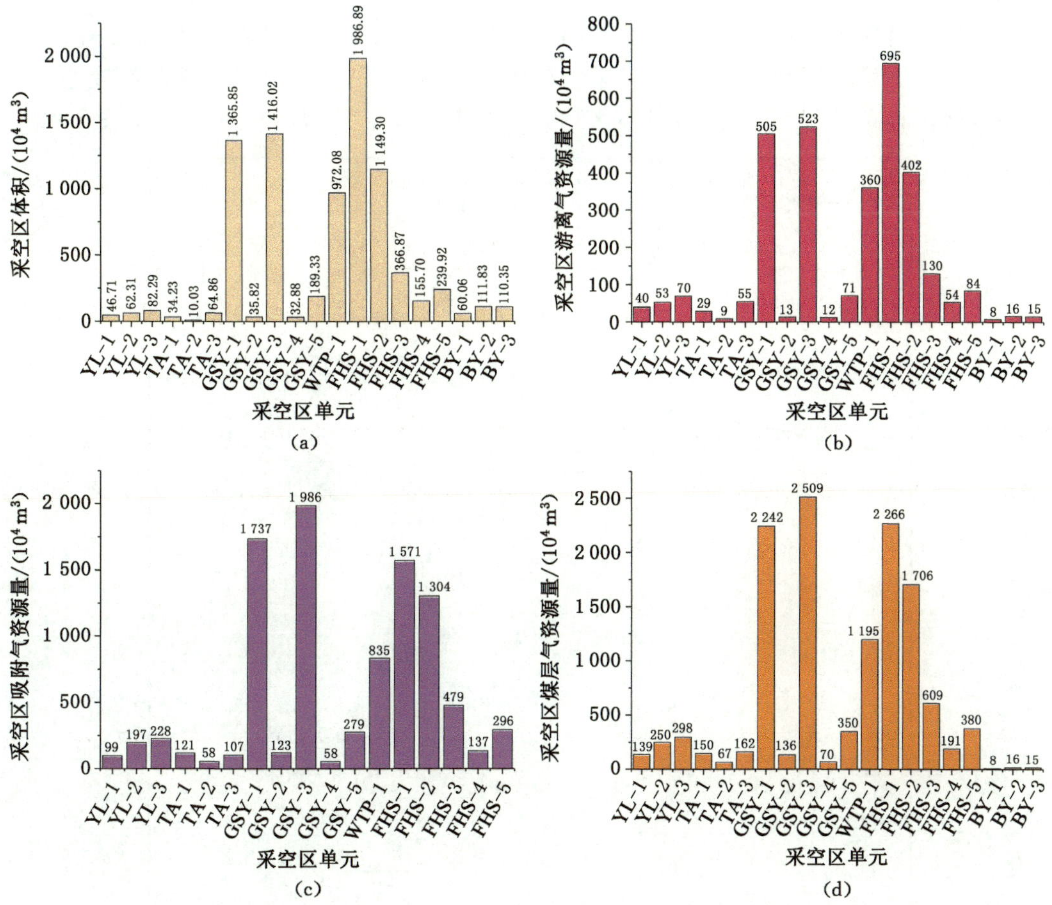

图 4-42 晋城矿区采空区单元体积以及游离气、吸附气与煤层气资源量柱状图

表 4-27 晋城矿区关闭煤矿原位煤层气资源汇总表

煤矿名称	估算单元	原位煤炭资源量/(10^4 t)	原位煤层气资源量/(10^4 m^3)
演礼煤矿	YL-4	1 259.12	14 308
	YL-5	1 043.08	12 517
	小计	2 302.20	26 825
侯甲煤矿	HJ-1	2 031.05	21 326
	HJ-2	1 864.38	23 174
	小计	3 895.43	44 500
合计		6 197.63	71 325

4.2.5 西山矿区

西山矿区关闭煤矿煤层气资源量计算对象包括 5 个矿井，其中 4 个为高瓦斯矿井，1 个为低瓦斯矿井。根据采空区上下叠置及连通情况，将 5 个煤矿划分为 11 个采空区煤层气资

源估算、评价单元。

南峪煤矿可采煤层为1号、2号、3号、4号、5号、6号、8、号、9号煤层，已采1号、2号、8号煤层。1号、2号煤层埋藏深度小，且采空区附近陷落柱发育，煤层气保存条件较差。8号煤层采空区保存条件相对较好，将采空区划分为2个估算单元，即NY-1、NY-2(图4-43)。

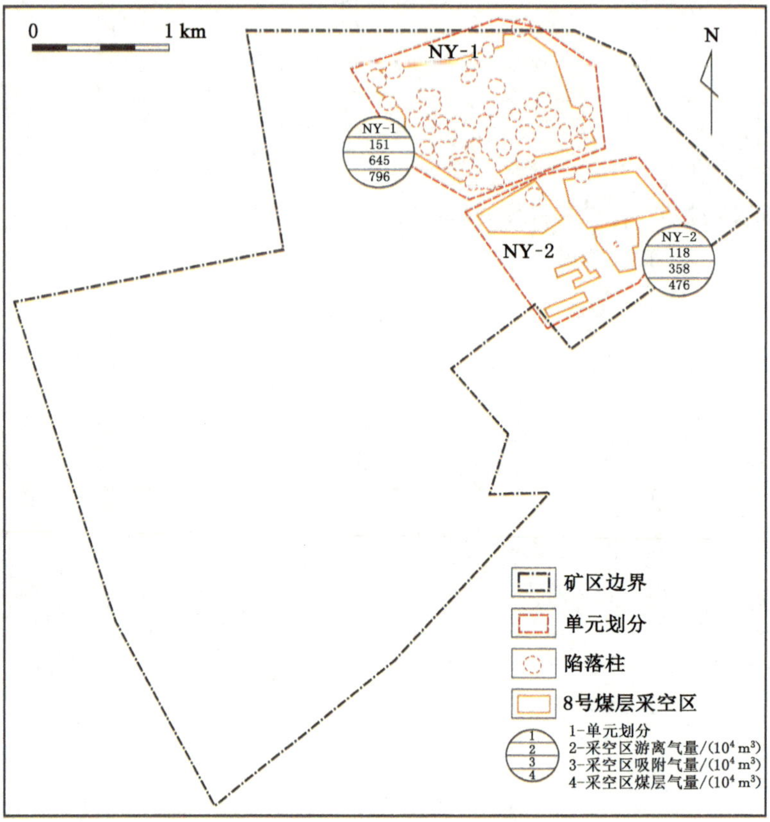

图4-43　西山矿区南峪煤矿采空区单元划分示意图

永兴煤矿可采煤层为2号、6号、8、号、9号煤层，已采2号、6号、8号、9号煤层。2号煤层采空区埋藏深度较小，煤层气保存条件差，将未与2号煤层采空区沟通的6号、8号、9号煤层采空区划分为2个估算单元，即YX-1、YX-2(图4-44)。

大成煤矿可采煤层为1号、2号、6号、8号、9号，已开采2号、8号煤层。将采空区煤层气划分为3个估算单元，即2号煤层DC-1，8号煤层DC-2、DC-3(图4-45)。

大川河煤矿可采煤层为2号、4号、7号、8号、9号，已采2号煤层，保存条件较为有利，将采空区划分为3个估算单元(图4-46)。该矿煤层气局部含气量大于4 m^3/t，达到储量估算起算值。

西峪煤矿可采煤层为2号、3号、6号、7号、8、号、9号煤层，已采2号、3号、6号、8号、9号煤层。煤矿南部均有采空区，且采空区上下沟通，因上部2号煤层埋藏较浅，煤层气保存条件差。煤矿北部2号、3号煤层采空区封闭条件相对较好，划分为1个估算单元XY-1(图4-47)。

由表4-28所示，在资源估算范围内，西山矿区关闭煤矿采空区体积为1 901.92×10^4 m^3，

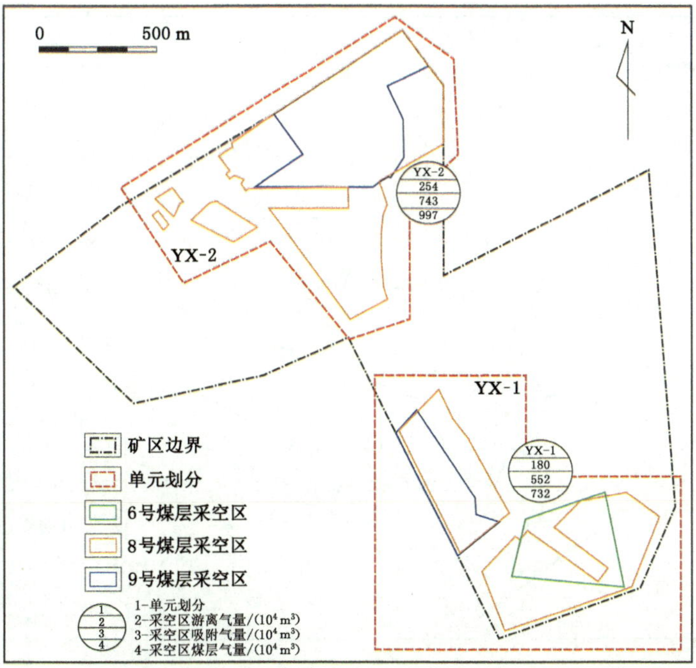

图 4-44 西山矿区永兴煤矿采空区单元划分示意图

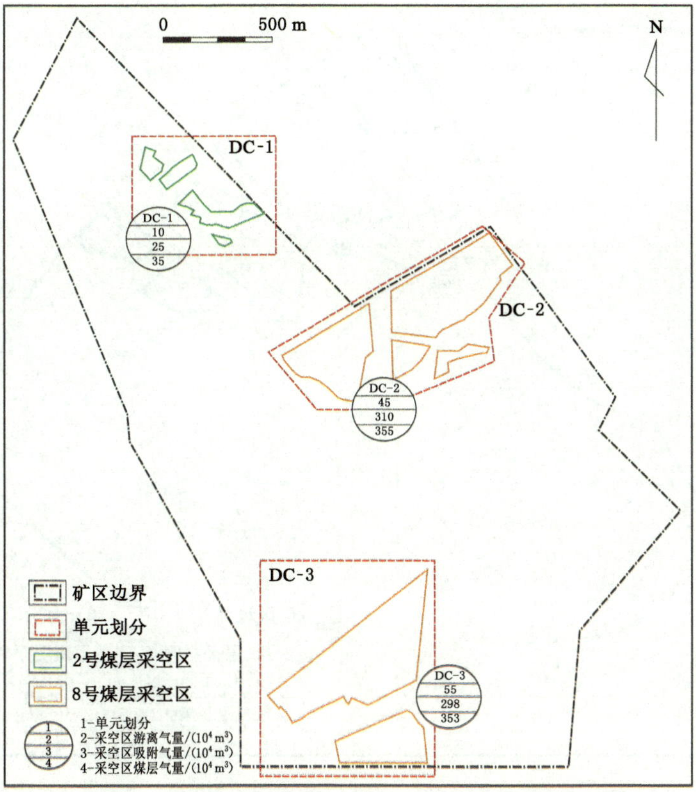

图 4-45 西山矿区大成煤矿采空区单元划分示意图

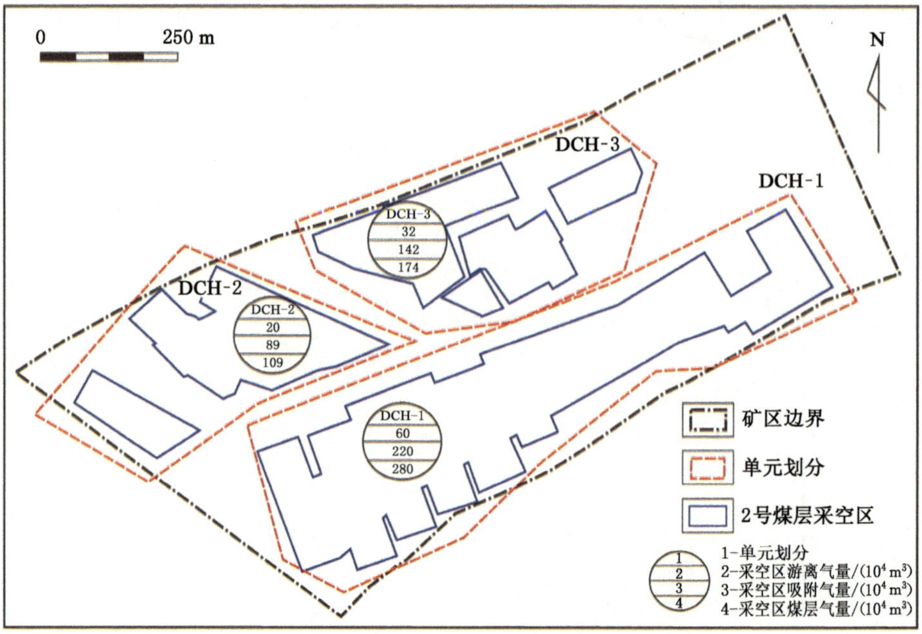

图 4-46　西山矿区大川河煤矿采空区单元划分示意图

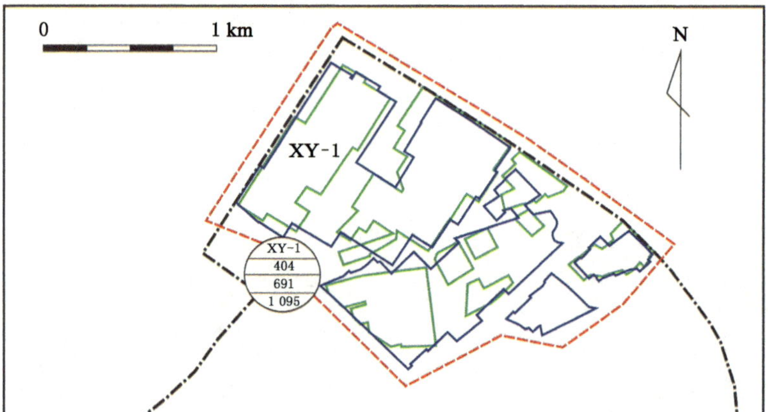

图 4-47　西山矿区西峪煤矿采空区单元划分示意图

游离气资源量为 1 329×10^4 m^3，吸附气资源量为 4 073×10^4 m^3，合计的采空区煤层气资源量为 5 402×10^4 m^3，游离气资源量所占比例为 24.60%。

表 4-28 西山矿区关闭煤矿采空区煤层气资源量汇总表

煤矿名称	评价单元	采空区体积/(10^4 m^3)	游离气资源量/(10^4 m^3)	吸附气资源量/(10^4 m^3)	采空区煤层气资源量/(10^4 m^3)	游离气资源量所占比例/%
南峪煤矿	NY-1	176.11	151	645	796	18.97
	NY-2	137.08	118	358	476	24.79
小计		313.19	269	1 003	1 272	21.15
永兴煤矿	YX-1	214.54	180	552	732	24.59
	YX-2	267.37	254	743	997	25.48
小计		481.91	434	1 295	1 729	25.10
大成煤矿	DC-1	11.89	10	25	35	28.57
	DC-2	54.56	45	310	355	12.68
	DC-3	66.82	55	298	353	15.58
小计		133.27	110	632	743	14.80
大川河煤矿	DCH-1	71.22	60	220	280	21.43
	DCH-2	23.23	20	89	109	18.35
	DCH-3	38.12	32	142	174	18.39
小计		132.57	112	451	563	19.89
西峪煤矿	XY-1	840.98	404	691	1 095	36.89
合计		1 901.92	1 329	4 073	5 402	24.60

由图 4-48 所示，西峪煤矿的采空区体积最大，南峪煤矿和永兴煤矿次之。整体而言，南峪煤矿和永兴煤矿资源条件最好，大成煤矿次之。在这两个关闭煤矿中，采空区单元 NY-1 和 YX-2 的资源条件最佳。

由表 4-29 可知，西山矿区去产能关闭煤矿中，未受采动影响原位煤层气合计 987.59×10^4 t，原位煤层气资源量达 4 868×10^4 m^3，从资源分布来看，位于大川河煤矿中。

表 4-29 西山矿区关闭煤矿原位煤层气资源汇总表

煤矿名称	估算单元	原位煤炭资源量/(10^4 t)	原位煤层气资源量/(10^4 m^3)
大川河煤矿	DCH-4	138.42	623
	DCH-5	849.17	4 245
合计		987.59	4 868

4.2.6 其他矿区

在山西省其他矿区中筛选出了王家焉、东山、联盛师庄、柳沟、下辛佛 5 个关闭煤矿作为本次资源量估算矿井。

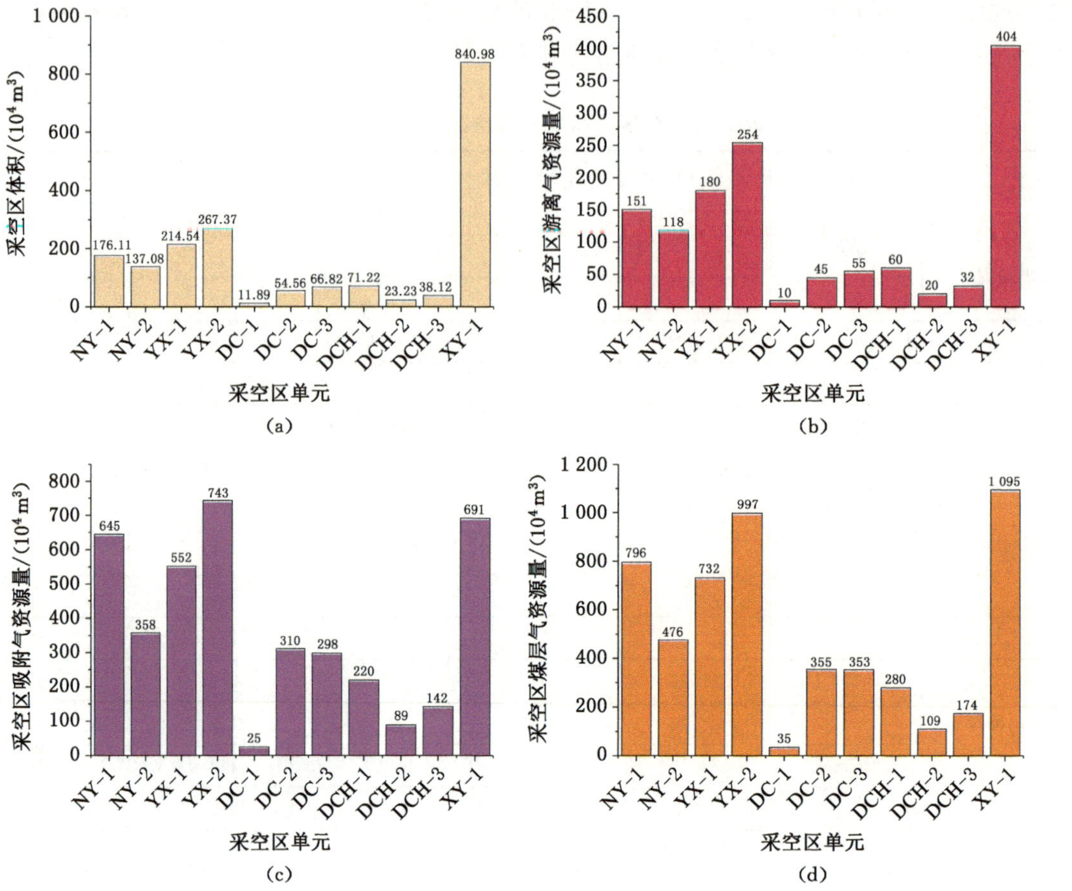

图 4-48　西山矿区采空区单元体积以及游离气、吸附气、煤层气资源量柱状图

王家焉煤矿可采煤层为 3 号、4 号、5 号、7 号、8 号，已开采 4 号、5 号煤层。煤矿东部采空区与邻近煤层风化带，而中西部采空区保存条件相对较好。将采空区划分为 2 个估算单元，即 WJY-1、WJY-2(图 4-49)。

东山煤矿可采煤层为 3 号、6 号、8 号、9 号、12 号、13 号、15 号煤层，已采 8 号、9 号、12 号、15 号煤层。8 号、9 号煤层采空区邻近煤层风化带，将 12 号、15 号煤层采空区划分为 2 个估算单元，即 DS-1、DS-2(图 4-50)。

柳沟煤矿可采煤层为 3 号、9+10 号、11 号煤层，已采 9+10 号、11 号煤层。煤矿总体含气量较低，在煤矿西部采空区煤层气保存条件相对较好，将采空区划分为 1 个估算单元 LG-1(图 4-51)。

霍东矿区下辛佛煤矿可采煤层为 9 号、10 号、11 号煤层，均已开采，采空区上下煤层沟通。煤矿总体含气量较低，将采空区划分为 3 个估算单元 XF-1、XF-2、XF-3(图 4-52)。

潞安矿区联盛师庄煤矿可采煤层为 3 号、15 号煤层，已开采 15 号煤层。煤矿总体含气量较低，将采空区划分为 2 个估算单元 LS-1、LS-2(图 4-53)。

由表 4-30 所示，在资源估算范围内，关闭煤矿采空区体积为 2 819.70×10^4 m^3，采空区游离气资源量为 1 327×10^4 m^3，吸附气资源量为 610×10^4 m^3，合计的采空区煤层气资源量为

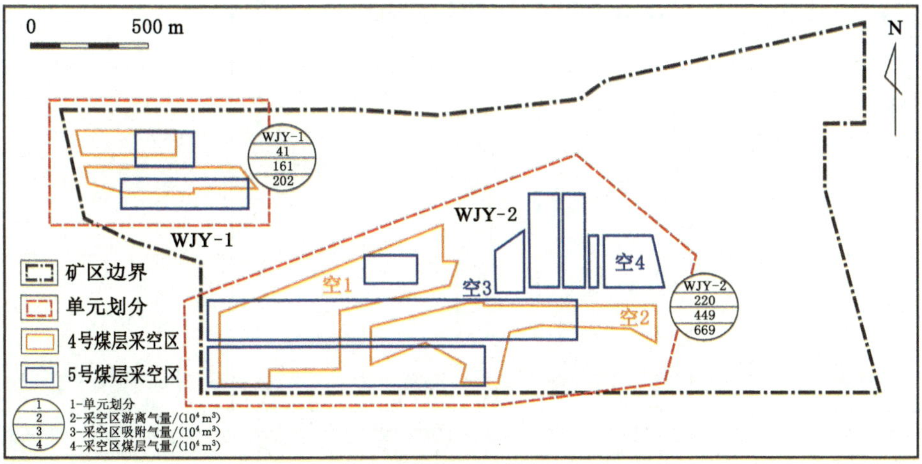

图 4-49 王家焉煤矿采空区单元划分示意图

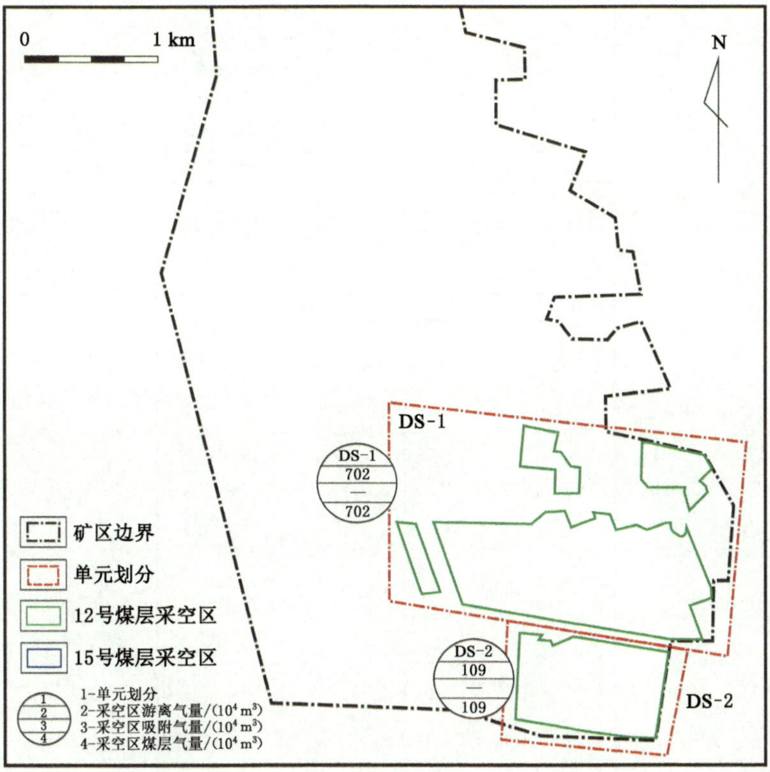

图 4-50 东山煤矿采空区单元划分示意图

1 937×10^4 m^3。而原位煤层气资源只在王家焉煤矿中赋存，其原位煤炭资源量为 1 571.97×10^4 t，原位煤层气资源量达 11 004×10^4 m^3。总的来说，离柳矿区王家焉煤矿煤层气资源条件最佳(图 4-54)。

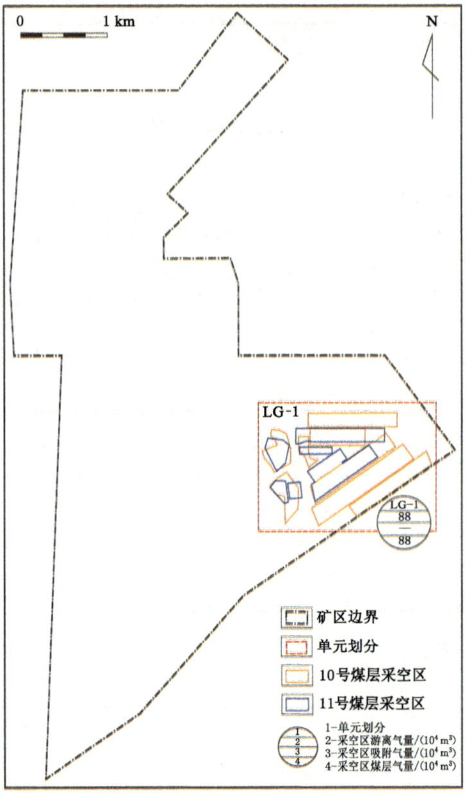

图 4-51　柳沟煤矿采空区单元划分示意图

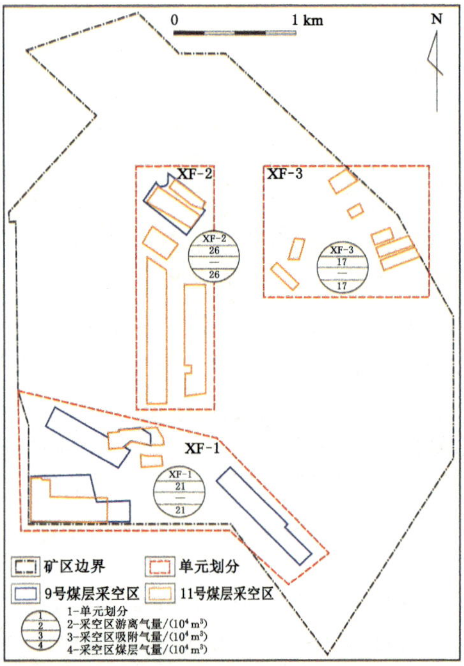

图 4-52　下辛佛煤矿采空区单元划分示意图

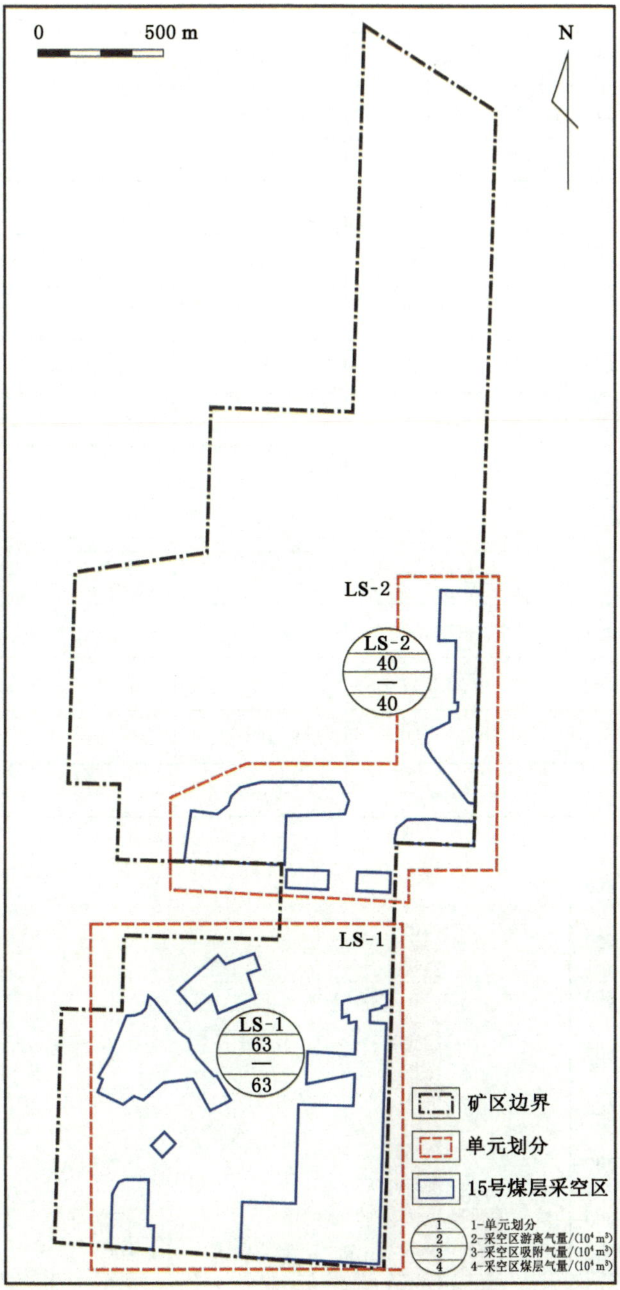

图 4-53 联盛师庄煤矿采空区单元划分示意图

表 4-30　其他矿区关闭煤矿采空区煤层气资源量汇总表

煤矿名称	评价单元	采空区体积/($10^4 m^3$)	游离气资源量/($10^4 m^3$)	吸附气资源量/($10^4 m^3$)	采空区煤层气资源量/($10^4 m^3$)
王家焉煤矿	WJY-1	60.45	41	161	202
	WJY-2	324.15	220	449	669
小计		384.60	261	610	871
东山煤矿	DS-1	1 493.87	702	—	702
	DS-2	232.33	109	—	109
小计		1 726.20	811	—	811
柳沟煤矿	LG-1	243.28	88	—	88
下辛佛煤矿	XF-1	58.25	21	—	21
	XF-2	73.35	26	—	26
	XF-3	48.22	17	—	17
小计		179.82	64	—	64
联盛师庄	LS-1	175.33	63	—	63
	LS-2	110.47	40	—	40
小计		285.80	103	—	103
合计		2 819.70	1 327	610	1 937

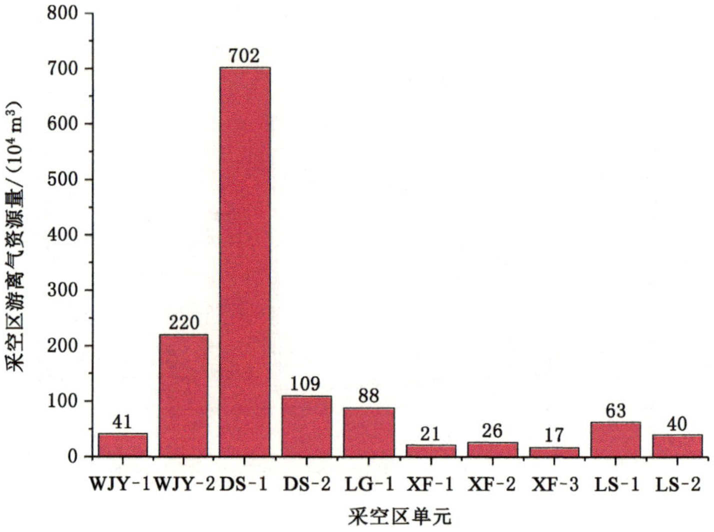

(a)

图 4-54　其他矿区各采空区单元游离气、煤层气资源量柱状图

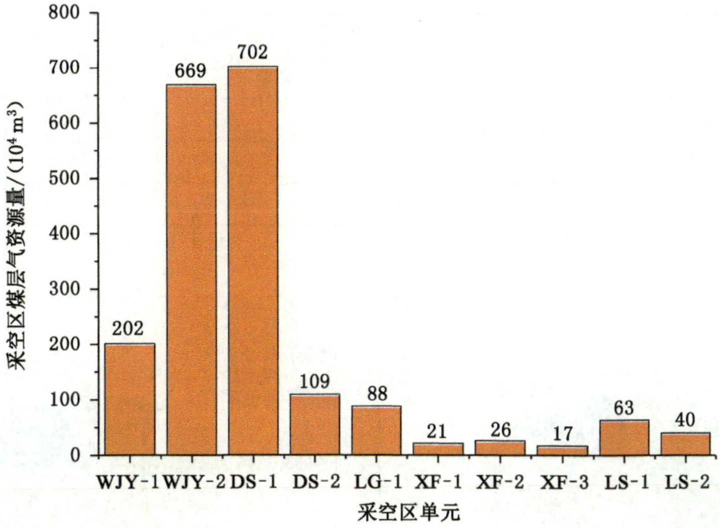

(b)

图 4-54(续)

4.3 煤层气资源分布特征

总体而言,在资源估算范围内,采空区体积达 31 625×10^4 m^3,采空区游离气资源量达 16 783×10^4 m^3,吸附气资源量达 48 416×10^4 m^3,采空区煤层气资源量合计 65 199×10^4 m^3,原位煤层气资源量达 162 258×10^4 m^3,关闭煤矿煤层气资源总量达 227 457×10^4 m^3(表 4-31)。

阳泉矿区关闭煤矿煤层气资源量达 111 455×10^4 m^3,占煤层气资源总量的 49.00%;晋城矿区次之,关闭煤矿煤层气资源量达 84 084×10^4 m^3,占比 36.97%;西山矿区关闭煤矿煤层气资源量为 10 270×10^4 m^3,占比下降明显,为 4.52%;其他矿区(离柳矿区+潞安矿区+霍东矿区)关闭煤矿煤层气资源量达 12 941×10^4 m^3,占比 5.69%。其中,阳泉矿区采空区煤层气资源量和原位煤层气资源量最大,分别为 36 394×10^4 m^3和 75 061×10^4 m^3,占各类别资源总量的 49.00%(图 4-55)。采空区煤层气资源量主要集中在阳泉矿区南庄煤矿、三矿以及晋城矿区古书院、凤凰山煤矿中,原位煤层气资源量主要集中在阳泉矿区三矿、晋城矿区侯甲煤矿和演礼煤矿中。

表 4-31 山西省关闭煤矿煤层气资源量估算表

矿区	采空区体积/(10^4 m^3)	游离气资源量/(10^4 m^3)	吸附气资源量/(10^4 m^3)	采空区煤层气资源量/(10^4 m^3)	原位煤层气资源量/(10^4 m^3)	煤层气资源总量/(10^4 m^3)
大同	4 407.79	2 680	6 027	8 707	—	8 707
阳泉	14 001.17	8 303	28 091	36 394	75 061	111 455
晋城	8 494.33	3 144	9 615	12 759	71 325	84 084

表 4-31(续)

矿区	采空区体积/($10^4 m^3$)	游离气资源量/($10^4 m^3$)	吸附气资源量/($10^4 m^3$)	采空区煤层气资源量/($10^4 m^3$)	原位煤层气资源量/($10^4 m^3$)	煤层气资源总量/($10^4 m^3$)
西山	1 901.92	1 329	4 073	5 402	4 868	10 270
其他	2 819.70	1 327	610	1 937	11 004	12 941
合计	31 625	16 783	48 416	65 199	162 258	227 457

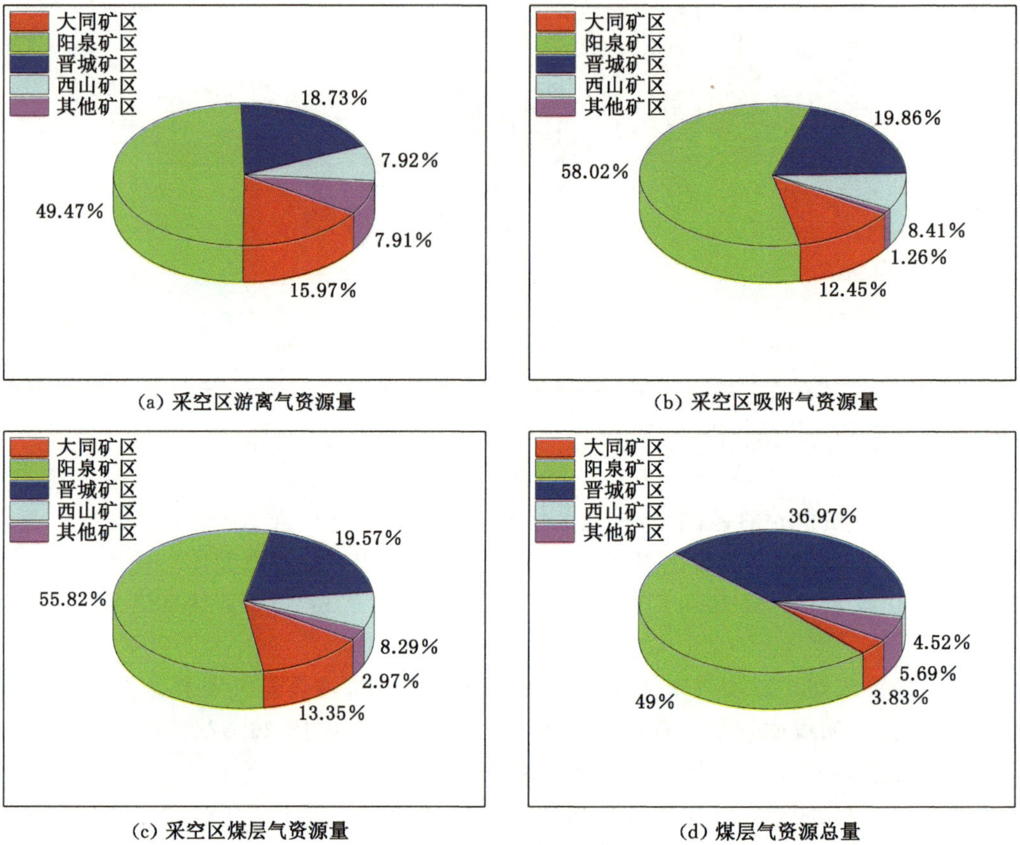

图 4-55 山西省关闭煤矿煤层气资源量分布饼状图

5 关闭煤矿水资源特征

5.1 矿井水赋存条件

山西省属于温带大陆性季风气候，四季分明，山西南北部气候差异较为显著。年平均气温为 4～14 ℃，年平均降水量为 360～620 mm，降水多集中在六、七、八月份。山西为独特的山地性高原水文地质单元。在此单元中，地下水类型、富水性、埋藏条件、水质以及地下水补给、径流、排泄受地层岩性、地质构造和地貌等诸多因素的控制。

山西省煤炭资源丰富且开采历史悠久，新中国成立前多为小煤窑开采，主要开采浅部煤层的煤炭资源，新中国成立后随着煤炭开采技术的更新，煤层逐渐向深部开采，导致存在大面积的小窑古空及采空区。随着时间的推移，采空区积水已经大面积形成，长期的积水甚至充满采空区。

基于目前已有的 158 座去产能关闭煤矿资料，统计了六大矿区的采空区的分布及采空区积水情况。据山西省政府统计，山西省因采煤造成的采空区面积目前已达 5×10^9 m²，其中大同煤田侏罗系煤层已大部分采空，西山煤田的山西组已大部分采空，其余煤田多开采山西组煤层。开采形成的采空区积水层数，大同煤田侏罗系煤层较多，全省山西组次之，太原组较少(杨飞，2018)。

5.2 矿井水资源量

5.2.1 大同矿区

据已有的大同矿区关闭煤矿资料，大同矿区包含 25 座关闭煤矿，其中晋华宫矿南山井未关闭，山西大同新东西沟矿缺少资料。其余 23 座关闭煤矿采空区水资源量相关参数如表 5-1 所列。

表 5-1 大同矿区各煤矿矿井水资源量相关参数统计

矿井名称	井田面积/km²	煤层编号	煤厚或采高/m	采空面积/($\times10^4$ m²)	采空体积/($\times10^4$ m³)
同生宏达矿	3.230 4	2	1.55	140.00	217.00
		3	1.51	18.00	27.18

表 5-1(续)

矿井名称	井田面积/km^2	煤层编号	煤厚或采高/m	采空面积/($\times10^4$ m^2)	采空体积/($\times10^4$ m^3)
瑞丰矿	1.358 3	11-2	2.47	135.90	335.68
		11-3	1.35	33.46	45.17
		12	2.24	27.79	62.24
		13	1.57	29.94	47.00
安盛欣矿	3.336 0	10	1.66	92.40	140.07
		11	2.41	70.95	149.36
梅花沟矿	1.304 6	11	2.46	85.75	210.94
		12	1.08	63.50	68.58
		14	2.76	614.12	1 694.96
大斗沟矿	31.815 3	14	2.51	—	—
峰子涧矿	1.350 5	11	3.69	53.65	187.20
同家梁矿	24.901 3	7	0.59	122.10	72.04
		8	0.82	263.49	216.06
		9	0.61	1.28	0.78
		11-2	3.87	5.87	22.73
		12-1	3.24	3.72	12.06
		14-2	2.81	6.38	17.94
		15-1	0.06	20.50	1.23
		15-2	0.42	3.43	1.44
后沟矿	2.778 0	14	2.45	154.59	380.80
东周窑矿	12.423 0	11-1	2.00	133.46	258.02
		11-2	1.28	13.92	18.23
		12	1.97	241.11	797.28
		13-2	1.87	87.02	191.73
雁崖矿	17.262 8	3	2.73	184.71	504.27
		7	1.62	97.30	157.63
		11-2	0.94	555.87	522.52
		14-2	2.40	611.42	1 467.42
		14-3	1.05	414.45	435.18
		15	1.03	17.85	18.39
杏儿沟矿	14.765 6	12	1.19	92.87	110.51
		14	3.68	410.02	1 508.88

表 5-1(续)

矿井名称	井田面积/km²	煤层号	煤厚或采高/m	采空面积/(×10⁴ m²)	采空体积/(×10⁴ m³)
同地店湾矿	10.489 5	3	1.61	—	—
		7	2.11	—	—
		11	2.06	—	—
		13	2.59	—	—
西周窑矿	1.531 8	12	2.15	67.53	149.97
		13-2	9.09	28.77	70.23
同地北杏庄矿	3.810 2	12	2.23	277.36	618.52
		13	2.49	116.15	289.22
同地红沟梁矿	6.185 4	3	3.58	—	—
		7	3.10	—	—
		12	2.09	—	—
		13-2	2.64	—	—
新峪矿	1.466 5	4	5.14	111.89	435.25
		5	7.23	83.80	465.50
		8	2.71	64.28	171.01
右玉元堡矿	26.407 9	9	14.33	292.67	4 193.94
		11	4.17	504.53	2 103.91
高山矿	9.570 0	5-1	7.55	280.48	2 117.60
		5	3.57	39.76	141.96
		6	0.76	6.34	4.82
		8-1	2.40	11.60	27.85
		8	4.06	83.71	339.87
马营矿	4.407 7	3	2.30	121.13	278.59
		5	9.42	95.96	903.99
晋泰矿	12.463 4	11	5.00	—	—
玉皇山矿	4.976 9	3	5.16	105.33	543.53
		5	3.80	82.53	313.60
		8	5.96	46.42	276.69
南泉湾矿	8.599 4	5	9.42	158.64	1 494.38
马口矿木代井	11.181 8	7	1.79	246.95	442.04
		11-1	2.90	230.98	669.85
		11-2	1.66	40.31	66.91
		12	1.18	3.69	4.36
		13-2	2.68	117.27	314.27

同地店湾矿开采煤层底板标高位于矿区最低侵蚀基准面之上，故对积水不做计算。根据上述方法，计算出大同矿区 22 座关闭煤矿采空区蓄积静储量及允许开采动储量（表 5-2）。

表 5-2 大同矿区各矿井采空区蓄积静储量及允许开采动储量

矿井名称	矿井正常涌水量/(m^3/h)	矿井最大涌水量/(m^3/h)	推测预估动储量/(m^3/h)	正常富水系数/(m^3/t)	采空区蓄积静储量/($\times10^4 m^3$)	允许开采动储量/($\times10^4 m^3$/年)
同生宏达	9.30	14.70	12.00	0.123	73.25	10.51
瑞丰矿	10.00	13.75	11.50	0.176	147.02	10.07
安盛欣矿	2.70	3.75	3.00	0.048	86.82	2.63
梅花沟矿	7.20	15.15	11.00	0.190	592.34	9.64
大斗沟矿	158.00	194.00	176.00	1.043	91.30	154.18
峰子涧矿	5.00	8.30	6.00	0.132	56.16	5.26
同家梁矿	235.00	440.00	337.50	2.659	103.28	295.65
后沟矿	1.38	2.08	2.00	0.036	114.24	1.75
东周窑矿	6.25	12.50	8.30	0.165	379.58	7.27
雁崖矿	133.30	187.40	160.00	1.173	931.61	140.16
杏儿沟矿	5.13	16.79	11.00	0.045	485.82	9.64
同地店湾	35.58	40.67	0	0.626	0	0
西周窑矿	4.17	7.21	5.20	0.110	66.06	4.56
北杏庄矿	5.00	8.75	6.50	0.088	272.31	5.69
红沟梁矿	5.80	6.70	6.30	0.102	11.30	5.52
新峪矿	3.33	4.16	4.00	0.088	5.13	3.50
右玉元堡	108.00	189.40	234.00	0.285	1 889.35	204.98
高山矿	166.70	250.00	210.00	1.100	789.62	183.96
马营矿	35.00	40.00	9.00	0.308	354.77	7.88
晋泰矿	10.67	17.00	14.00	0.070	395.00	12.26
玉皇山矿	2.30	6.00	3.75	0.015	340.14	3.29
南泉湾矿	7.30	13.30	10.00	0.048	448.31	8.76
马口矿木代井	33.30	42.50	37.00	0.293	449.23	32.41
合计	—	—	—	—	8 082.64	1 119.57

为了更加直观地显示出大同矿区各关闭煤矿采空区蓄积静储量与允许开采动储量，采用 Origin 2018 绘制出大同矿区各矿井采空区蓄积静储量与允许开采动储量图（图 5-1、图 5-2）。

根据图 5-1 可知，大同矿区水资源采空区蓄积静储量最大的是山西右玉元堡煤业有限责任公司，为 1.89×10^7 m^3；不考虑同地店湾矿（位于侵蚀基准面之上），采空区蓄积静储量最小的是大同煤矿集团朔州朔煤新峪煤矿，仅为 5.13×10^4 m^3。根据图表，估算出大同矿

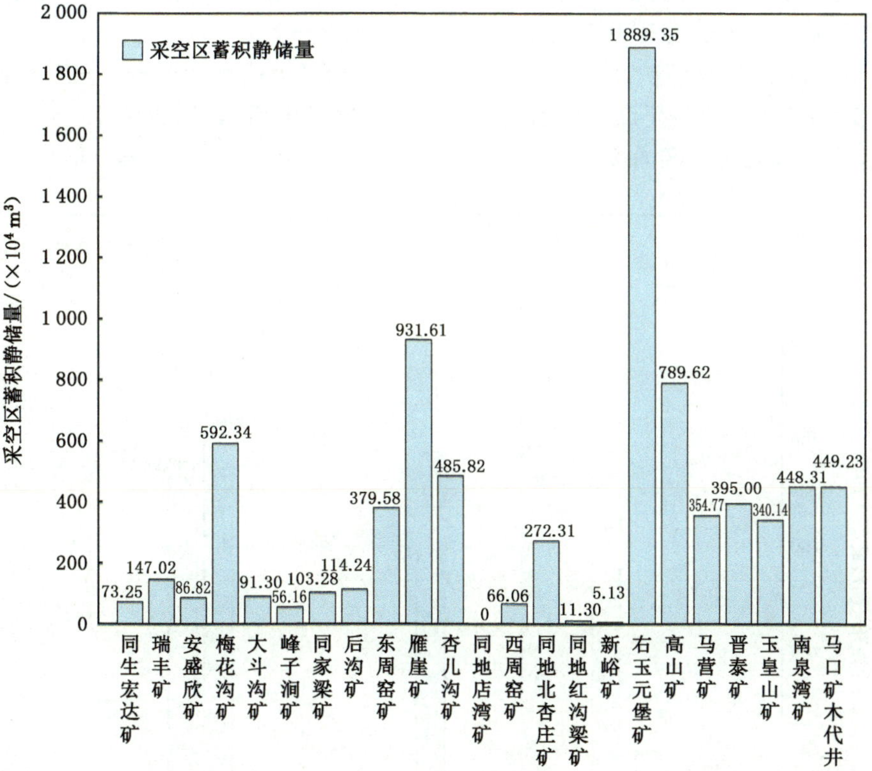

图 5-1 大同矿区各矿井采空区蓄积静储量

区的 22 座煤矿采空区蓄积静储量为 8.08×10^7 m³。

根据山西右玉元堡矿水文地质条件可知，在 9 号煤层开采后，地表已经有地裂缝，大气降水及地表水会通过煤层采掘时产生的导水裂缝带进入采空区。煤系砂岩裂隙水经冒落带、导水裂缝带直接进入矿井，是直接充水水源。根据导水裂缝带高度计算，11 号煤层与 9 号煤层的间距为 10.2～64.2 m(平均 50 m)，11 号煤层导水裂缝带最大高度为 57.62 m，开采 11 号煤层时，上覆 9 号煤层采空区积水对其有影响。9 号煤层底板标高约为 1 110 m，由于断层交会处，奥灰富水性远远强于正常地段，突水危险性大。

根据朔煤新峪矿相关资料可知，其井田内没有地表充水水源，大气降水是地下水的主要补给来源。浅层地下水充水水源主要包括冲积层孔隙含水层以及风化裂隙含水层等，这些含水层中的水大多为矿井间接充水水源。砂岩裂隙水分布于各煤层之间的砂岩裂隙中，属直接充水水源。奥陶系灰岩岩溶裂隙含水层，是本区煤系下伏主要含水层。由于 5 号、8 号煤层底板标高均高于奥陶系灰岩的水位标高，不属于带压开采区，奥陶系灰岩水一般不会导致突水事故。构成矿井涌水的直接通道主要为采动裂隙和构造裂隙(断层、节理)，砂岩孔隙渗透作用微弱。

综上所述，山西右玉元堡矿水量大的原因在于煤层开采后产生的地裂缝延伸至地表，煤系砂岩水是矿井直接充水水源。开采的 9 号煤层与 11 号煤层之间具有水力联系，同时受断层的影响，奥灰水极易补给采空区。朔煤新峪矿涌水量最小的原因在于其充水水源不足，其矿井充水水源主要为大气降水补给。5 号、8 号煤层底板标高高于奥陶系灰岩水位标高，因此奥陶系灰岩不会与矿井产生水力联系。

根据图 5-2 可知，大同矿区允许开采动储量最大的是大同煤业股份有限公司同家梁矿，为 2.96×10^6 m^3/年；最小允许开采动储量是山西大同矿区后沟矿，仅为 1.75×10^4 m^3/年。根据图表，估算出大同矿区的 22 座煤矿允许开采动储量为 1.12×10^7 m^3/年。

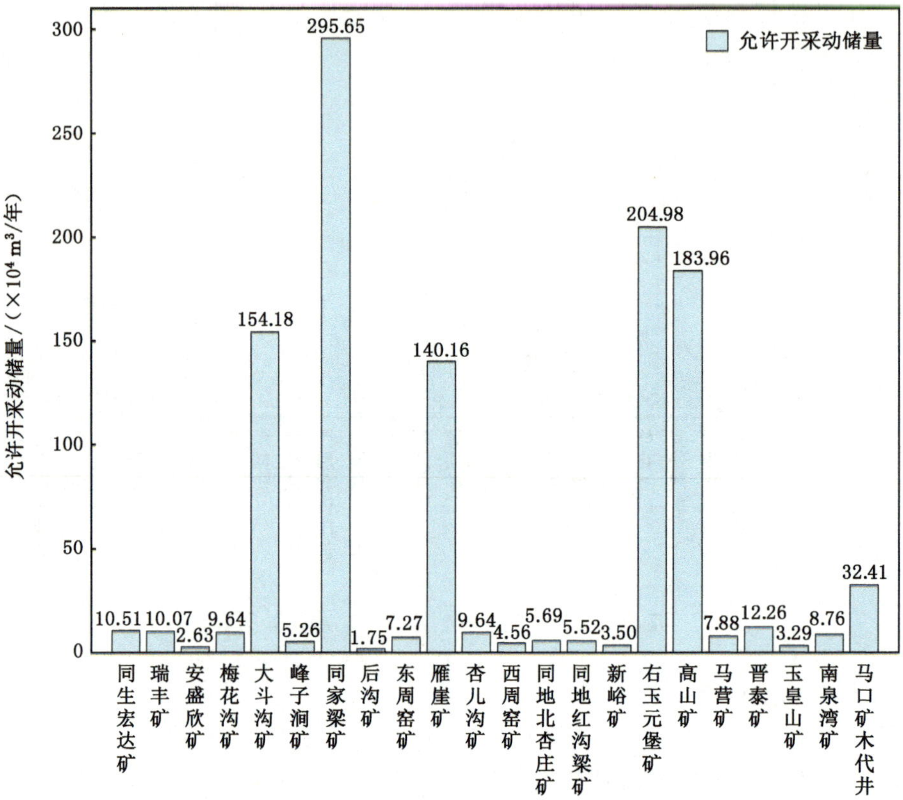

图 5-2 大同矿区各矿井允许开采动储量

现对同家梁矿充水因素进行分析，矿井充水因素主要分为充水水源及充水通道两大部分。对同家梁矿来说，充水水源主要有大气降水、地表水以及含煤地层上覆含水层水。对于大气降水与地表水，同家梁矿处于口泉河沿岸，侏罗系大同组煤层经过长时间的开采，形成顶板导水裂缝带，导致口泉河成为渗透性河谷。尤其在雨季时期，大量洪水通过导水裂缝带渗透至井下。对于煤层上覆含水层水，太原组砂岩裂隙含水层为矿坑的主要充水含水层。但是各主要可采煤层的充水含水层富水性较弱，在煤层开采初期，由于顶板裂隙充入矿井，前期矿井涌水量较大，后期趋于枯竭，主要靠大气降水补给。因此，同家梁矿采空区最主要的充水水源为大气降水与地表水。同家梁矿开采煤层的充水通道主要为煤层顶板岩层裂缝，开采煤层的导水裂缝带。井田采煤方法为综采，含煤地层的岩性以砾岩、砂岩和砂质泥岩等坚硬岩类为主。因此，在煤层埋藏的浅部，导水裂缝带可直达地表，下部煤层在开采时沟通上部煤层采空区，从而间接沟通大气降水与地表水，造成涌水量较大，进而导致允许开采动储量较大。

对于后沟矿，根据区内含水层的水文地质特征，以及地下水的补、径、排条件的变化情况进行分析，主要的充水因素有 2 个方面：

① 侏罗系含煤地层露头接受大气降水补给，为开采侏罗系煤层的直接充水水源。根据钻孔简易水文观测资料分析，11 号煤层至 K_{11} 砂岩底富水性相对较好，其余地层富水性极弱，均可视为相对隔水层。近年来周边各煤矿开采排水，导致区域水位逐年下降，含水层可能不承压。

② 大气降水及地表水沿原生裂隙、构造裂隙以及煤层开采产生的裂隙补给侏罗系煤层上部采空区，采空区积水通过导水裂隙补给下部含煤地层采空区，为煤层开采的间接充水因素。

综上所述，同家梁矿水量较大的原因在于侏罗系大同组煤层经过长时间的开采，顶板导水裂缝带的大量形成，导致大气降水与地表水成为矿井主要的充水水源。后沟矿直接充水水源是侏罗系含煤地层间的裂隙含水层组，此含水层组由于近年来煤层的开采，水位逐渐下降，从而造成矿井涌水量减小，导致允许开采动储量较小。

5.2.2 阳泉矿区

据已有的阳泉矿区关闭煤矿资料可知，阳泉矿区包含 11 座关闭煤矿，其中阳泉三矿裕公井无资料，阳泉五矿五林井未关闭，阳泉三矿无采空区资料。因此，统计其余 8 座关闭煤矿采空区水资源量相关参数，如表 5-3 所列。

表 5-3 阳泉矿区相关煤矿矿井水资源量相关参数统计

矿井名称	井田面积/km^2	煤层编号	煤厚或采高/m	采空面积/($\times10^4$ m^2)	采空体积/($\times10^4$ m^3)
万和兴矿	3.425 3	8	1.86	226.25	420.83
		9	1.86	452.05	840.81
		15	6.40	174.80	1 118.72
燕龛矿	4.423 4	9	2.80	—	—
		12	1.33	—	—
		15	7.30	—	—
和泰荫营矿	8.927 8	12	1.41	5.00	7.05
		15	6.52	5.76	37.56
鸿泰矿	1.611 1	3	2.58	17.87	46.10
南庄矿	12.571 7	3	1.09	—	—
		6	1.17	—	—
		12	1.28	—	—
		15	5.88	—	—
富鑫矿	4.851 7	6	1.06	40.13	42.54
		15	5.93	200.31	1 187.86

表 5-3(续)

矿井名称	井田面积/km^2	煤层编号	煤厚或采高/m	采空面积/($\times10^4$ m^2)	采空体积/($\times10^4$ m^3)
泰昌矿	4.071 2	3	0.99	—	—
		6	1.58	—	—
		15	0.95	—	—
陈家庄矿	15.552 6	15	5.77	401.27	2 315.33

根据上述方法，计算出阳泉矿区 10 座煤矿采空区蓄积静储量及允许开采动储量。阳泉矿区各煤矿采空区蓄积静储量及水资源量数据如表 5-4 所列。

表 5-4　阳泉矿区各煤矿采空区蓄积静储量及允许开采动储量

矿井名称	矿井正常涌水量/(m^3/h)	矿井最大涌水量/(m^3/h)	推测预估动储量/(m^3/h)	正常富水系数/(m^3/t)	采空区蓄积静储量/($\times10^4 m^3$)	允许开采动储量/($\times10^4 m^3$/年)
万和兴矿	20.80	29.20	25.00	0.25	714.10	21.90
燕龛矿	38.30	178.20	55.00	0.253	21.40	48.18
和泰荫营	10.00	20.00	14.00	0.132	13.38	12.26
阳泉三矿	34.20	45.42	40.00	0.16	0	35.04
鸿泰矿	25.00	56.25	40.60	0.439 9	13.83	35.57
南庄矿	70.00	100.00	85.00	0.277 2	7.60	74.46
富鑫矿	26.67	53.33	38.00	0.32	369.12	33.29
泰昌矿	14.25	28.54	22.00	0.188 1	14.10	19.27
五矿五林井	75.03	80.16	0	0.135 1	0	0
陈家庄矿	1.97	3.95	2.50	0.026	694.60	2.19
合计	—	—	—	—	1 848.13	282.16

为了更加直观地显示出阳泉矿区各煤矿采空区蓄积静储量与允许开采动储量，采用 Origin 2018 绘制出阳泉矿区各矿井采空区蓄积静储量与允许开采动储量图（图 5-3、图 5-4）。

阳泉矿区采空区蓄积静储量最大的是山西阳泉盂县万和兴矿，为 7.14×10^6 m^3，最小采空区蓄积静储量是阳泉市南庄矿，仅为 7.60×10^4 m^3。根据图表，估算出的阳泉矿区的 8 座煤矿采空区蓄积静储量为 1.85×10^7 m^3。

盂县万和兴区域井田位于娘子关泉域南部强径流带的富水区，娘子关泉是我国北方极大的岩溶泉之一。泉域奥灰岩溶水赋存面积广，水量丰富，径流条件好，水质好。根据相关资料可知，对于盂县万和兴井田，大气降水在河流处汇集下渗，为煤层的间接充水水源。井田 15 号煤层顶板主要含水层为太原组灰岩岩溶裂隙含水层，主要包括 3 层薄层灰岩含水层，这三层薄层灰岩含水层总厚度为 11.86 m。15 号煤层采动影响下产生的导水裂缝带会导通灰岩裂隙含水层，与地表水形成顶板导水通道。而对于底板含水层，井田 15 号煤层底

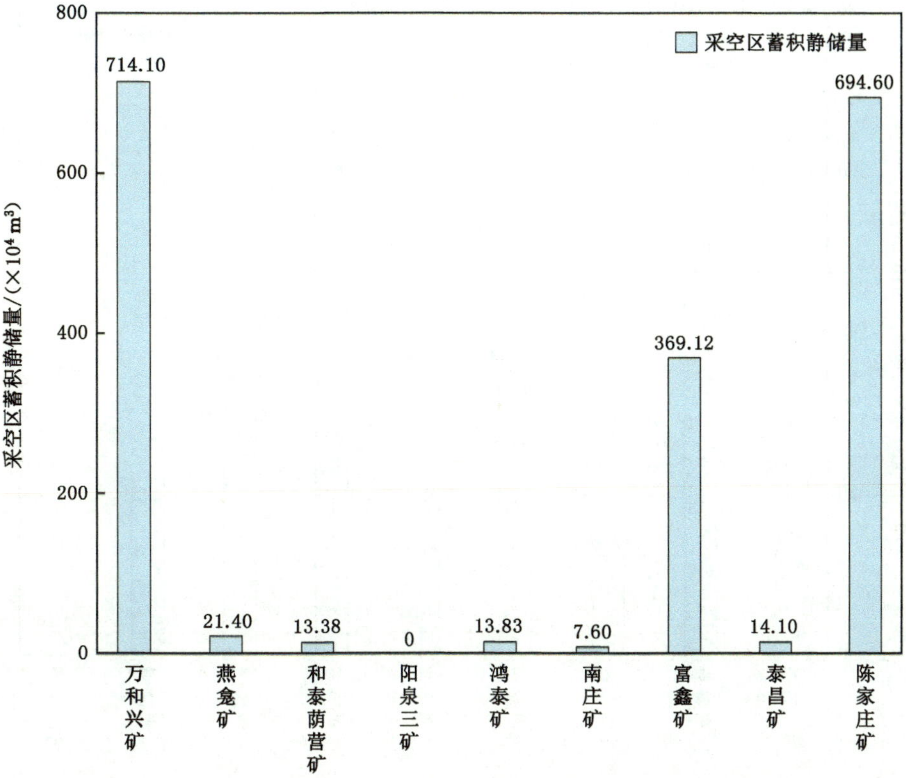

图 5-3 阳泉矿区各矿井采空区蓄积静储量

板含水层主要为奥陶系中统灰岩岩溶裂隙含水层。15 号煤层底板采动破坏带深度预计在 21.89 m 以内，奥陶系水位低于 15 号煤层最低处约 160 m 且上石炭统本溪组隔水层厚度大，因此，奥灰岩溶地下水不会对 15 号煤层开采形成威胁。

对于南庄矿，井田地下水的补给来源主要为大气降水。岩溶地下水位于娘子关泉域西北东部，属区域岩溶水径流区，地下水总体流向为由北向南。大气降水对各基岩含水层的补给条件较差，平面同一含水层仅能接受侧向水源的补给，纵向不同含水层通过断层或裂隙进行补给。井田内含水层大多受采掘破坏影响，含水层单位涌水量较小，补给充水条件一般。

综上所述，盂县万和兴矿采空区积水主要来源为 15 号煤层顶板灰岩含水层，该灰岩层在采动影响下产生导水裂缝带，与地表水形成顶板导水通道；井田位于泉域强径流区的富水区，补给条件较好且采空区体积较大。因此，盂县万和兴矿采空区蓄积静储量较大。对于南庄矿，据资料显示，南庄矿有开采几十年历史的矿井，其井田内已产生大面积的采空区。但是，根据其水文地质条件，矿井补给条件一般，因而采空区蓄积静储量较小。

根据图 5-4 可知，阳泉矿区允许开采动储量最大的是阳泉市南庄矿，为 7.45×10^5 m^3/年；允许开采动储量最小的是山西平定古州陈家庄矿，仅为 2.19×10^4 m^3/年。根据图表，估算出的阳泉矿区的 9 座煤矿允许开采动储量为 2.82×10^6 m^3/年。

对于南庄矿，采空区蓄积静储量较小，但是其允许开采动储量较大。南庄矿充水因素

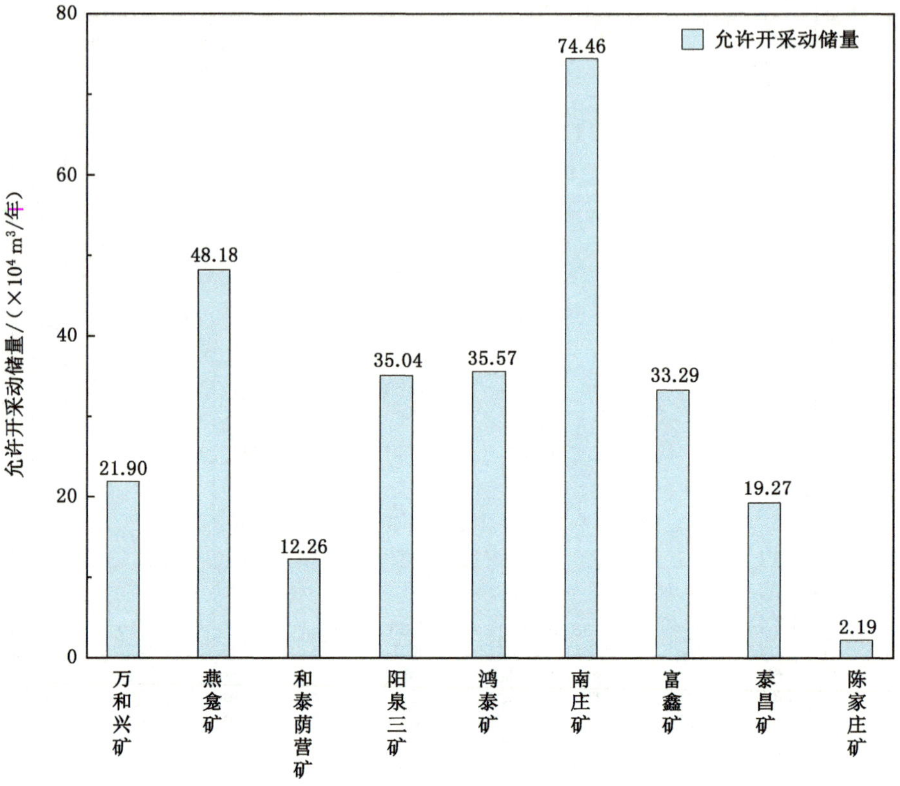

图 5-4　阳泉矿区各矿井允许开采动储量

分析:煤层开采后,大气降水部分通过基岩裂隙、采空塌陷所产生的导水裂隙及松散沉积物孔隙进入矿井,成为矿井充水的间接补给来源。矿井涌水量受降水季节变化影响,降水结束后,矿井涌水量显著增大,呈现明显的动态变化特征。影响煤层开采的主要地下水源有煤层顶部砂岩以及底板灰岩含水层,受构造影响,尤其在向斜轴部区段,裂隙发育破坏带,富水性较强。在煤层埋深较浅处,含水层通过风化裂隙带能够轻易接受地表水及大气降水的补给,特别是在井田的北部及东北部地区,由于含水层埋深较浅,补给方便,含水量较为丰富。从地质构造角度来说,向斜轴部十分有利于地下水的流动汇集,当开采向斜轴部的煤层时,矿井涌水量会显著增加,导致允许开采动储量增大。

对于陈家庄矿,井田内太原组含水层含水性微弱,第四系松散层沉积厚度小,含水条件较差,虽奥陶系岩溶含水层组含水性强,但 15 号煤层最低开采标高为 625 m,奥陶系岩溶含水层最高水位标高为 415 m,对矿井生产无影响。因而矿井涌水量较小,允许开采动储量也较小。

综上所述,大气降水与富水性较强的直接充水含水层是南庄矿的主要充水水源,且向斜轴部有利于地下水的汇集,因而矿井涌水量增大,允许开采动储量增大。对于陈家庄矿,含水层的含水性较差,矿井涌水量较小,因而允许开采动储量较小。

5.2.3 晋城矿区

据已有的晋城矿区关闭煤矿资料可知，晋城矿区包含26座关闭煤矿，除古书院矿、凤凰山矿、阳城侯甲矿、阳城演礼矿无详细采空区资料外，其余煤矿采空区水资源量相关参数较全，如表5-5所列。

表 5-5 晋城矿区各煤矿矿井水资源量相关参数统计

矿井名称	井田面积/km^2	煤层编号	煤厚或采高/m	采空面积/(×$10^4 m^2$)	采空体积/(×$10^4 m^3$)
科兴高良矿	1.040 1	3	5.11	56.65	288.92
店上矿	2.150 0	3	5.03	76.22	383.37
崇安北关矿	5.140 7	15	3.87	241.87	936.05
崇安附城矿	3.533 6	15	2.49	9.91	24.68
天安恒源矿	5.354 2	3	4.06	154.83	628.60
		15	2.26	10.05	22.72
晋圣凤红矿	3.096 2	3	5.75	62.50	359.35
		9	1.50	3.78	5.67
古书院矿	25.418 0	15	1.90	—	—
王台铺矿	33.703 2	15	2.50	1 129.25	2 823.13
天安广利矿	2.135 8	9	1.50	110.40	165.59
		15	2.60	50.26	130.67
天安隆东矿	6.074 8	9	0.55	30.01	16.50
		15	0.55	151.34	83.24
凤凰山矿	29.348 5	3	6.10	—	—
		9	1.70	—	—
		15	2.27	—	—
晋圣七岭矿	2.877 6	9	1.51	70.76	106.85
		15	2.24	23.03	51.58
天安高都矿	5.863 8	15	2.58	63.94	164.96
北岩矿	10.191 4	3	5.98	796.05	4 760.38
		9	1.38	231.28	319.16
晋圣鸿升煤业	2.754 4	3	3.22	20.11	64.74
		15	1.81	15.69	28.40
天安吴王山矿	4.156 3	3	3.63	150.36	545.81
		9	1.35	171.76	231.88
		15	2.24	34.01	76.18
天安峪口矿	2.881 4	3	5.83	66.04	385.04
		9	1.33	9.92	13.19
		15	2.78	8.19	22.76

表 5-5(续)

矿井名称	井田面积/km^2	煤层编号	煤厚或采高/m	采空面积/($\times 10^4 m^2$)	采空体积/($\times 10^4 m^3$)
天安圣华矿	1.059 1	3	6.65	26.04	173.18
阳城侯甲矿	3.638 1	—	—	—	—
阳城演礼矿	9.919 1	3	3.73	—	—
翼城中卫青洼矿	2.765 8	2	2.33	100.58	234.35
		15	2.93	33.64	98.58
翼城汇峡矿	5.311 9	2	2.36	24.73	58.36
		15	3.17	49.18	155.90
翼城下交矿	4.654 3	2	0.85	324.74	276.03
		15	3.51	143.58	503.96
翼城森杰矿	13.071 7	2	3.07	223.47	686.04
		9+10	3.73	309.73	1 155.31
翼城河寨矿	11.110 9	2	2.76	491.20	1 355.70
中强福山矿	8.476 3	9+10	5.58	300.30	1 675.67

除天安峪口矿无资料，晋城矿区其余关闭煤矿根据上述方法，计算出了采空区蓄积静储量及允许开采动储量(表 5-6)。

表 5-6 晋城矿区各关闭煤矿采空区蓄积静储量及允许开采动储量

矿井名称	矿井正常涌水量/(m^3/h)	矿井最大涌水量/(m^3/h)	推测预估动储量/(m^3/h)	正常富水系数/(m^3/t)	采空区蓄积静储量/($\times 10^4 m^3$)	允许开采动储量/($\times 10^4 m^3$/年)
科兴高良矿	8.33	25.00	36.22	0.146 6	86.84	31.73
店上矿	110.00	150.00	135.00	1.935 5	115.01	118.26
崇安北关矿	3.30	5.40	0	0.058 7	0	0
崇安附城矿	1.50	2.40	0	0.025 7	0	0
天安恒源矿	20.80	22.90	21.87	0.275 0	195.40	19.16
晋圣凤红矿	12.21	18.75	15.48	0.214 8	109.50	13.56
古书院矿	483.00	657.00	570.00	1.275 1	13.63	499.32
王台铺矿	660.78	1 105.00	36.79	2.012 8	846.93	32.23
天安广利矿	31.25	38.13	3.50	0.549 9	88.88	3.07
天安隆东矿	24.80	27.20	25.50	0.436 4	29.92	22.34
凤凰山矿	398.25	897.03	648.00	0.788 5	30.10	567.65
晋圣七岭矿	68.71	103.13	85.90	1.208 9	47.52	75.25
天安高都矿	6.70	9.60	8.50	0.088 0	49.48	7.45
北岩矿	267.91	396.80	300.00	3.537 0	95.74	262.80

表 5-6(续)

矿井名称	矿井正常涌水量/(m^3/h)	矿井最大涌水量/(m^3/h)	推测预估动储量/(m^3/h)	正常富水系数/(m^3/t)	采空区蓄积静储量/(×10^4 m^3)	允许开采动储量/(×10^4 m^3/年)
晋圣鸿升矿	25.69	41.25	34.00	0.452 0	202.75	29.78
天安吴王山矿	14.80	37.50	26.14	0.260 3	256.17	22.90
天安峪口矿	—	—	0	—	0	0
天安圣华矿	0.42	0.55	12.00	0.010 0	51.95	10.51
阳城侯甲矿	27.25	53.4	40.00	0.240 0	0	35.04
阳城演礼矿	16.00	31.50	24.00	0.140 0	12.00	21.02
中卫青洼矿	8.33	12.88	5.00	0.110 0	99.87	4.38
翼城汇嵘矿	6.38	9.63	7.50	0.084 2	64.27	6.57
翼城下交矿	33.00	60.00	47.00	0.435 6	233.99	41.17
翼城森杰矿	13.34	20.00	25.00	0.176 0	552.40	21.90
翼城河寨矿	5.75	9.58	3.00	0.075 9	406.71	2.63
中强福山矿	12.50	21.25	16.90	0.110 0	502.69	14.80
合计	—	—	—	—	4 091.50	1 863.52

崇安北关矿与崇安附城矿开采煤层底板标高位于矿区最低侵蚀基准面之上，因此，对此二矿不予估算；天安峪口矿缺少相关资料，不予估算。

为更加直观地显示出晋城矿区各煤矿采空区蓄积静储量及允许开采动储量，采用 Origin 2018 绘制出了晋城矿区各煤矿采空区蓄积静储量及允许开采动储量图(图 5-5、图 5-6)。

由此，晋城矿区采空区蓄积静储量最大的是山西晋城无烟煤矿业集团公司王台铺矿，为 8.47×10^6 m^3，采空区蓄积静储量最小的是山西煤炭运销集团阳城演礼矿，仅为 1.20×10^5 m^3。根据图表，估算出的晋城矿区的 22 座煤矿采空区蓄积静储量为 4.09×10^7 m^3。

根据王台铺矿充水因素分析结果可知，大气降水可通过孔隙及相互沟通的煤层顶板冒落带下渗，是矿井采空区充水的主要来源。王台铺矿开采 3 号、5 号、9 号煤层。井田内 3 号、9 号煤层开采多年，形成了大面积的采空区，且由于开采裂隙的影响，3 号煤层的导水裂缝带可直达地表，产生大量的采空区积水，局部区域会沟通 3 号煤层采空区与 9 号煤层而发生水力联系，致使 9 号煤层采空区因 3 号煤层采空区而充水。由于 15 号煤层开采裂隙带高度大于 9 号煤层底板高度，因此 15 号煤层采空区会沟通 9 号煤层甚至是部分 3 号煤层采空区，从而造成 15 号煤层采空区大量积水。

根据演礼矿充水因素分析结果可知，演礼矿 3 号煤层可采资源位于井田北部，埋藏较深，大气降水一般不会对矿井充水。据调查，井口及工业广场周边标高均高于历史最高洪水位，区内井口及工业广场一般不受地表水影响。对于地下水，3 号煤层的主要水源是裂隙含水层水，往往当采掘工作面揭露裂隙水含水层时涌水进入井巷的工作面，其特点是涌水量较小。因此，3 号煤层的充水水源较少，3 号煤层采空区积水较少。

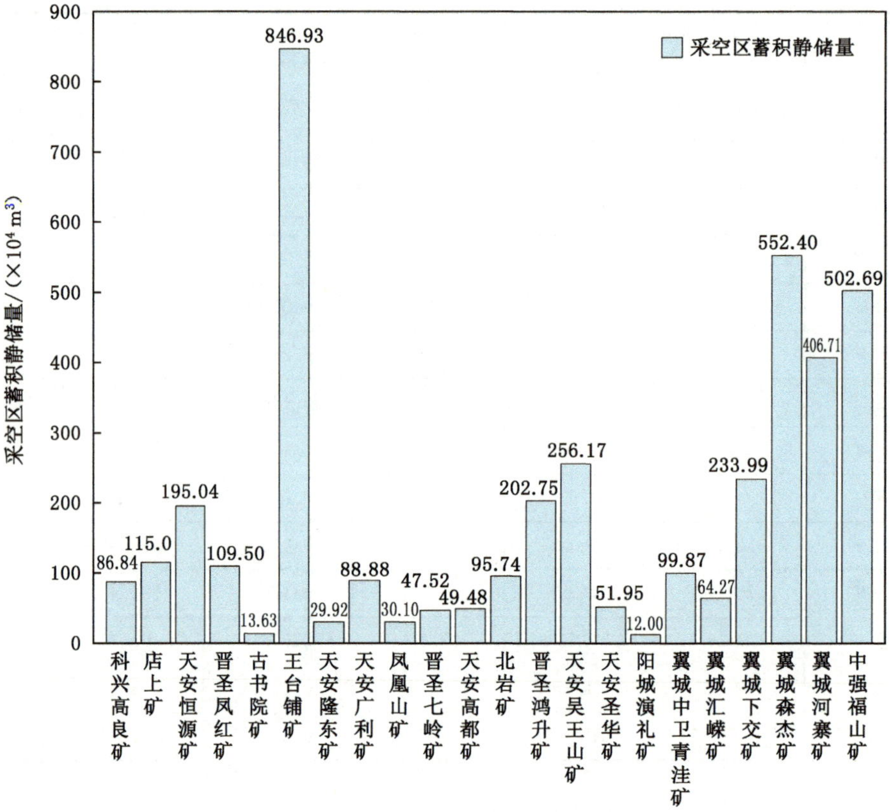

图 5-5　晋城矿区各矿井采空区蓄积静储量

综上所述，王台铺矿 3 号、9 号煤层开采多年，形成大面积的采空区，且由于开采裂隙的影响，15 号煤层沟通 3 号、9 号煤层，导致 15 号煤层产生大量的采空区积水。演礼矿 3 号煤层的充水水源较少，因而 3 号煤层的采空区积水较少。

根据图 5-6 可知，晋城矿区允许开采动储量最大的是晋城蓝焰煤业股份有限公司凤凰山矿，为 5.68×10^6 m^3/年；允许开采动储量最小的是阳泉煤业集团翼城河寨矿，仅为 2.63×10^4 m^3/年。根据图表，估算出的晋城矿区的 23 座煤矿允许开采动储量为 1.86×10^7 m^3/年。

凤凰山矿井田内 3 号煤层已回采结束，9 号煤层亦部分采空，据凤凰山矿资料，3 号和 9 号煤层采空区均有不同程度积水。15 号煤层主要充水水源为 3 号和 9 号煤层采空区积水、古窑及小煤矿积水、太原组石灰岩（主要是 K_5、K_2 石灰岩）含水层渗水及奥灰水。其中，太原组灰岩富水性较弱，一般不会对开采 15 号煤层形成大的充水威胁。15 号煤层的主要水害之一为上部 9 号煤层采空区积水。因而，凤凰山矿 3 号、9 号及 15 号煤层产生水力联系，上部煤层采空区积水对下部煤层产生水害影响，从而造成矿井涌水量大。

对于河寨矿，大气降水和地表水是矿井充水的间接充水水源之一。2 号煤层顶板含水层富水性弱，且不受奥灰突水的危险。因此，矿井充水水源较少，涌水量较小。

综上所述，凤凰山矿 3 号、9 号及 15 号煤层产生水力联系，上部煤层采空区积水对下部

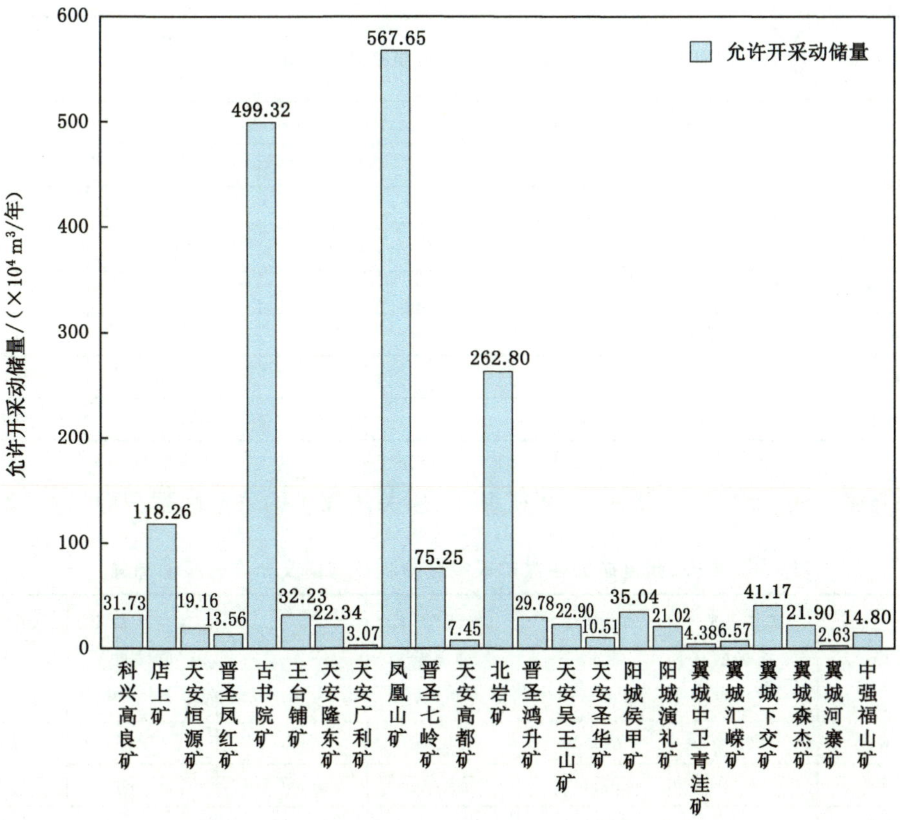

图 5-6 晋城矿区各矿井允许开采动储量

煤层产生水害影响，造成矿井涌水量大。河寨矿矿井充水水源较少，因而涌水量较小。

5.2.4 潞安、武夏矿区

据已有的潞安、武夏矿区关闭煤矿资料可知，潞安、武夏矿区包含 10 座关闭煤矿，各煤矿矿井采空区水资源量相关参数如表 5-7 所示。

表 5-7 潞安、武夏矿区各煤矿矿井水资源量相关参数统计

矿井名称	井田面积/km^2	煤层编号	煤厚或采高/m	采空面积/($\times 10^4 m^2$)	采空体积/($\times 10^4 m^3$)
石圪节矿	14.021 1	15	5.00	31.50	157.50
小南村矿	5.175 3	3	7.37	23.39	172.60
雄山李坊矿	1.287 2	15	7.00	35.92	251.43
联盛师庄矿	4.915 2	15	4.05	82.04	332.24
赵屋矿	17.211	3	4.95	138.23	684.25

表 5-7(续)

矿井名称	井田面积/km^2	煤层编号	煤厚或采高/m	采空面积/($\times10^4 m^2$)	采空体积/($\times10^4 m^3$)
槐安矿	5.208 6	8	0.73	101.22	73.89
		9	1.11	203.01	225.34
		12	0.88	100.66	88.58
		15	4.76	168.24	800.82
显王矿	7.600 9	15	5.04	141.71	714.22
庄底矿	2.400 8	15	4.76	27.08	128.90
王家峪村矿	2.407 7	15	3.37	31.48	106.10
三元古韩永丰矿	4.092 8	3	5.61	82.52	462.94

根据上述方法,计算出了潞安、武夏矿区 10 座关闭煤矿的采空区蓄积静储量(表 5-8)。

表 5-8 潞安、武夏矿区各煤矿采空区蓄积静储量及允许开采动储量

矿井名称	矿井正常涌水量/(m^3/h)	矿井最大涌水量/(m^3/h)	推测预估动储量/(m^3/h)	正常富水系数/(m^3/t)	采空区蓄积静储量/($\times10^4 m^3$)	允许开采动储量/($\times10^4 m^3$/年)
石圪节矿	100.00	130.00	120.00	0.880 1	47.25	105.12
小南村矿	75.00	91.67	28.00	0.660 0	51.78	24.53
雄山李坊矿	21.00	27.00	16.80	0.554 5	75.43	14.72
联盛师庄矿	5.21	5.63	5.00	0.091 6	99.67	4.38
赵屋矿	30.00	53.00	42.00	0.264 0	205.27	36.79
槐安矿	14.13	20.30	18.20	0.248 5	356.59	15.94
显王煤业	9.17	22.10	15.80	0.161 0	214.26	13.84
庄底煤业	8.30	10.80	8.80	0.220 0	38.67	7.71
王家峪村煤业	0.42	0.83	0.60	0.011 0	31.83	0.53
三元古韩永丰矿	38.00	60.00	50.00	0.668 6	138.88	43.80
合计	—	—	—	—	1 259.63	267.36

为直观地显示出潞安、武夏矿区各煤矿采空区蓄积静储量及允许开采动储量,采用 Origin 2018 绘制出了潞安、武夏矿区各煤矿采空区蓄积静储量及允许开采动储量图(图 5-7、图 5-8)。

潞安、武夏矿区最大采空区蓄积静储量是山西槐安矿,为 3.57×10^6 m^3,采空区蓄积静储量最小的是山西太行王家峪村煤业有限公司,仅为 3.18×10^5 m^3。根据图表,估算出的潞安、武夏矿区的 10 座煤矿采空区蓄积静储量为 1.26×10^7 m^3。

根据槐安矿井田地质及水文地质条件可知,矿井充水水源主要包括大气降水、地表水以及地下含水层中的水等。井田东部地区煤层埋藏浅,其余地区埋藏较深,大气降水及地表水可沿松散层孔隙与基岩裂隙向下渗透,成为矿井充水的来源之一。影响煤层采掘的顶

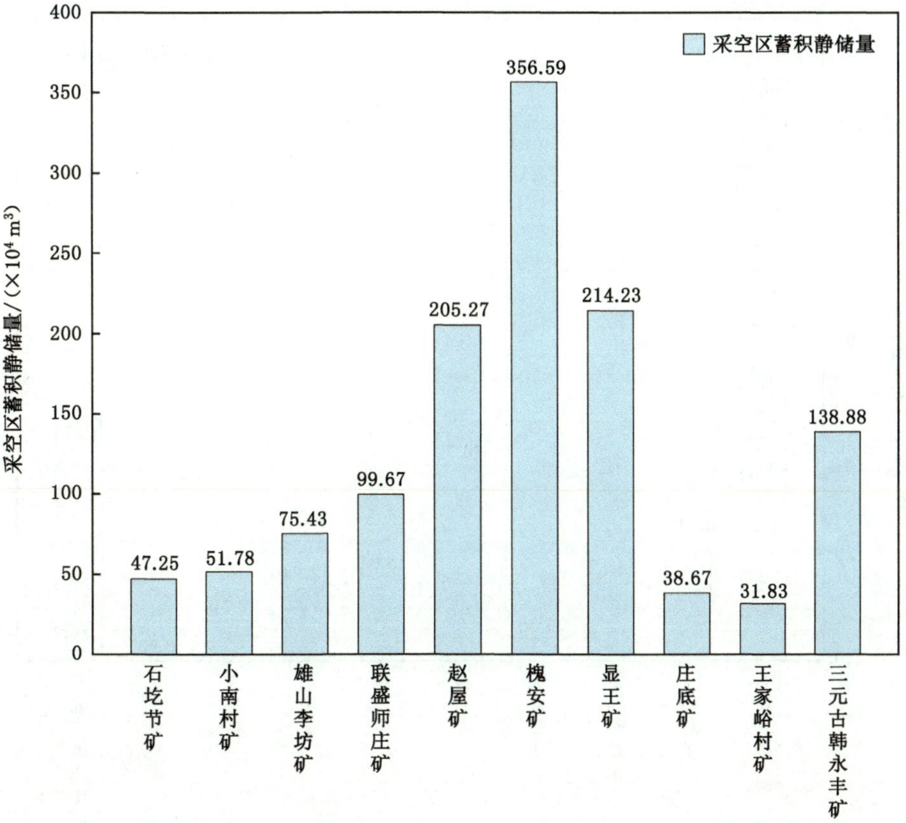

图 5-7　潞安、武夏矿区各矿井采空区蓄积静储量

板含水层主要有太原组灰岩岩溶裂隙含水层和山西组砂岩。随着煤层的采空，顶板垮落形成塌陷裂隙，会导致上部含水层的水沿裂隙下渗，是矿井的主要充水水源之一。各煤层底板标高部分地段低于奥灰水位标高，存在带压开采，奥灰水也是该矿充水水源之一。从生产矿井充水情况与矿区水文地质条件上看，槐安矿各可采煤层充水通道主要是煤层顶板的岩石原生裂隙及开采后形成的导水裂缝带，采空区地表塌陷、裂缝，钻孔，断层及井筒。

对于王家峪村矿，地表无常年性水体，井田内沟谷平常无水，只有季节性河流。该井田的地质构造总体呈向北西倾伏的单斜构造，井田内揭露 1 条正断层、11 个陷落柱，断层不导水。因此，地表水以及构造对矿井充水影响不大。含煤地层含水层富水性一般较弱，只要矿井正常抽排水，一般不会对煤矿安全生产造成危胁。该井田内奥灰岩溶裂隙含水层的水位标高为 661～662 m，15 号煤层最低底板标高为 740 m，高于奥灰水位。因此，奥灰水对 15 号煤层开采无影响。

槐安煤矿采空区积水量大的原因主要在于矿井充水水源较多，充水通道复杂。其主要充水水源包括大气降水、地表水、各含水层的水；主要充水通道为各可采煤层顶板的岩石原生裂隙及开采后形成的导水裂缝带，采空区地表塌陷、裂缝，钻孔，断层及井筒。而王家峪村矿，地表水以及构造以及底板奥灰水对矿井充水影响不大且含煤地层含水层富水性较弱，因此该矿井采空区积水量较少。

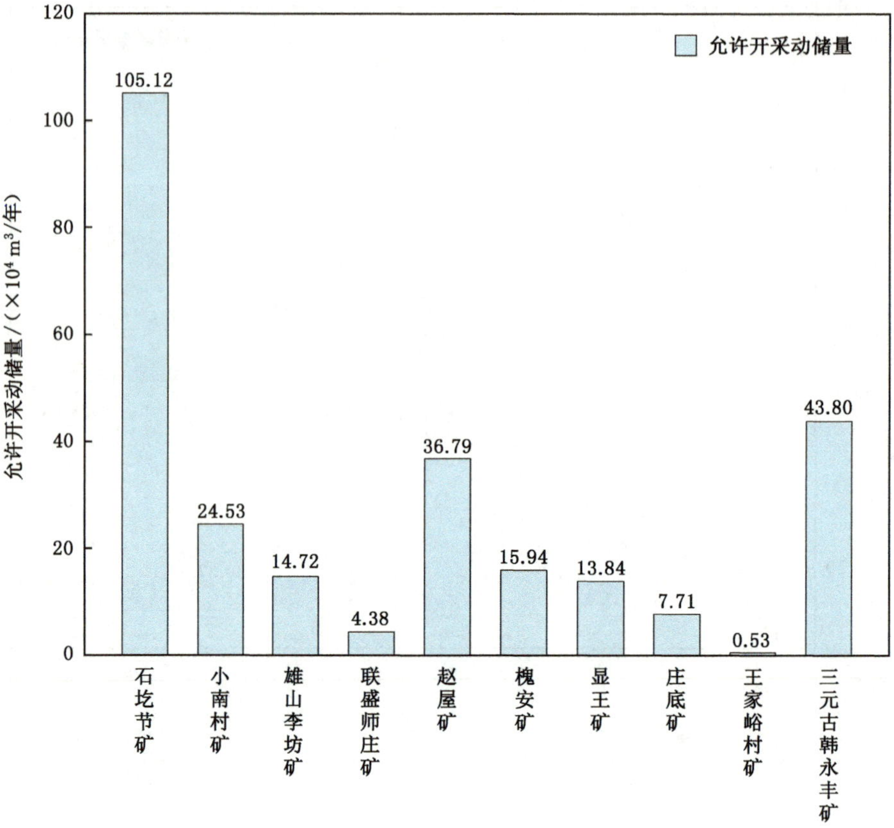

图 5-8　潞安、武夏矿区各矿井允许开采动储量

根据图 5-8 可知，潞安、武夏矿区允许开采动储量最大的是山西潞安石圪节矿，为 $1.05\times10^{6}\ m^{3}$/年；允许开采动储量最小的是山西太行王家峪村矿，仅为 $5.3\times10^{3}\ m^{3}$/年。根据图表，估算出的潞安、武夏矿区的 10 座煤矿允许开采动储量为 $2.67\times10^{6}\ m^{3}$/年。

根据石圪节矿充水因素可知，矿井充水水源有大气降水与地表水，随着矿井开采采空区面积增大，整体沉降带可波及地表，这时塌陷裂隙影响到地面，大气降水可能通过塌陷裂隙流入矿井，致使矿井涌水量有所增加，且随季节性的变化而变化。对于地下水，充水水源主要有第四系松散孔隙含水层、二叠系砂岩裂隙含水层、石炭系太原组石灰岩岩溶裂隙含水层及奥陶系石灰岩岩溶裂隙含水层。其中，太灰水是 15 号煤层的主要充水水源，富水性较强，因而矿井涌水量较大。

根据王家峪村矿充水因素可知，王家峪村矿地表水、构造以及底板奥灰水对矿井充水影响不大且含煤地层含水层富水性较弱，因此，该矿井涌水量较小。

综上所述，石圪节矿积水量大的原因主要在于太原组石灰岩岩溶裂隙含水层富水性较强，是 15 号煤层的主要充水水源，因而涌水量大。而王家峪村矿，主要的充水含水层富水性较弱，因而涌水量较小。

5.2.5 西山矿区

据已有的西山矿区闭坑煤矿资料，西山矿区包含19座关闭煤矿，其中白家庄矿二号井与华润姬家庄矿无资料，其余17座煤矿矿井水资源量相关参数如表5-9所列。

表5-9 西山矿区各关闭煤矿矿井水资源量相关参数统计

矿井名称	井田面积/km^2	煤层编号	煤厚或采高/m	采空面积/($\times 10^4 m^2$)	采空体积/($\times 10^4 m^3$)
清河一矿	2.106 2	4	1.89	43.70	82.59
		8	2.86	31.11	88.97
清河二矿	1.063 2	2	7.15	3.31	23.69
		8	4.97	46.38	230.50
嘉乐泉矿	7.034 2	2+3	7.48	—	—
		4	2.56	—	—
		8	3.99	—	—
		9	1.88	—	—
天池店矿	0.955 0	2+3	4.35	48.62	211.50
		8	4.92	25.08	123.39
华润红崖头矿	0.512 9	8	3.77	5.75	21.67
华润台城矿	1.174 0	2	2.00	0.84	1.68
华润大雁矿	0.866 8	2+3	5.29	16.89	89.33
		8	4.94	10.52	51.99
华润新桃园矿	6.327 6	7	0.92	222.03	204.27
		8	4.80	175.30	841.47
		9	2.98	60.26	179.92
华润铁鑫矿	1.216 7	4	1.67	187.51	313.15
		7	0.85	501.49	426.27
大川河矿	0.792 7	2	1.99	81.88	162.95
太原西峪矿	9.993 6	8	3.77	306.31	1 100.52
		9	2.02	49.85	81.55
白家庄矿南坑井	16.149 7	9	3.33	—	—
鼎盛矿	0.649 0	9	3.14	120.07	377.01
梅园永兴矿	3.856 3	2	1.47	401.47	590.16
		6	1.24	88.91	110.25
		8	3.13	298.30	933.68
		9	2.07	141.04	291.95
太原南峪矿	15.276 6	8	4.42	121.32	536.27

表 5-9(续)

矿井名称	井田面积/km^2	煤层编号	煤厚或采高/m	采空面积/($\times10^4 m^2$)	采空体积/($\times10^4 m^3$)
汾西正源矿	6.652 1	2	1.00	51.88	51.88
		3	2.20	12.45	27.39
阳城大成矿	4.344 9	2	2.41	781.00	1 882.21

根据上述方法，计算出西山矿区17座关闭煤矿的采空区蓄积静储量(表5-10)。

表 5-10 西山矿区各关闭煤矿采空区蓄积静储量及允许开采动储量

矿井名称	矿井正常涌水量/(m^3/h)	矿井最大涌水量/(m^3/h)	推测预估动储量/(m^3/h)	正常富水系数/(m^3/t)	采空区蓄积静储量/($\times10^4 m^3$)	允许开采动储量/($\times10^4 m^3$/年)
清河一矿	4.00	5.40	5.00	0.052 8	51.47	4.38
清河二矿	0.46	0.68	0.50	0.008 1	76.25	0.44
嘉乐泉矿	60.00	90.00	75.00	1.055 7	14.60	65.70
天池店矿	11.25	18.75	1.80	0.198 0	105.72	1.58
红崖头矿	7.50	—	7.50	0.398 2	6.50	6.57
华润台城矿	14.63	18.75	16.00	0.257 3	0.50	14.02
华润大雁矿	1.25	2.10	1.70	0.022 0	42.40	1.49
华润新桃园矿	30.00	—	30.00	0.264 0	367.70	26.28
华润铁鑫矿	2.50	—	2.00	0.033 0	221.82	1.75
大川河矿	1.70	3.30	3.00	0.029 3	48.88	2.63
太原西峪矿	174.00	244.00	209.00	1.253 0	354.62	183.08
白家庄矿南坑井	316.00	551.00	433.50	2.750 0	226.79	379.75
鼎盛矿	4.25	5.54	4.50	0.056 1	113.10	3.94
梅园永兴矿	3.83	4.20	4.00	0.067 5	35.70	3.50
太原南峪矿	200.00	266.70	6.00	1.320 1	160.88	5.26
汾西正源矿	4.20	6.30	4.47	0.036 7	23.78	3.92
阳城大成矿	20.00	30.00	25.00	0.176 0	5.64	21.90
合计	—	—	—	—	1 856.35	726.19

为更加直观地显示出西山矿区各煤矿采空区蓄积静储量与允许开采动储量，采用Origin 2018绘制出西山矿区各煤矿采空区蓄积静储量与允许开采动储量图(图5-9、图5-10)。

根据图5-9，西山矿区采空区蓄积静储量最大的是山西华润煤业有限公司新桃园矿，为$3.68\times10^6\ m^3$，最小值是山西华润煤业有限公司台城矿，仅为$5.00\times10^3\ m^3$。根据图表，估算出的西山矿区的17座煤矿采空区蓄积静储量为$1.86\times10^7\ m^3$。

新桃园矿井田内7号、8号、9号煤层直接充水含水层为石炭系上统太原组岩溶裂隙含

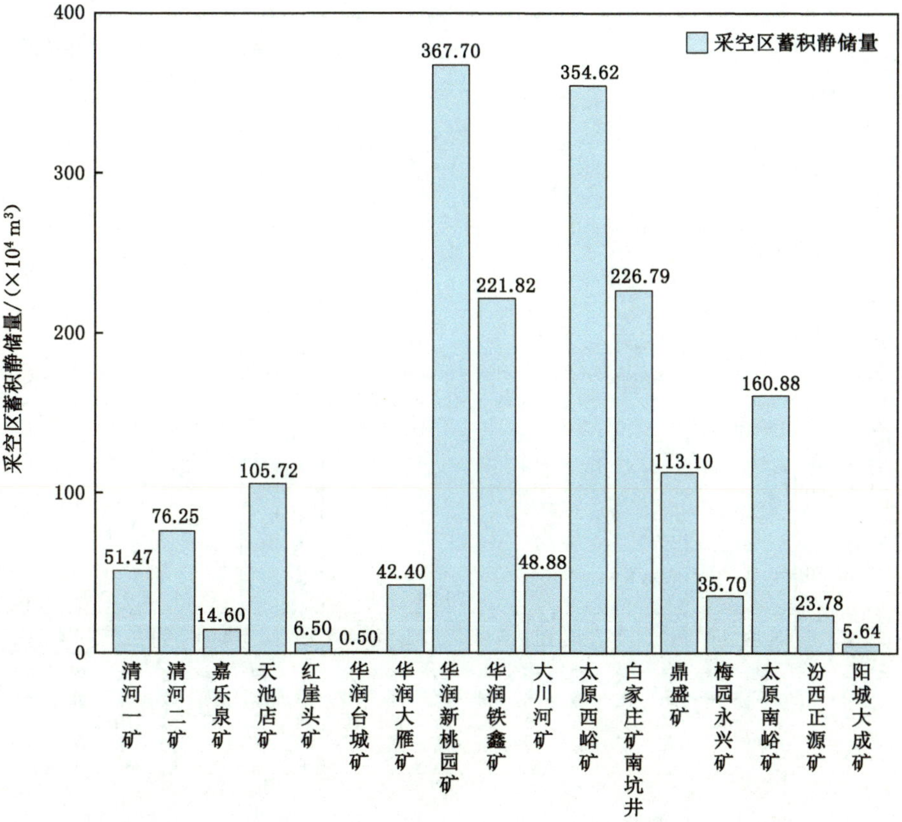

图 5-9 西山矿区各矿井采空区蓄积静储量

水层，这些含水层含水性均差，含水量很少，而且除大气降水外，基本没有其他补给来源，井田内含水性好的是中奥陶统岩溶含水层，其水位标高为 926～924 m，井田内 8 号、9 号煤层西南局部低于奥灰水水位，经代入最大突水系数计算，奥灰岩溶水对井田内 8 号、9 号煤层开采影响较小，无突水危害。根据导水裂缝带高度计算，2 号、4 号、7 号、8 号、9 号煤层之间产生了水力联系，2 号煤层沟通上部含水层，埋藏浅处可沟通地表。因而 7 号、8 号、9 号煤层主要的充水水源为上部煤层的采空区积水。

据台城煤矿相关资料，井田内无大的河流和地表积水。据调查，历年井口位置最高洪水位标高低于最低井口 10 m，再加上地形坡度大，洪水排泄畅通，所以一般情况下，井口及工业厂区不会被洪水淹没。因此，地表水体对矿井充水影响较小。该井田内仅发现 1 个陷落柱且未发现断层构造破坏现象，巷道通过陷落柱时涌水量小，对矿井影响不大。

新桃园矿水量大的原因主要在于开采煤层之间产生水力联系，且 2 号煤层部分沟通地表，因而矿井采空区积水量较大。相反，台城矿充水水源与充水通道相对较少，导致台城矿采空区积水量较小。

根据图 5-10 可知，西山矿区允许开采动储量最大的是山西西山白家庄矿业有限责任公司南坑井，为 $3.80\times10^6\ m^3$/年；最小允许开采动储量是太原煤炭气化(集团)清河二矿，仅为 $4.40\times10^3\ m^3$/年。根据图表，估算出的西山矿区的 17 座煤矿允许开采动储量为 7.26×

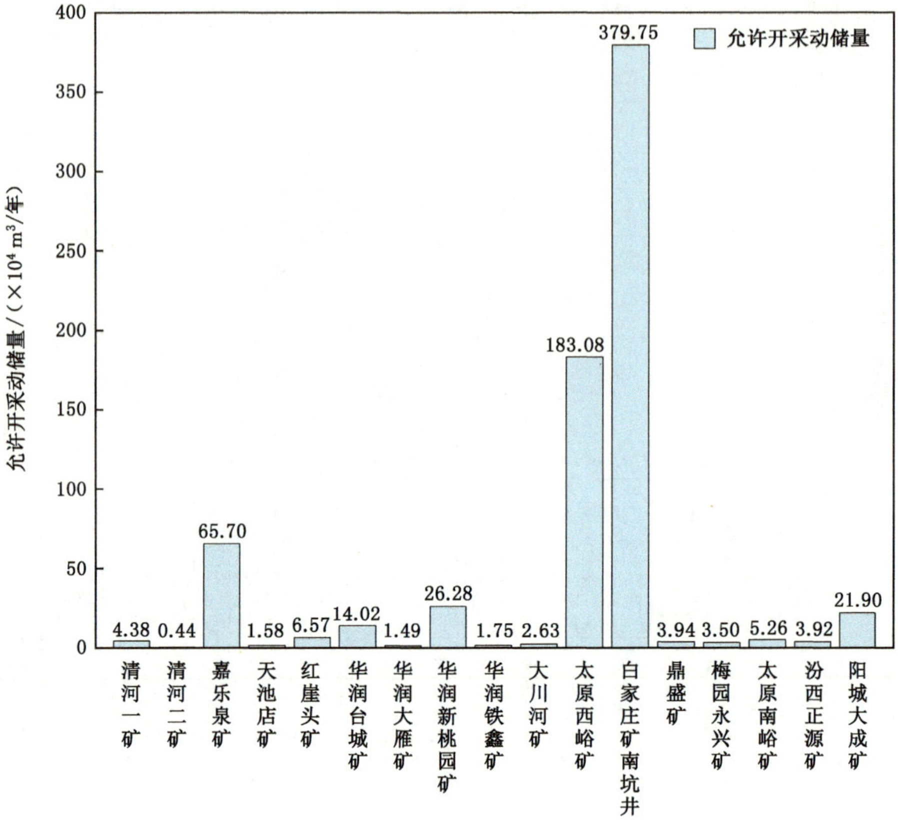

图 5-10　西山矿区各矿井允许开采动储量

10^6 m^3/年。

根据白家庄矿充水因素分析，对于主要的充水水源，井田上部基岩多为上、下石盒子组地层，第四系黄土覆盖其上，地层平缓，沟谷发育，有利于大气降水、地表水与地下水连通，使大气降水成为矿井水的补给来源，但大气降水对深部岩层的补给量很小。对于主要的充水通道，从生产实践及计算结果看，矿井煤层开采时，垮落带和采动裂缝高度延伸向上发育，采动裂隙和由此引起的岩层破坏沟通煤层顶板多个含水层，使得顶板裂隙水能进入矿井，增大工作面涌水量，且顶板裂隙水多以淋水形式进入工作面。同时开采下组煤层时顶板发生的导水裂缝带会达到上部采空区积水处，上部的采空积水通过冒落裂缝带涌入工作面。

根据清河二矿充水因素可知，清河二矿属低中山区，地形坡度大，植被不发育，降水集中，有利于大气降水及地表水的自然排泄，在沟谷基岩出露段大气降水及地表水补给含煤地层砂岩及薄层灰岩含水层，含水层水随煤层开采进入矿坑，由于补给水源匮乏，井巷仅表现为淋滴水现象，采空区涌水量较小。

综上所述，白家庄矿允许开采动储量较大的原因在于垮落带与采动裂隙沟通上部含水层，且下部煤层与上部煤层采空区产生水力联系，因而矿井涌水量较大。清河二矿允许开采动储量较小，原因在于其补给水源较少，采空区涌水量较小。

5.2.6 霍州矿区

据已有的霍州矿区关闭煤矿资料，霍州矿区包含 11 座关闭煤矿，各煤矿矿井水资源量相关参数如表 5-11 所列。

表 5-11 霍州矿区各煤矿矿井水资源量相关参数统计

矿井名称	井田面积/km^2	煤层编号	煤厚或采高/m	采空面积/($\times 10^4 m^2$)	采空体积/($\times 10^4 m^3$)
巨富园矿	4.570 0	2	2.29	198.60	454.78
王庄矿	8.375 3	10	1.12	43.61	48.85
		11	1.27	22.24	28.25
什林矿	9.500 9	2	2.22	0.29	0.65
团柏矿	33.837 2	10	2.55	0.55	1.21
丰峪矿	24.433 7	10	2.48	186.42	462.33
		11	1.71	584.18	998.95
洪洞鑫磊矿	1.645 6	2	3.52	28.70	101.02
巨华塬矿	2.932 6	2	1.50	60.68	91.02
		3	1.20	87.60	105.12
天煜新星矿	13.674 0	2	1.60	535.91	857.46
同地龙驭矿	6.410 0	9+10+11	2.85	109.53	312.16
金岁达矿	1.289 6	10	3.91	17.40	68.02
白龙矿平硐井	31.641 6	1	1.53	1 090.55	1 668.54
		2	2.39	1 289.81	3 082.65
		10	1.64	127.82	209.62
		11	2.61	238.06	621.34

根据上述方法，计算出霍州矿区 11 座关闭煤矿的采空区蓄积静储量及允许开采动储量（表 5-12）。

表 5-12 霍州矿区各煤矿采空区蓄积静储量及允许开采动储量

矿井名称	矿井正常涌水量/(m^3/h)	矿井最大涌水量/(m^3/h)	推测预估动储量/(m^3/h)	正常富水系数/(m^3/t)	采空区蓄积静储量/($\times 10^4 m^3$)	允许开采动储量/($\times 10^4 m^3$/年)
巨富园矿	11.25	25.00	19.00	0.197 9	136.43	16.64
王庄矿	9.60	22.90	23.00	2.000 0	23.13	20.15
什林矿	5.00	13.00	5.60	0.040 3	9.13	4.91
团柏矿	1 794.00	1 835.00	1 820.00	5.262 3	0.36	1 594.32
丰峪矿	177.00	290.00	250.00	2.024 0	299.68	219.00
洪洞鑫磊矿	2.40	5.00	4.00	0.063 4	30.30	3.50

表 5-12(续)

矿井名称	矿井正常涌水量/(m^3/h)	矿井最大涌水量/(m^3/h)	推测预估动储量/(m^3/h)	正常富水系数/(m^3/t)	采空区蓄积静储量/($\times10^4 m^3$)	允许开采动储量/($\times10^4 m^3$/年)
巨华塬矿	2.10	3.30	2.40	0.055 0	58.80	2.10
天煜新星矿	30.00	47.50	38.75	0.792 1	257.23	33.95
同地龙驭矿	6.15	8.52	0	0.081 2	0	0
金岁达矿	8.30	12.50	10.00	0.220 0	20.40	8.76
白龙矿平硐井	230.00	348.00	289.00	1.518 0	463.50	253.16
王庄矿二坑口	9.60	22.90	15.00	2.000 0	23.13	13.14
合计	—	—	—	—	1 322.09	2 169.63

为更加直观地显示出霍州矿区各煤矿采空区蓄积静储量及允许开采动储量,采用 Origin 2018 绘制出霍州矿区各煤矿采空区蓄积静储量及允许开采动储量图(图 5-11、图 5-12)。

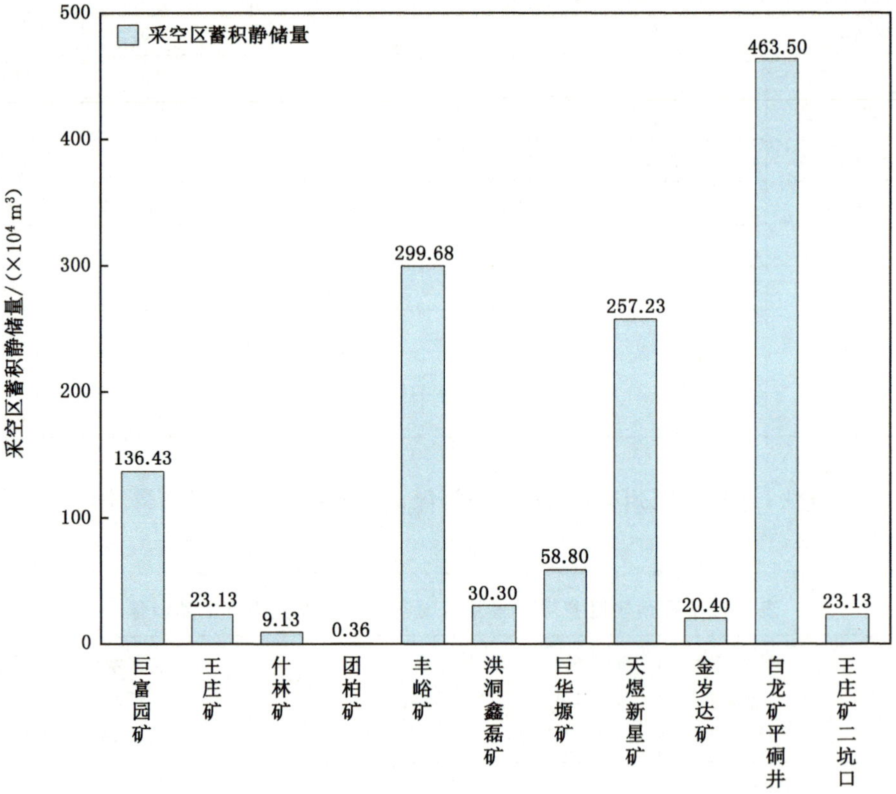

图 5-11　霍州矿区各矿井采空区蓄积静储量

由此可知,霍州矿区采空区蓄积静储量最大的是霍州煤电集团公司白龙矿平硐井,为 4.64×10^6 m^3,可利用量最小的是霍州煤电集团有限责任公司团柏矿,仅为 3.60×10^3 m^3。根据图表,粗略估算出的霍州矿区的 11 座煤矿采空区蓄积静储量为 1.32×10^7 m^3。

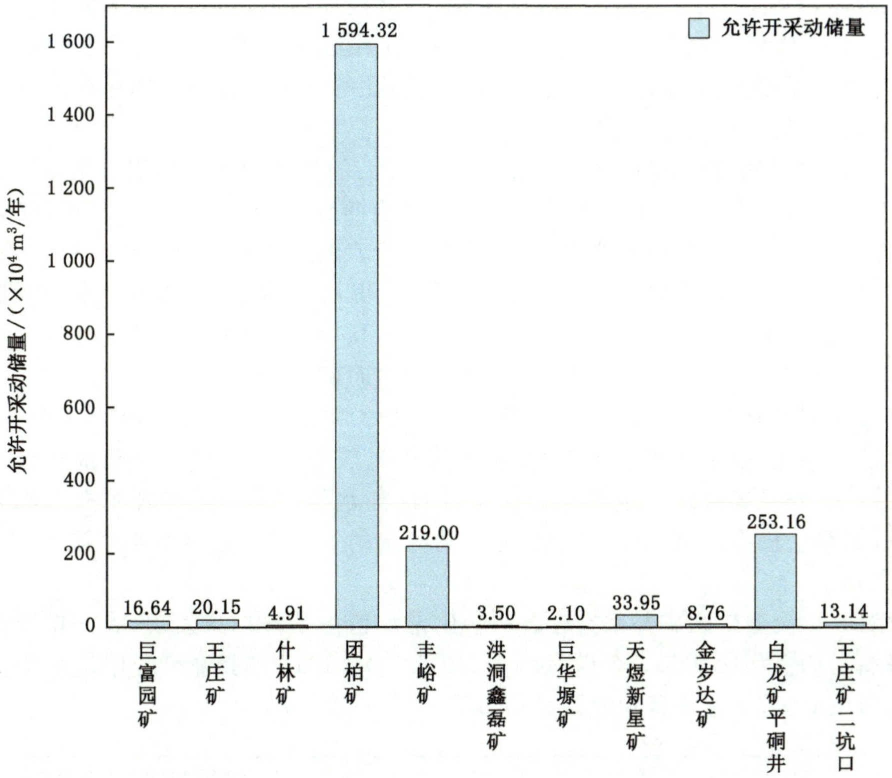

图 5-12 霍州矿区各矿井允许开采动储量

据白龙矿资料，充水水源主要有：① 松散孔隙潜水，历史上有两次通过冒落裂隙发生突水。煤层顶板裂隙水是1号、2号煤层的主要充水水源，但该含水层裂隙不发育，水量微弱，补给有限。② 太原组上段灰岩岩溶裂隙水，属弱至强富水性含水层，20年来通过三层石灰岩(K_4、K_3、K_2)出水达18次之多，大部为岩溶裂隙水，个别为封闭不良钻孔导水。③ 断层、陷落柱导通奥灰水，使太原组灰岩岩溶裂隙水与奥灰水相沟通，是太原组灰岩岩溶裂隙水与奥陶系灰岩岩溶裂隙水相互作用的结果。④ 白龙井田内的生产煤窑及废弃煤窑、古窑大量存在，采空区内有大量积水，可以间接或直接对矿井充水。

据团柏矿资料，大气降水可通过松散堆积物孔隙与基岩裂隙下渗，补给第四系松散岩类孔隙含水层、基岩风化带孔隙裂隙含水层，并通过出露的二叠系上统上石盒子组、下统下石盒子组地层补给下石盒子组砂岩裂隙含水层、山西组砂岩裂隙含水层，使得矿井涌水量随降水量呈动态变化。故大气降水是该矿矿坑水的来源之一。井田内各井口标高最低的为主斜井，其标高值为546.40 m，高于汾河洪水位标高，故地表水对井田各井口影响不大。10号煤层充水来源主要为K_2、K_3、K_4石灰岩岩溶裂隙水，沿岩溶裂隙、断层裂隙及塌陷裂隙涌入矿坑。另外，随着塌陷裂隙高度的增大，可沟通太原组以上含水层，使之向矿井涌水。K_2、K_3、K_4及上覆含水层主要补给源为大气降水，补给通道以露头区及东南部浅埋区的裂隙为主。因此，这些含水层在煤层埋藏较浅且靠近较大构造破碎带地段较富水。K_3、K_4裂隙不发育，属富水性弱的含水层，K_2裂隙发育，属富水性中等至强的含水层。井田开采煤层的充水通道主要为煤层顶板岩层裂隙、开采煤层的导水裂缝带、断层、陷落柱、钻孔等。

综上所述，白龙矿充水水源较多，且断层、陷落柱导通奥灰水，因而矿井采空区积水量较大。团柏矿采空区主要充水水源为大气降水，其补给含水层，再由含水层经煤层顶板岩层裂隙、开采煤层的导水裂缝带、断层、陷落柱、钻孔等涌入矿井中。团柏矿采空区积水量较小的原因在于其采空区体积较小。

根据图 5-12 可知，霍州矿区允许开采动储量最大的是霍州煤电集团有限责任公司团柏矿，为 1.59×10^{7} m^{3}/年；允许开采动储量最小的是山西煤炭运销集团巨华塬矿，仅为 2.10×10^{4} m^{3}/年。根据图表，估算出的霍州矿区的 11 座煤矿允许开采动储量为 2.17×10^{7} m^{3}/年。如上所述，团柏矿采空区主要充水水源为大气降水，其补给含水层，再由含水层经煤层顶板岩层裂隙、开采煤层的导水裂缝带、断层、陷落柱、钻孔等涌入矿井中，并且根据导水裂缝带高度计算结果可知，开采煤层间产生了水力联系，因而矿井涌水量较大。

根据巨华塬矿充水因素可知，大气降水及地表水对 2 号、3 号煤层有充水影响，具有明显的季节性。因此，该矿充水水源条件一般，涌水量较小。团柏矿主要充水水源为大气降水和含水层水，开采煤层间产生了水力联系，因此涌水量较大。巨华塬矿充水水源具有季节性特点，涌水量较小。综合以上数据，粗略估算出的 6 个典型矿区的水资源可利用总量为 4.37×10^{8} m^{3}。

根据对 6 个典型矿区矿井采空区蓄积静储量均值的估算结果发现，大同矿区矿井采空区蓄积静储量均值相比其余 5 个矿区的大(图 5-13)。矿区水资源可利用量平均值的最小值发生在西山矿区，采空区蓄积静储量均值为 1.09×10^{6} m^{3}。

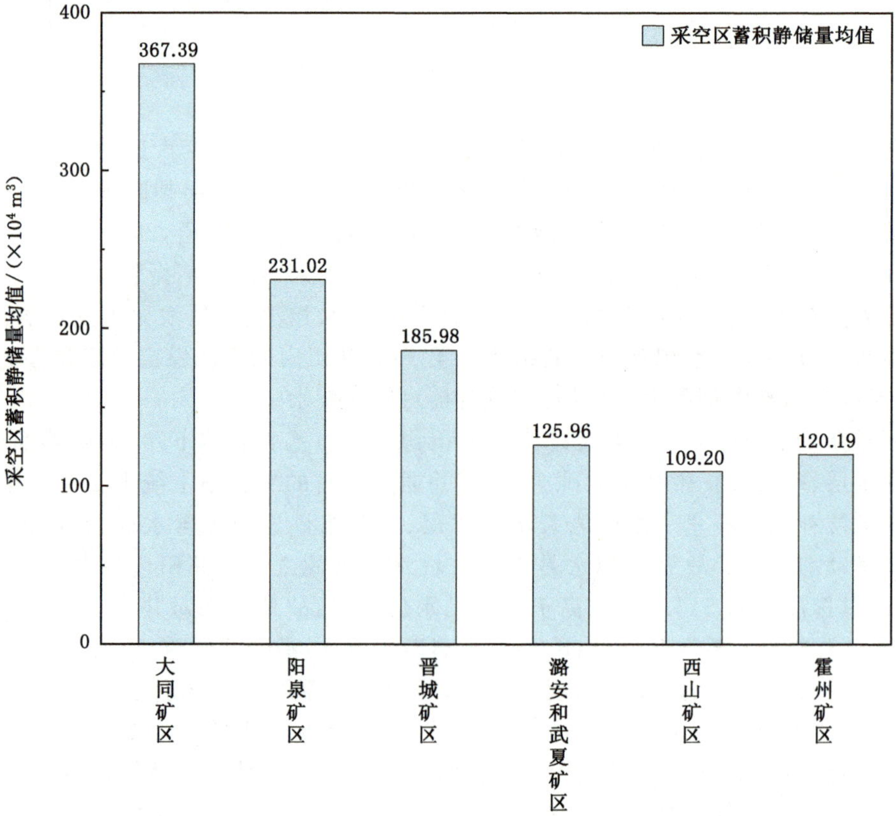

图 5-13　各矿区矿井采空区蓄积静储量均值

根据对6个典型矿区矿井允许开采动储量均值的估算，霍州矿区矿井允许开采动储量均值相比其余5个矿区的大(图5-14)。矿区允许开采动储量均值最小的是潞安和武夏矿区，允许开采动储量均值为 2.67×10^5 m^3/年。

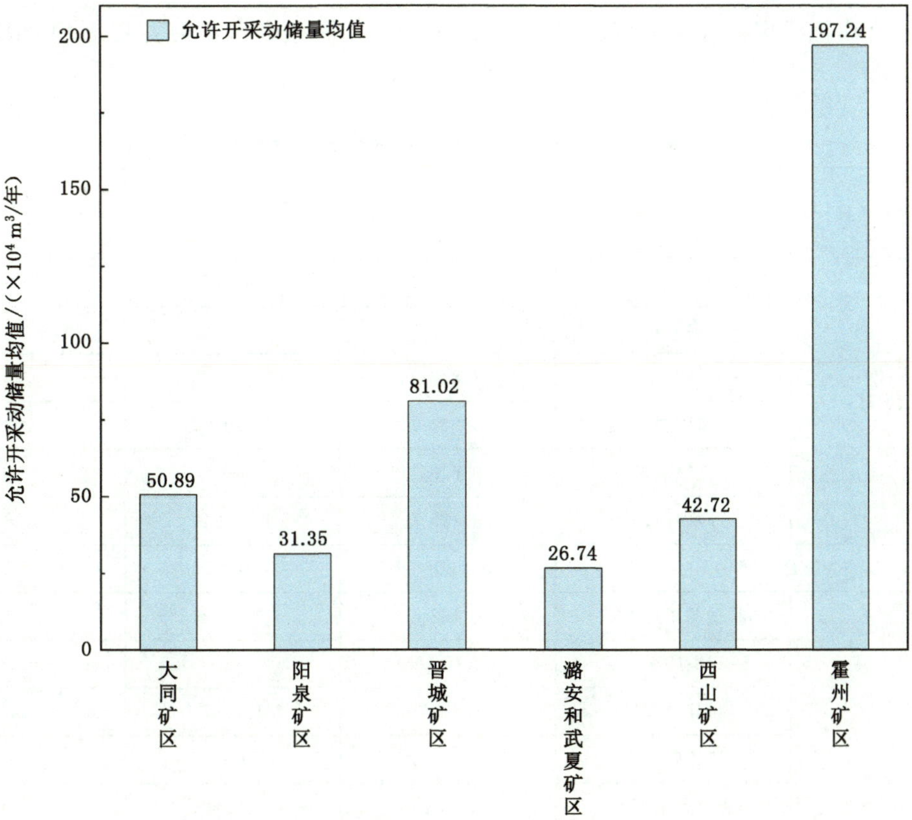

图5-14 各矿区矿井允许开采动储量均值

5.2.7 资源总量估算

(1) 水资源量的类推方法

将目前已有资料估算出的关闭煤矿采空区水资源量与目前已有资料的关闭煤矿井田面积之间的比值作为比例系数，并且作为全省水资源量类推的系数，从而估算出山西全省关闭煤矿的水资源量。

山西全省关闭煤矿的水资源量的计算方法为：

$$\beta = Q_1/S_1 \tag{5-1}$$

$$Q_2 = \beta \cdot S_2 \tag{5-2}$$

式中 S_1——目前已有资料的关闭煤矿井田面积，m^2；

S_2——全省统计的关闭煤矿井田总面积，m^2；

Q_1——已有资料估算出的关闭煤矿采空区水资源量(可令 Q_{11} 为采空区蓄积静储量、Q_{12} 为允许开采动储量)，m^3；

Q_2——山西全省统计的关闭煤矿的采空区水资源总量(可令 Q_{21} 为采空区蓄积静储量、Q_{22} 为允许开采动储量),m^3;

β——比例系数(可令 β_1 为采空区蓄积静储量的比例系数、β_2 为允许开采动储量的比例系数),m。

除 6 个典型矿区矿井采空区水资源量外,还统计了其余矿区矿井井田面积及其水资源量(表 5-13)。

表 5-13 其余矿区所含煤矿采空区水资源量

煤矿所属矿区	煤矿名称	面积/km^2	采空区蓄积静储量/($\times 10^4 m^3$)	推测预估动储量/(m^3/h)
平朔矿区	东日升矿	1.680 0	142.85	20
	泰安矿	6.682 6	700.00	3
	杨涧矿	9.313 0	1 598.32	68
	葫芦堂矿	3.864 9	1 080.80	20
	恒宝源矿	2.613 0	—	—
	西沙河矿	3.155 7	1 124.40	58
合计		27.308 3	4 646.37	169
轩岗矿区	原平龙矿盘道矿	8.402 0	200.32	15
	恒腾矿	5.613 8	—	128
	同轩金海矿	3.824 9	106.67	4
	神达安茂矿	5.135 2	21.06	15
	潞宁大木厂矿	11.234 8	317.96	7.1
	石豹沟奇村井田	2.568 6	180.08	15
	潞宁忻丰矿	3.043 1	7.79	50
	榆树底矿	10.999 4	17.96	17
	石豹沟长梁沟井田	4.143 8	142.10	68
合计		54.965 6	993.94	319.1
岚县矿区	潞宁大汉沟矿	5.025 7	2.54	160
	潞宁忻岭矿	16.976 3	2.37	32.1
	潞宁前文明矿	5.853 4	98.66	9.5
合计		27.855 4	103.57	201.6
河保偏矿区	正兴矿	5.347 5	—	—
	五鑫矿	1.615 7	172.23	2.3
合计		6.963 2	172.23	2.3

表 5-13(续)

煤矿所属矿区	煤矿名称	面积/km²	采空区蓄积静储量/(×10⁴ m³)	推测预估动储量/(m³/h)
离柳矿区	斜沟矿	6.800 6	1 067.85	33
	庞庞塔矿	13.263 9	469.21	69
	国鼎矿	1.554 3	30.50	100
	王家焉矿	3.871 8	92.40	28
合计		23.936 3	1 629.46	130
石隰矿区	赵家沟矿	6.487 3	21.43	34
合计		6.487 3	21.43	34
乡宁矿区	同晟达矿	4.305 1	88.31	1.2
	同富元矿	4.960 6	75.58	8.5
	乡宁昶元矿	14.567 0	—	—
	乡宁宝鑫矿	9.515 0	—	—
	乡宁鑫博矿	8.632 5	—	—
	乡宁沙坪矿	1.500 0	—	—
	河津禹门矿	6.029 2	397.14	10.0
合计		48.009 4	561.03	19.7
汾西矿区	瑞泰正和矿	0.543 5	49.71	50
	鑫建矿	3.455 8	—	—
	梁家沟矿	8.980 6	—	—
	孟家焉矿	7.885 7	249.65	0.33
	蔡家沟矿	8.139 8	222.31	4
	保利长虹新建矿	5.460 5	24.93	44.65
	保利胜达矿	5.803 3	57.84	22
	晟凯矿	11.189 4	—	—
合计		51.458 6	604.44	120.98
霍东矿区	地宝矿	1.057 5	8.68	20
	梅园嘉元矿	5.138 3	0.04	40
	西山庆兴矿	13.602 8	0.28	4
	晋辽下辛佛矿	12.517 9	145.11	50
	晋辽柳沟矿	19.630 0	2.18	83
合计		51.946 5	156.29	197
东山矿区	东山东晟矿	1.648 4	0.88	13
	长沟矿	10.586 7	89.00	67.8
	东山矿	28.890 8	194.50	620
	官窑安源矿	3.368 6	149.12	18

表 5-13(续)

煤矿所属矿区	煤矿名称	面积/km^2	采空蓄积静量/($\times 10^4 m^3$)	推测预估动储量/(m^3/h)
合计		44.494 5	433.50	718.8
煤产地	罗疃矿	4.854 0	—	—
	天和矿	2.824 5	—	—
	燕尾沟矿	1.106 2	20.31	1.5
	平陆大金禾乌金矿	2.724 4	143.71	33
	平陆大金禾矿	2.975 6	5.26	32
合计		14.484 7	169.28	66.5

(2) 水资源量的估算

据统计,全省关闭煤矿井田总面积 S_2 为 1 659.497 2 km^2。根据 130 座关闭煤矿参数统计结果可得,目前已有资料的关闭煤矿井田面积 S_1 为 1 120.817 2 km^2,已有资料的全省关闭煤矿采空区蓄积静储量 Q_{11} 为 $2.64\times10^8\ m^3$,已有关闭煤矿矿井水允许开采动储量 Q_{12} 为 $9.17\times10^7\ m^3$/年。

由公式计算可得:$\beta_1 = Q_{11}/S_1 = 0.235\ 5$,$Q_{21} = \beta_1 \cdot S_2 = 0.235\ 5\times1.66\times10^9 = 3.91\times10^8(m^3)$;$\beta_2 = Q_{12}/S_1 = 0.081\ 8$,$Q_{22} = \beta_2 \cdot S_2 = 0.081\ 8\times1.66\times10^9 = 1.36\times10^8(m^3/年)$。因此,据估算,全省关闭煤矿采空区蓄积静储量 Q_{21} 为 $3.91\times10^8\ m^3$,全省关闭煤矿允许开采动储量 Q_{22} 为 $1.36\times10^8\ m^3$/年。

5.3 矿井水富水程度及开发前景

关闭煤矿矿井水富水程度评价基于的是矿井采空区水资源分布状况和矿井采空区水资源量。在此基础上,依据关闭前矿井正常涌水量与关闭前矿井富水系数对以矿区为单位的矿井进行评价。

5.3.1 关闭前矿井正常涌水量

依据目前关闭煤矿矿井正常涌水量调查资料情况,按照矿井涌水量(Q)大小,确定评价矿井富水级别。将矿井水涌水量按大小划分为$\geq$100 m^3/h、20 $m^3/h\leq Q<100\ m^3$/h、$<$20 m^3/h 共 3 个不同区间,分析了 6 个典型矿区矿井涌水量所占 3 个不同区间的比重(图 5-15)。

将区域划分为大同,阳泉,晋城,潞安、武夏,西山,霍州 6 个矿区进行分析。大同矿区矿井正常涌水量小于 20 m^3/h 的矿井占 68%,强富水矿井占比为 23%;阳泉矿区无强富水矿井,主要为富水中等型矿井,占比 63%,为 6 个矿区中最大;晋城矿区矿井正常涌水量小于 20 m^3/h 的矿井占 58%;潞安、武夏矿区中等富水矿井及以下占比 90%,其中中等富水矿井占比 40%,接近弱富水矿井占比;6 个矿区中,弱富水矿井占比最高的是西山矿区,为 70%;霍州矿区矿井富水性结构与大同矿区类似,其中,强富水矿井占比为 6 个矿区中最高,为 25%。

阳泉矿区矿井正常涌水量最大值相较其他矿区的最小,霍州矿区最大。6 个不同矿区

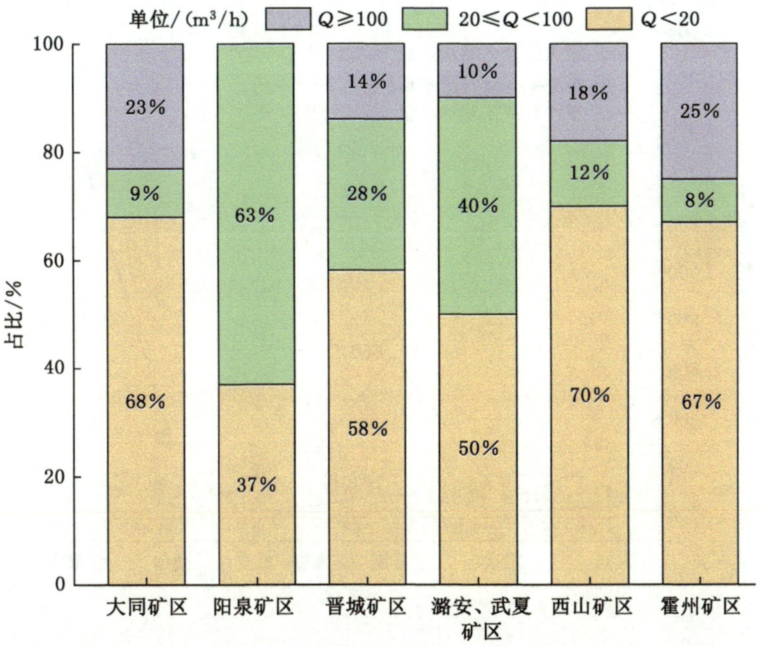

图 5-15　典型矿区正常涌水量各区间占比

正常涌水量最小值分别为 1.38、1.97、0.42、0.42、0.46、2.10 (m^3/h)，相差不大；最大值分别为 235、70、661、100、316、1 794 (m^3/h)，矿区之间相差较大；平均值分别为 43.06、25.87、101.32、30.12、50.33、190.45 (m^3/h)。从图中趋势看出，阳泉矿区矿井正常涌水量的最大值、最小值、均值都较为接近，结合阳泉矿区 8 个典型矿井正常涌水量数值，可推测阳泉矿区矿井大部分为中等富水矿井；同理，推测潞安、武夏矿区矿井以中等与弱富水矿井为主；大同矿区、晋城矿区、霍州矿区矿井正常涌水量数据最大值与最小值离散程度较高，矿井之间正常涌水量相差较大。结合图 5-15 和图 5-16 可知，6 个典型矿区矿井都具有弱富水性，个别煤矿具有强富水性。

5.3.2　关闭前矿井富水系数

据典型矿区的矿井资料，将关闭前矿井富水系数按大小划分为≤0.1 m^3/t、0.1～2.0 m^3/t、≥2.0 m^3/t 共 3 个不同区间。分析 6 个矿区矿井富水系数所占 3 个不同区间的比重(图 5-17)。

将研究区划分为大同矿区，阳泉矿区，晋城矿区，潞安、武夏矿区，西山矿区，霍州矿区 6 个区域。大同矿区矿井富水系数≤0.1 m^3/t 的矿井占 61%，富水系数>1.0 m^3/t 的矿井占 11%；阳泉矿区均为弱与中等富水矿井；晋城矿区富水系数≤0.1 m^3/t 的矿井占比接近 80%，大部分为弱富水矿井；潞安、武夏矿区与阳泉矿区类似，均为弱与中等富水矿井，无富水系数≥1 m^3/t 的矿井；西山矿区与霍州矿区中弱富水矿井的比例均为 90%。

阳泉矿区矿井富水系数最大值、平均值相较其他矿区最小，霍州矿区最大。6 个不同矿区富水系数最小值分别为 0.02、0.03、0.03、0.01、0.01、0.04 (m^3/t)，相差不大；最大值分别为 2.66、0.44、3.54、0.88、2.75、5.26 (m^3/t)，矿区之间相差较大；平均值分别为 0.38、

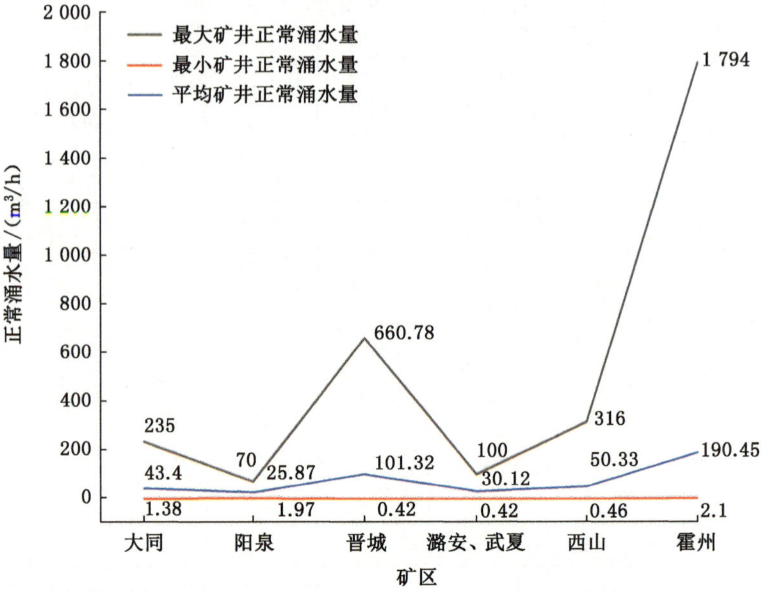

图 5-16　各矿区矿井正常涌水量变化趋势

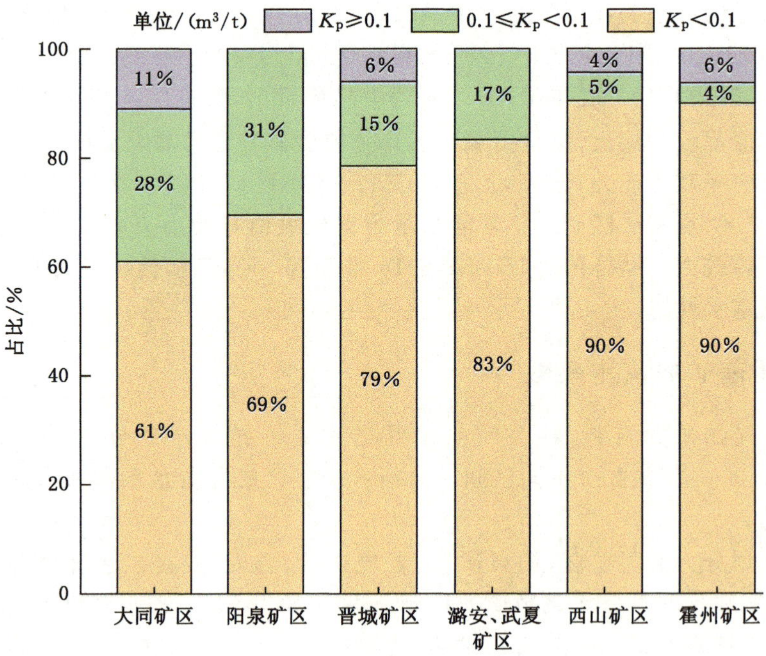

图 5-17　典型矿区富水系数各区间占比

0.24、0.24、0.38、0.47、1.19 (m^3/t)。从趋势可看出，阳泉矿区均为弱与中等富水矿井，矿井之间富水系数相差不大；霍州矿区，矿井最大富水系数是团柏矿，最小富水系数是什林矿，矿区内矿井平均富水系数为 1.19 m^3/t，矿井之间富水系数相差最大(图 5-18)。

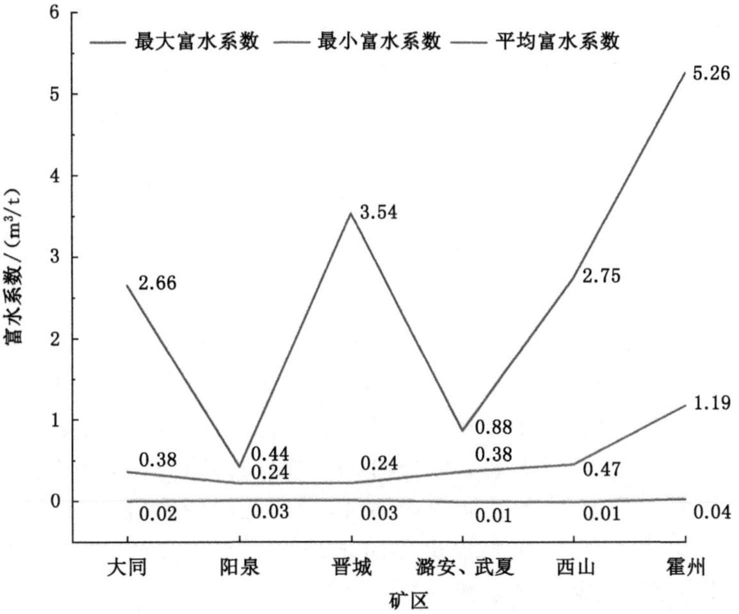

图 5-18 各矿区矿井富水系数变化趋势

5.3.3 开发前景煤矿优选

对比分析山西省关闭煤矿矿井水富水程度评价结果与矿井水资源量估算数据得知，一般富水级别越高，水资源量越大。根据上述关闭煤矿矿井水富水程度评价体系，初步将矿井富水性强的关闭矿井确定为优选开发前景煤矿(表 5-14)。

表 5-14 开发前景煤矿优选

序号	关闭煤矿	正常涌水量/(m^3/h)	富水系数/(m^3/t)	评价结果
1	同家梁矿	235.00	2.659 1	强
2	雁崖矿	133.30	1.173 2	强
3	高山矿	166.70	1.100 1	强
4	大斗沟矿	158.00	1.043 0	强
5	北岩矿	267.91	3.537 0	强
6	王台铺矿	660.78	2.012 8	强
7	店上矿	110.00	1.935 5	强
8	古书院矿	483.00	1.275 1	强
9	晋圣七岭矿	68.71	1.208 9	强
10	白家庄矿南坑井	316.00	2.750 0	强
11	太原南峪矿	200.00	1.320 1	强
12	太原西峪矿	174.00	1.253 0	强
13	嘉乐泉矿	60.00	1.055 7	强

表 5-14(续)

序号	关闭煤矿	正常涌水量/(m^3/h)	富水系数/(m^3/t)	评价结果
14	团柏矿	1 794.00	5.262 3	强
15	丰峪矿	177.00	2.024 0	强
16	王庄矿	9.60	2.000 0	强
17	白龙矿平硐井	230.00	1.518 0	强

初步优选开发前景煤矿包括：大同煤业股份有限公司同家梁矿，大同煤矿集团雁崖煤业有限公司，山西朔州山阴金海洋高山煤业有限公司，大同煤矿集团大斗沟煤业有限公司，山西兰花集团北岩煤矿有限公司，山西兰花集团北岩煤矿有限公司，山西晋城无烟煤矿业集团公司王台铺矿，山西煤炭运销集团店上煤业有限公司，晋城蓝焰煤业股份有限公司古书院矿，山西晋煤集团晋圣鸿升煤业有限公司，山西西山白家庄矿业有限责任公司南坑井，太原南峪煤业有限责任公司，太原西峪煤矿，太原煤气化股份有限公司嘉乐泉煤矿，霍州煤电集团有限责任公司团柏煤矿，霍州煤电集团丰峪煤业有限责任公司，山西省霍州王庄煤矿，霍州煤电集团公司白龙煤矿平硐井。

5.4 关闭煤矿矿井水水质特征

山西省作为水资源问题突出的省份之一，多年来煤矿经历大规模的开采，采空区产生大量积水，造成了水资源的严重浪费。近年来随着煤矿的关闭，地下水位迅速回升，破坏了地下水的赋存条件，影响了采空区的水文地球化学环境，对地下水资源造成了污染。因此，为方便后续采空区积水的资源化利用，减轻山西省水资源的供给压力，就需要开展采空区水文地球化学环境特征分析以及水环境质量评价。

5.4.1 水文地质单元

根据山西省地质与水文地质特征以及已有的水文地质单元（泉域），结合各个煤矿与勘查区的水文地质资料（主要包括区内控水构造发育特征，研究区内松散含水层、含煤地层含水层、太灰与奥灰含水层等的标高、厚度、富水性及水化学特征，各含水层间的水力联系特征，区内含水层补给、径流与排泄规律等），归纳了同一水文地质单元内相对应的开采煤矿与关闭煤矿（表 5-15），同时进行了开采煤矿与关闭煤矿的水质对比（表 5-16）。

（1）区域水文地质条件

区域水文地质条件是影响水文地质单元划分的主要因素。区域水文地质条件主要包含以下 5 种因素，即地下水的储存与分布特征，含、隔水层的岩性特征，岩溶地下水流场分布以及地下水的补径排和边界条件。

（2）地层条件

地层条件需要考虑以下 2 种因素。首先是地层岩性。不同岩石类型的裂隙发育程度存在差异，岩层的富水性也不同。其次是不同岩石类型的渗透率及连通性。地下水对岩石的作用不同，因此对矿井水害的影响程度也存在差异。

（3）地质构造

地质构造主要考虑断层、断层破碎带和节理密集带等。一般来说，上述地质构造分布区，特别是大型的断层，往往是岩溶水的强径流区域，不仅控制着所在区域内地下岩溶水渗流的方向和渗流场空间分布，时常还充当岩溶水进入矿井的通道。

同一水文地质单元内开采煤矿矿井水的水质具有明显的一致性，矿井水的补给、径流和排泄途径相同，可以将同一水文地质单元的正在开采矿井和关闭矿井进行对比，再根据前人的研究成果(表 5-15)，分析矿井关闭后水质的变化情况。即使无法直接采集关闭煤矿的矿井水，在已有资料的基础上由开采煤矿矿井水水质也可得到同一水文地质单元内关闭煤矿的矿井水水质(表 5-16)，并以此对全省的矿井水质特征进行评价。

表 5-15　同一水文地质单元开采煤矿与关闭煤矿

开采煤矿	关 闭 煤 矿
寺河矿	阳城演礼煤业、阳城侯甲煤业、泽州天安圣华煤业
官地煤矿、古交东曲煤矿、古交西曲煤矿	清河二煤矿、清河一煤矿、天池店煤业、红崖头煤矿、台城煤矿、大雁煤矿、新桃园煤矿、铁鑫煤矿、太原南峪煤业、长沟煤矿、西峪煤矿、大成煤业、大川河煤矿、鼎盛煤业
鑫隆煤矿	国鼎煤业、庞庞塔煤矿、王家焉煤业、石楼华润联盛赵家沟煤业
成庄煤矿	崇安附城煤业、崇安北关煤业、高良煤业、恒源煤业、高都煤业、古书院矿、晋圣七岭煤业、北岩煤矿、广利煤业、吴王山煤业、凤红煤业、凤凰山矿
李雅庄煤矿	什林煤业、丰峪煤业、白龙煤矿、团柏煤矿、巨富园煤业、蔡家沟煤业、梁家沟煤业、孟家焉煤业、晟凯煤业、鑫建煤业、王庄煤矿
鸿兴煤矿	嘉元煤业、庆兴煤业、下辛佛煤业、柳沟煤业、洪洞鑫磊煤业
阳泉五矿、盂县跃进矿	平定泰昌煤矿、五鑫煤业、鸿泰煤业、阳泉三矿、陈家庄煤业、富鑫煤业、泰荫营煤业、万和兴煤业、燕龛煤矿、安源煤业、禹门煤业、南庄煤业
阜生煤业、宏远煤业	槐安煤业、庄底煤业、王家峪村煤业、石圪节煤业、小南村煤业、赵屋煤业、显王煤业、联盛师庄煤业、新村矿

表 5-16　开采煤矿与关闭煤矿水质对比

指标	开采煤矿	关闭煤矿
所处环境	开放环境，氧化条件	封闭环境，还原条件
离子	闭坑后 HCO_3^-、游离 CO_2 增高(董强，2009)，有的闭坑矿可检测到 S^{2-}、Fe^{2+}、Ca^{2+}、Mg^{2+}(阳离子交替吸附，地层中含有灰岩)、SO_4^{2-}(煤层中含有 FeS_2)含量增高(潘玥，2018)；$Na^+ + K^+$ 含量减少	
化学组分	闭坑矿矿化度、硫酸根、总硬度高于闭坑前(董强，2009)	
水化学类型	HCO_3 型，HCO_3-SO_4 型等	多为 SO_4 型水(刘埔，2011)
水质	闭坑后水质总体呈恶化趋势	
水岩作用	弱	强
水交替循环能力	较强	前期较强，后期较弱
流场状态	由于疏干排水，存在多个降落漏斗	出现局部异常高水位区，严重时则会引起串层污染(虎维岳，2010)

表 5-16(续)

指标	开采煤矿	关闭煤矿
含水介质	含水层(太灰水、奥灰水等)	矿井采掘空间、巷道、裂隙,以及活化断层、陷落柱等导水构造(刘埔,2011)
补径排关系	闭坑后采掘空间不仅接受高水位含水层的补给,同时作为一种补给源补给其他低水位的含水层。曾经被疏干的含水层重新接受四周水源的补给(刘埔,2011)	
水动力场	矿区是地下水位排泄点	初期形成了以矿井为中心的降落漏斗,后期矿区是浅部含水层的补给源(虎维岳,2010)

5.4.2 关闭煤矿矿井水水化学特征

在水文地质条件、气候以及人类活动等因素的长期影响下,煤矿矿井水的物理指标和水中主要的离子含量会发生显著变化。为了评价煤矿水化学环境质量,通过采集开采与关闭煤矿矿井水样,分析山西省开采与关闭煤矿矿井水理化指标等手段,确定了山西省开采与关闭煤矿矿井水的水化学类型,研究了山西省煤矿的水化学形成机制。

(1) 常规组分特征

12 座典型开采煤矿和 4 座典型关闭煤矿的矿井水水样的物理化学参数(pH、TDS)和主要离子(K^+、Na^+、Ca^{2+}、Mg^{2+}、SO_4^{2-}、Cl^-、HCO_3^-、CO_3^{2-})的测试结果见表 5-17。

由表 5-17 可以看出,采集的水样 pH 多为弱碱性,且分布较窄,在 5.80～8.86 之间。这其中的关闭煤矿新村矿水样 pH 较低,主要是由于采样区环境处于氧化状态,黄铁矿的氧化反应释放出 H^+。《生活饮用水卫生标准》(GB 5749—2022)已正式实施,对比常规组分特征与生活饮用水卫生标准,除寺河矿外,开采煤矿采空区水样品的 pH 值均在我国生活饮用水卫生标准范围内。闭坑煤矿 75%采空区水样品的 pH 值在我国生活饮用水卫生标准范围内。TDS 变化跨度较大,最小为 317 mg/L(鸿兴煤矿),最大为 5 660 mg/L(新村矿),开采煤矿平均值为 1 384.75 mg/L,整体含量偏高,关闭煤矿平均值为 2 284.5 mg/L。通常情况下,关闭煤矿的矿化度比同一水文地质单元的开采煤矿要高。所有矿井水样品的 TDS 值有 62.5%超过我国生活饮用水卫生标准值,表明大多数水样不适合做饮用水。且除南庄矿外,其余 3 座煤矿 TDS 均已超过 1 000 mg/L。水样中的 TDS 含量主要与 Na^+、Ca^{2+}、Mg^{2+} 和 SO_4^{2-} 等在水样中的含量有关。有研究表明地下水中 TDS 浓度较高主要由地质构造中可溶性盐的溶解以及地下水与地下矿物之间的相互作用造成(关磊声,2019)。

由表 5-17、图 5-19 可知,开采煤矿矿井水水样中主要的阳离子含量变化趋势为 $Na^+ + K^+ > Ca^{2+} > Mg^{2+}$,关闭煤矿则为 $Ca^{2+} > Na^+ + K^+ > Mg^{2+}$,开采煤矿 Ca^{2+} 含量介于 6.03～407.83 mg/L,平均值为 208.21 mg/L。闭坑煤矿 Ca^{2+} 含量介于 13.86～563.65 mg/L,平均值为 199.23 mg/L。在煤层采掘过程中,处在氧化环境下的硫化物被氧化产生游离酸,与碳酸盐矿物等碱性物质发生中和反应,造成水中 Ca^{2+} 的含量增高。此外,石膏的溶解也是水中 Ca^{2+} 含量升高的原因之一。$K^+ + Na^+$ 含量介于 33.97～518.33 mg/L,平均值为 213.37 mg/L。Na^+ 浓度的增加可能是由于盐岩的溶解和钠长石等风化作用。煤矿关闭后地层中含有灰岩的煤层与灰岩层间发生了阳离子交换作用,使关闭后的煤矿 Ca^{2+} 含量高于

表 5-17 关闭煤矿矿井水水样中常规化学组分

样品来源		pH	浓度/(mg/L)							
			TDS	$K^{+}+Na^{+}$	Ca^{2+}	Mg^{2+}	Cl^{-}	SO_4^{2-}	HCO_3^{-}	CO_3^{2-}
开采煤矿	成庄煤矿	7.87	920.00	119.76	108.12	124.19	150.32	271.67	280.58	0
	李雅庄煤矿	8.49	495.00	117.25	260.80	123.08	172.80	288.03	264.23	0
	鸿兴煤矿	7.85	317.00	49.52	316.06	205.54	24.23	252.78	201.20	0
	阳泉五矿	8.10	1 330.00	132.87	219.43	132.32	44.79	741.60	193.81	0
	鑫隆煤矿	7.31	2 084.00	107.48	307.99	151.37	166.35	1 254.56	96.53	0
	古交西曲煤矿	7.71	2 300.00	447.33	199.30	79.34	68.14	1 331.53	386.07	0
	古交东曲煤矿	7.25	3 366.00	518.33	407.83	81.05	99.13	1 947.69	398.46	0
	寺河矿	8.86	1 132.00	440.52	6.03	15.14	61.94	94.26	886.01	70.58
	官地煤矿	7.77	550.00	185.33	22.71	10.16	17.69	83.55	475.22	0
	盂县跃进矿	7.23	2 868.00	425.73	273.77	123.29	81.40	1 688.38	296.98	0
	阜生煤业	7.22	1 682.00	60.65	293.91	106.20	45.13	1 104.32	123.75	0
	宏远煤业	7.87	592.00	86.23	82.60	29.01	39.81	186.04	324.20	0
关闭煤矿	新村矿	5.80	5 660.00	33.97	563.65	439.44	13.26	2 676.63	0	0
	东周窑矿	7.41	1 638.00	413.50	16.92	122.55	119.31	463.26	1 006.10	0
	北岩矿	7.01	1 410.00	142.37	202.49	85.54	81.98	527.67	689.07	0
	南庄矿	8.37	430.00	133.13	13.86	7.21	7.67	162.79	209.43	22.27

Na^{+}含量。Mg^{2+}的含量介于10.16～439.44 mg/L之间，平均值为114.71 mg/L。

阴离子含量大小关系为$SO_4^{2-}>HCO_3^{-}+CO_3^{2-}>Cl^{-}$。开采煤矿$SO_4^{2-}$含量为83.55～1 947.69 mg/L，平均值为770.37 mg/L，75%水样品的SO_4^{2-}浓度超出我国生活饮用水卫生标准值。关闭煤矿SO_4^{2-}平均值为957.59 mg/L，且除南庄矿外，其余闭坑样品的SO_4^{2-}浓度均超出我国生活饮用水卫生标准值。煤矿的矿物组分通常含有一定的硫化物或硫酸盐，在空气和水的作用下会发生氧化、水解和溶滤等作用从而使SO_4^{2-}的含量增高，而石膏和硬石膏的溶解也是SO_4^{2-}的来源(关磊声，2019)。HCO_3^{-}含量介于0～1 006.10 mg/L，平均值为364.48 mg/L，且关闭煤矿的HCO_3^{-}百分比含量比开采煤矿高4.09%。Cl^{-}含量介于7.67～172.80 mg/L，开采煤矿平均值为80.98 mg/L，闭坑煤矿平均值为55.55 mg/L。

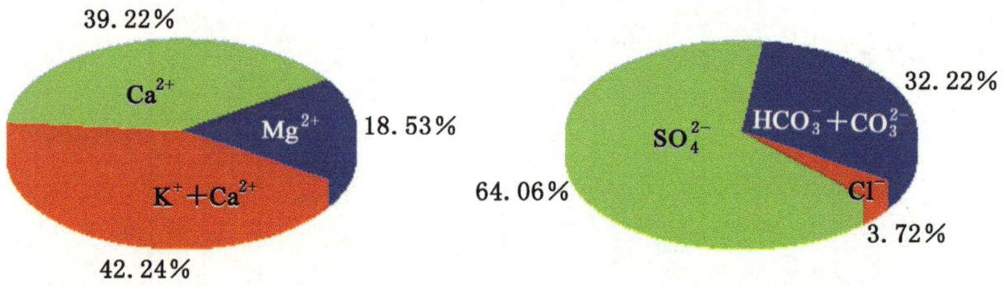

(a) 开采煤矿

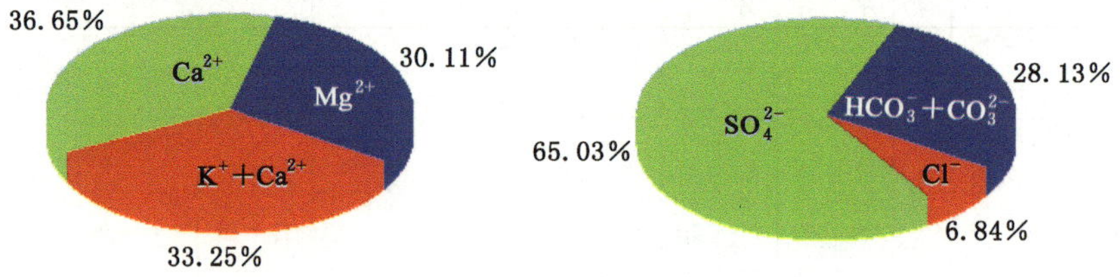

(b) 关闭煤矿

图5-19 煤矿矿井水中阴、阳离子含量百分比

(2) 开采煤矿水化学类型

利用Origin 2018绘制开采煤矿Piper三线图并对水质类型进行了划分(图5-20)，开采煤矿TDS的变化范围为317～3 366 mg/L。另外，阴离子靠近图形的右边处于强酸根离子大于弱酸根离子区域，阳泉五矿、鑫隆煤矿、古交西曲煤矿、古交东曲煤矿、盂县跃进煤矿和左权阜生煤业煤矿六个煤矿的主要阴离子为SO_4^{2-}，水样中阳泉五矿、左权阜生煤业和鑫隆煤矿的阳离子以Ca^{2+}和Mg^{2+}为主，水化学类型为SO_4-Ca·Mg型，盂县跃进煤矿、古交西曲煤矿和古交东曲煤矿阳离子中Na^{+}和Ca^{2+}毫克当量百分数大于25%，水化学类型为SO_4-Na·Ca型。

寺河矿和官地煤矿阴离子以HCO_3^{-}为主，阳离子以Na^{+}为主，水化学类型为HCO_3-Na型；鸿兴煤矿的水化学类型为SO_4·HCO_3-Mg·Ca型；宏远煤矿的水化学类型为HCO_3·SO_4-Ca·Na型。成庄煤矿和李雅庄煤矿水样中的阴离子处在三角形的中部，所以在水样中SO_4^{2-}、HCO_3^{-}、Cl^{-}毫克当量百分数相近，成庄煤矿的阳离子也位于三角形中部，所以水化学类型为SO_4·HCO_3·Cl-Mg·Ca·Na型，李雅庄煤矿的水化学类型为SO_4·Cl·HCO_3-Ca·Mg型。

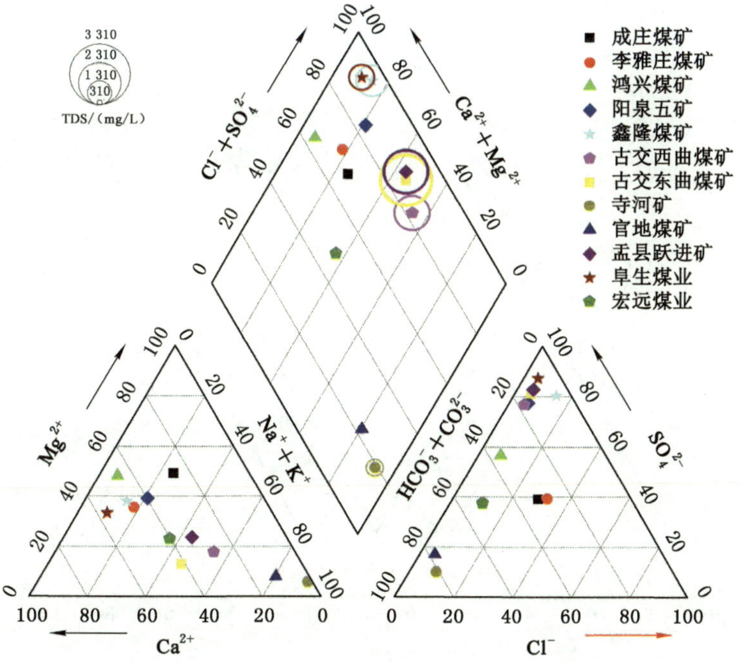

图 5-20 开采煤矿矿井水 Piper 三线图

(3) 关闭煤矿水化学类型

关闭煤矿矿井水水化学类型如图 5-21 所示。关闭煤矿 TDS 的变化范围为 430～5 660 mg/L,且关闭煤矿均含有较高的 SO_4^{2-}。新村矿的阳离子以 Ca^{2+} 和 Mg^{2+} 为主,故新村矿为 SO_4-Mg · Ca 型。东周窑矿、北岩矿和南庄矿 SO_4^{2-} 和 HCO_3^- 毫克当量百分数大于 25%;东周窑矿阳离子以 Na^+ 和 Mg^{2+} 为主,水化学类型为 HCO_3 · SO_4-Na · Mg 型;北岩矿水化学类型为 HCO_3 · SO_4-Ca · Mg 型;南庄矿阳离子以 Na^+ 为主,其水化学类型为 HCO_3 · SO_4-Na 型水。

5.4.3 水质特征预测

因关闭煤矿矿井水连续长周期采样困难,为了能够预测矿井水闭坑后的水质演化规律,根据调研,选择了山东洪山矿和徐州权台矿已有的关闭后水质数据,并将其作为水质预测的背景数据,推测山西省条件相似的矿井的演化规律,从而类推山西省煤矿关闭后的水质演化情况,仅供参照。

洪山矿位于淄博市淄川区罗村镇,于 1994 年关闭,目前可获取闭坑前水质特征以及闭坑后第 1、4、7、10、13、16 年的水质数据。权台矿位于江苏省徐州市,于 2010 年关闭,目前可以获取闭坑前以及关闭后第 1～5 年的数据。根据两个煤矿的闭坑前后的数据,可以推演类似条件(开采煤层、充水来源和排泄途径)的矿井演化规律,为山西省煤矿关闭后的水质演化提供背景参照依据。

(1) 闭坑水质演化规律的灰色预测

灰色预测指通过识别因素之间发展趋势的关联程度,同时对原始数据进行处理以寻找

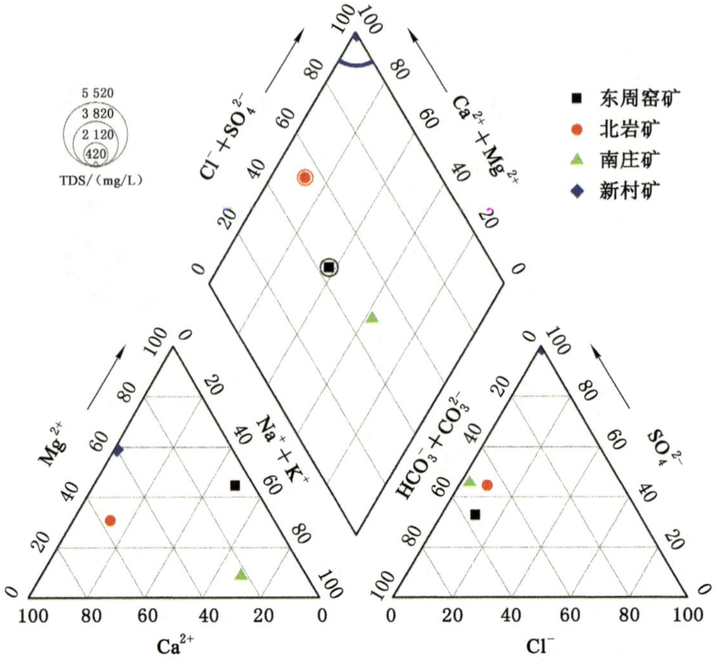

图 5-21 关闭煤矿矿井水 Piper 三线图

规律性的变化，生成规律性的数据集，进而建立一个与之相适应的微分方程模型来预测事物未来的发展趋势。根据山西煤矿高硫的水质特点，选取最具代表性的 pH、TDS 和 SO_4^{2-} 指标，预测需要的洪山矿和权台矿原始数据(表 5-18)。

表 5-18 闭坑后洪山矿和权台矿的水化学特征

煤矿	年份	pH	TDS/(mg/L)	SO_4^{2-}/(mg/L)
洪山矿	1992	7.80	587.89	90.54
	1997	7.76	771.61	248.55
	2000	7.73	863.21	338.93
	2003	7.76	1 177.50	578.94
	2010	7.30	2 388.50	1 353.10
权台矿	2010	7.59	839.00	88.49
	2011	7.66	1 198.00	136.65
	2012	7.68	914.00	142.61
	2013	7.69	750.00	147.35
	2014	7.71	789.40	172.99
	2015	7.70	891.00	204.50

经过级比检验、GM(1,1)建模，模型还原及检验，洪山矿实测数据平均实测频率为 3.6 年/次，根据模型方程得出了洪山矿的模型预测结果(图 5-22)。

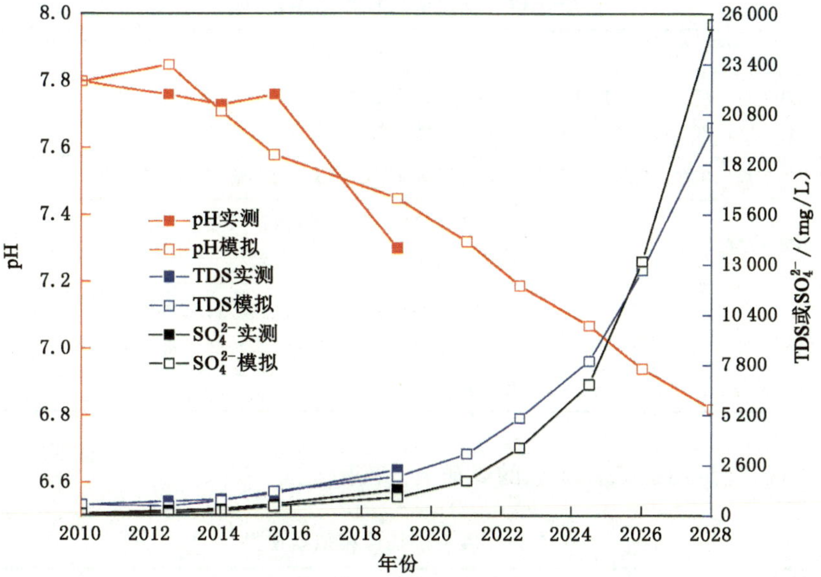

图 5-22　洪山矿模型预测结果

权台矿实测数据平均实测频率为 1 年/次，根据模型方程得出了权台矿的模型预测结果（图 5-23）。

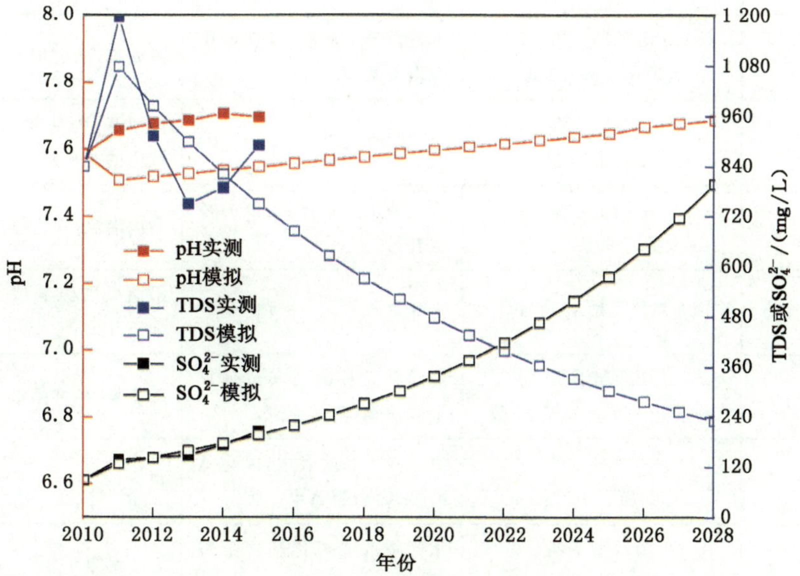

图 5-23　权台矿模型预测结果

（2）水质特征的类推

条件相似的矿井具有相似的演化规律，为了类推山西省煤矿关闭后的水质演化情况，以淄博洪山矿和徐州权台矿为例，根据开采煤层和补径排条件在山西省 158 座闭坑矿井中寻找条件相似性矿井。经筛选发现，与权台矿条件相似的煤矿有 3 座（表 5-19）。

表 5-19 权台矿条件相似型矿井

煤矿名称	开采煤层	充水来源	排泄途径
权台矿	下石盒子组 1 煤、3 煤，太原组和山西组 17 煤、20 煤、21 煤	下石盒子组顶板砂岩水，太原组顶、底板薄层灰岩岩溶水的补给	泉，断层破碎带
晟凯矿	太原组 9 煤、10 煤、11 煤	奥陶系灰岩水，大气降水的补给	矿坑排水和泉
安源矿	太原组 15 煤	大气降水，二叠系砂岩含水层及石炭系太原组灰岩含水层的补给	娘子关泉，矿坑排水
王家焉矿	太原组 4 煤、5 煤	奥陶系灰岩裸露区垂直入渗补给，其他含水层地下水通过断层、陷落柱等构造通道向深部越流补给	矿坑排水和泉

经筛选发现，与洪山矿条件相似的煤矿有 13 座(表 5-20)。

表 5-20 洪山矿条件相似型矿井

煤矿名称	开采煤层	充水来源	排泄途径
洪山矿	太原组 7 煤、9 煤、10 煤	大气降水入渗及局部第四系松散岩类孔隙水的补给	侧向径流，人工开采及泉水，矿坑排水
泽州天安隆东矿	太原组 9 煤至 15 煤	大气降水、地表水，含煤地层及含水层下渗补给	泉，侧向径流，矿坑排水
泽州天安恒源矿	山西组 3 煤 太原组 9 煤、15 煤	大气降水、地表水，含水层侧向补给	三姑泉，矿坑排水
翼城中卫青洼矿	山西组 2 煤 太原组 15 煤	大气降水入渗	南梁泉、海头泉、古堆泉群及区域内的开采井群，井下排水
北岩煤矿	山西组 3 煤 太原组 9 煤、15 煤	大气降水入渗，周边侧向径流补给	侧向潜流，周边煤矿矿坑排水
保利长虹新建矿	太原组 2 煤至 11 煤	大气降水	沿层面裂隙顺层径流，下降泉，人工开采
王庄煤矿	山西组 2 煤 太原组 6 煤、9 煤至 11 煤	降水入渗补给及其浅部采空区积水，侧向径流	郭庄泉，矿坑排水
天煜新星矿	山西组 2 煤 太原组 11 煤	大气降水和地表水，风化基岩带、砂岩裂隙水	泉
同地龙驭矿	山西组 2 煤 太原组 9 煤至 11 煤	大气降水或风化基岩带裂隙水	龙子祠泉
翼城汇嵘矿	山西组 2 煤 太原组 15 煤	大气降水补给或风化基岩带裂隙水	泉，地下径流
孟家焉矿	山西组 2 煤 太原组 9 煤至 11 煤	大气降水入渗补给	沿岩层倾向径流并排向郭庄泉

表 5-20(续)

煤矿名称	开采煤层	充水来源	排泄途径
梁家沟矿	太原组 10 煤、11 煤	大气降水渗入及河川径流集中渗漏	向郭庄泉排泄
蔡家沟矿	山西组 3 煤 太原组 9 煤至 11 煤	大气降水渗入及河川径流集中渗漏	向郭庄泉排泄
右玉元堡矿	太原组 5 煤、7 煤、8 煤	大气降水	矿坑排水和人工取水

基于这 158 座煤矿选取的随机性，可以按照这种比例关系推测山西省水化学类型相似的关闭煤矿数量、水化学特征及其演化规律(图 5-24)。自 2005 年以来，山西省共关闭煤矿 838 座，即预测有 69 座洪山矿条件相似型煤矿，16 座权台矿条件相似型煤矿。由于演化条件受多重因素影响，实际相似型煤矿数量会偏少。

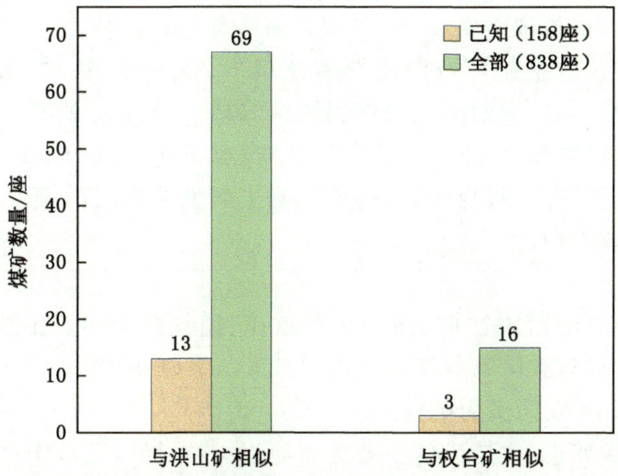

图 5-24　相似水质的煤矿数量类推

6 其他资源特征

6.1 伴生矿产资源

煤系共伴生矿产是指含煤地层中有成因联系，达到边界品位的非煤矿产或可从煤或其产品、副产品中通过加工选冶单独产出的所有有用组分矿产(崔艳，2018)。山西省关闭煤矿多数含煤地层不仅赋存有大量煤炭资源，还共生或伴生有丰富的非金属矿产和一些有益元素(宴达宇，2004)。山西省2016年前关闭的煤矿年代久远，资料缺失；2016—2020去产能关闭煤矿158座，资料梳理中发现，53座煤矿具有伴生矿产资源。

山西省关闭煤矿区伴生矿产资源主要有煤层气、铝土矿、铁矿、黄铁矿、锰铁矿、高岭土、石膏、耐火黏土、石灰岩、腐殖酸以及镓、锂、锗等稀有分散元素等十多种。其中，赋存较多的伴生矿产主要是煤层气、铝土岩、铁矿、石灰岩、黏土等。部分矿产的储量较丰富、品质优良，如夹矸型高岭土赋存于煤层中，有的矿区黏土矿就是煤层的顶底板，在采煤过程中就可随手捡出(宴达宇，2004)。

(1) 铁矿

山西省的铁矿多以山西式铁矿、高岭土黄铁矿、锰铁矿为主。山西式铁矿主要发育于石炭系本溪组(C_2b)底部，奥陶系峰峰组-马家沟组(O_2f-O_2m)之上的铁矿，200 m以浅多为赤铁矿和褐铁矿，200 m以深多为硫铁矿。

据统计，在关闭煤矿中，大同矿区主要为太原组4号煤层，灰分中铁的含量较低，且对应层位剩余煤炭资源较少，不适用于伴生铁矿的开发；西山矿区潜在煤系伴生铁矿仅有1个煤矿，对应层位剩余煤炭资源较少，约为576万t，亦不建议作为煤系伴生铁矿开采；晋城矿区潜在伴生铁矿产的煤矿较多，主要赋存在山西组3号煤层及太原组9号煤层，但太原组9号煤层剩余煤炭仅有9万t，山西组3号煤层剩余煤炭资源较多，山西煤炭运销集团阳城演礼煤矿、晋城蓝焰煤业股份有限公司凤凰山煤矿的主采层(山西组3号)仍剩余煤炭2 757.1万t，可作为煤系伴生铁矿潜力煤矿深入研究。汾西矿区的太原组4号与9号煤层存在一定量铁的富集，但对应的剩余煤炭资源极少，仅为36万t。离柳矿区的山西西山晋兴能源有限责任公司斜沟煤矿开采煤层为山西组8号，是潜在的铁矿开采矿区，且剩余煤炭资源量为1 090万t，可以作为深入挖掘伴生铁矿的对象。

(2) 锂矿

煤中锂的赋存状态既有无机结合态，也有有机结合态，常见于高岭石、绿泥石、伊利石等黏土矿物中(刘汉斌等，2017)。据山西省国土资源厅统计，截至2014年年底山西省锂矿资源储量为453.25 t，且主要集中在平朔矿区。该矿区太原组4号、9号煤层锂的平均含量分别为128.27 μg/g和152.00 μg/g，估算矿区内锂的资源量为107.25万t，属于超大型矿床。在山西省域关闭煤矿可查资料中发现，山西省具有 5 个赋存锂的潜在煤矿，主采煤层为山西组 1 号至 3 号以及太原组 4 号煤层(表 6-1)。

表 6-1 山西省关闭煤矿中有潜在锂资源的煤矿

矿区	煤 矿
大同	山西朔州山阴金海洋玉皇山煤业有限公司
	山西朔州山阴金海洋南泉湾煤业有限公司
	大同煤矿集团朔州朔煤新峪煤矿
晋城	山西兰花集团北岩煤矿有限公司
霍州	山西保利胜达煤业有限公司

统计信息显示，大同煤田大同组 3～5 号煤层中锂的平均含量为 85.71 μg/g，大同组 3 号煤层平均含量为 91.265 μg/g，4 号煤层平均含量为 94.254 μg/g，5 号煤层平均含量为 71.594 μg/g；太原组和山西组煤层平均为 58 μg/g。其中宁武矿区主要发育锂的为太原组，平均为 166 μg/g。西山煤田主要发育锂的有太原组 5 号和 8 号煤层，5 号平均为 285.9 μg/g，8 号平均为 92.2 μg/g(刘东娜等，2018)。锂的工业品位为 120 μg/g(孙玉壮等，2014)，对于大同矿区仍有不少煤矿大同组地层中的锂超过了工业品位，是煤系伴生锂矿的潜力成矿区域。

(3) 镓矿

镓是典型的分散元素，基本不独立成矿，但是由于镓的亲铝性，能通过类质同象的形式替代黏土矿物中的铝，与黏土矿物以结合或者以硫化物的形式赋存在无机矿物中(刘汉斌等，2017)。通常，铝富集的区域也同样富集镓，其工业品位为 30 μg/g(全国矿产储量委员会，1987)。山西省国土资源厅统计显示，山西省铝土矿伴生镓资源储量为 3.36 万 t，全国排名第四，主要为铝土矿中的伴生矿产。平朔矿区山西组 4 号煤层中镓的含量为 35.70 μg/g，太原组 9 号煤层的含量为 24.04 μg/g，太原组 11 号煤层的含量为 40.01 μg/g，主要来自奥陶系上覆本溪组风化壳中的铝土矿，资源量约 16.52 万 t(刘汉斌等，2017)，评定为超大型矿床(山西省平朔矿区煤中锂镓资源调查评价项目编写组，2015)。

(4) 铝矿

高铝煤是近年来新发现的铝土矿资源，主要分布在阴山山脉以南、太行山以西的华北石炭-二叠含煤区(杨晶晶，2013)。作为煤的伴生矿产，铝土矿在山西省煤区主要赋存于中奥陶统碳酸盐岩古侵蚀面之上，上石炭统含煤岩系之下，即“G 层铝土矿＋山西式铁矿”组合。含铝矿物多样，主要为硬水铝石、勃姆石、三水铝石，该矿的富集严格受到古喀斯特地形的控制，山西省铝土矿主要发育于河东盆地、宁武-静乐盆地、五台山盆地、霍西盆地。平朔矿区 9 号煤煤灰中 Al_2O_3 的平均含量为 40.70％，属于高铝粉煤灰(杨晶晶，2013)，中煤平朔公司自 2014 年开始建设 20 万 t/年粉煤灰生产线，设计年产量达 9.88 万 t。

(5) 锗矿

锗在煤中的含量较低，且一般赋存在煤化程度较低的褐煤中，以有机官能团侧链的形式存在，或以吸附状态赋存在有机质和黏土矿物表面，在硫化物和硅酸盐矿物中也有极少量的锗存在。大部分煤中都含有锗，只是含量低，只有在特殊地质条件下锗才有可能富集于煤中，达到开发标准。锗的成矿范围总体较小，主要富集于低阶煤薄煤层靠近煤层顶底板的部位（刘汉斌等，2017）。

（6）非金属矿产

煤炭灰分主要为煤中内在的矿物质，燃烧后形成的灰分来源于煤中的矿物质，且为黏土矿物、碳酸盐岩、黄铁矿等物质，而 XRD（X 射线衍射）利用与入射 X 射线波长相似的原子间距的晶胞，可识别煤中的矿物质，协同二者结果可定量精准分析煤中矿物质组成。针对山西省关闭煤矿矿区情况，获取了大同矿区、离柳矿区、西山矿区、阳泉矿区以及晋城矿区 7 个煤矿 6 个煤层煤样，分别为大同组 8-2 号煤层以及太原组 8 号、9 号、10 号、12 号、15 号煤层，对其进行煤炭工业分析和 XRD 矿物分析（因计算方法因素而可能存在少许误差）（图 6-1）（表 6-2）。

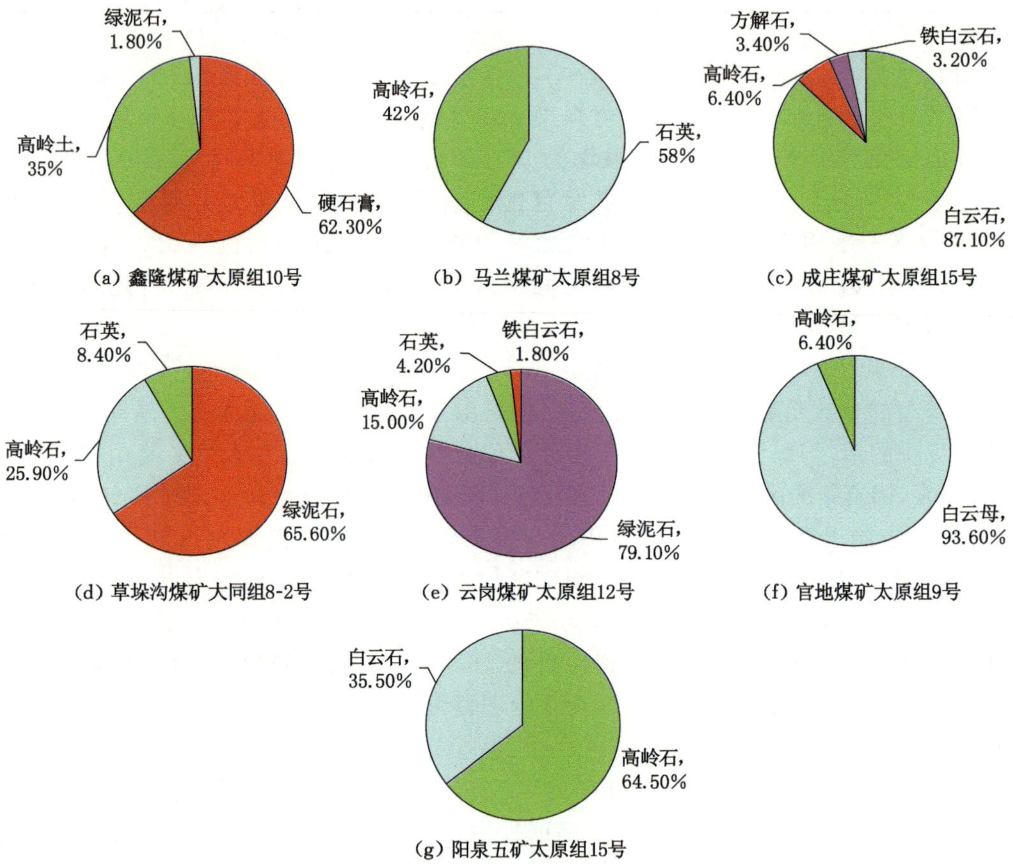

图 6-1　代表煤矿 XRD 分析结果

表 6-2　取样矿点煤中矿物组成

矿区	煤层	灰分/%	各类矿物占比
大同	大同组 8 号	6.92	绿泥石 65.6%，高岭石 25.9%，石英 8.4%
	太原组 12 号	5.82	绿泥石 79.1%，高岭石 15.0%，石英 4.2%，铁白云石 1.8%
离柳	太原组 10 号	4.56	硬石膏 62.3%，高岭土 35%，绿泥石 1.8%

表 6-2(续)

矿区	煤层	灰分/%	各类矿物占比
西山	太原组 8 号	18.98	石英 58%,高岭石 42%
	太原组 9 号	10.58	白云母 93.6%,高岭石 6.4%
阳泉	太原组 15 号	9.01	高岭石 64.5%,白云石 35.5%
晋城	太原组 15 号	9.41	白云石 87.1%,高岭石 6.4%,方解石 3.4%,铁白云石 3.2%

分析表明,代表煤矿煤层的矿物中均有高岭土,其次为绿泥石、白云石和石英,部分含有石膏和方解石。对于西山矿区太原组 8 号煤层,其高岭石含量最高,含有石膏的为离柳矿区的太原组 10 号煤层,碳酸盐矿物发育的为山西南部的西山矿区太原组 9 号煤层、阳泉矿区太原组 15 号煤层以及晋城矿区太原组 15 号煤层,是石灰岩矿产发育的潜力层位(图 6-2)。

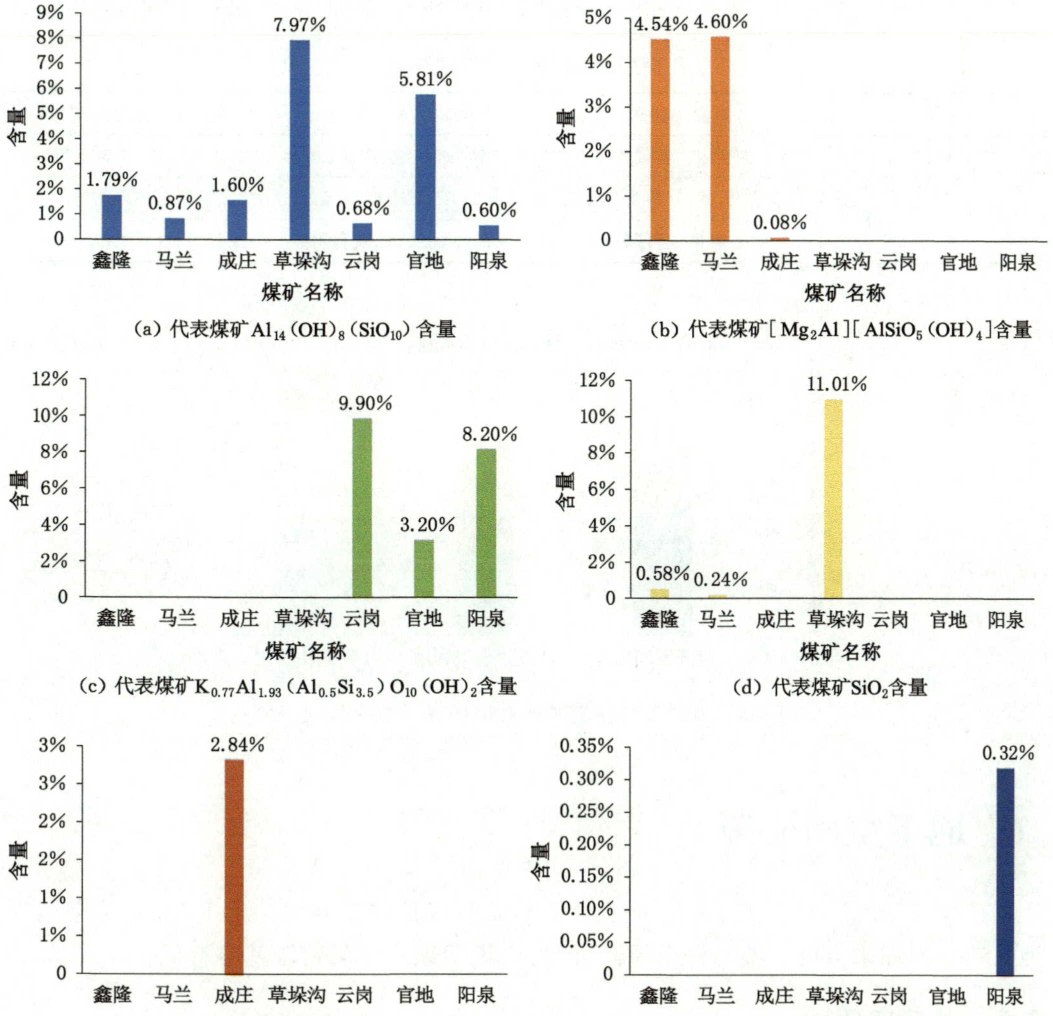

(a) 代表煤矿 $Al_{14}(OH)_8(SiO_{10})$ 含量　(b) 代表煤矿 $[Mg_2Al][AlSiO_5(OH)_4]$ 含量

(c) 代表煤矿 $K_{0.77}Al_{1.93}(Al_{0.5}Si_{3.5})O_{10}(OH)_2$ 含量　(d) 代表煤矿 SiO_2 含量

(e) 代表煤矿 $CaSO_4$ 含量　(f) 代表煤矿 $CaCO_3$ 含量

图 6-2　代表煤矿样品中的矿物成分含量

(7) 稀土元素

稀土元素在自然界中以硅酸盐、氧化物、磷酸盐等形式赋存，主要出现在岩浆岩类、花岗岩类中，常见于热液矿床、风化壳矿床中。煤中稀土元素的赋存量少，通常以类质同象形式混入矿物中。分析山西省主要矿区开采煤层的稀土含量发现，位于大同矿区的 REE 含量变化不大，其中的大同组 3～5 号煤层平均为 167.946 μg/g，前景较好。

山西省关闭煤矿共伴生矿产分析结果表明(表 6-3)，伴生矿产储量多、埋藏浅、达到工业生产品位，可开发利用的煤矿累计剩余煤炭资源储量为 91 313.1 万 t，且探明的经济的基础储量 111b 剩余最多，为 49 992.3 万 t；伴生矿产品级高，但储量不多、分布不稳定，不能进行大规模工业开发，但有小型冶炼厂的煤矿累计剩余煤炭资源储量为 76 748.8 万 t，且探明的经济的基础储量 111b 剩余最多，为 34 335 万 t；伴生矿产零星富集、品位较低、埋藏较深、难以利用的煤矿累计剩余煤炭资源储量为 108 296.0 万 t，且探明的经济的基础储量 111b 剩余最多，为 43 891.51 万 t(图 6-3)。此外，极少部分煤矿煤层中含有有害元素，如镉、铅等。

表 6-3　关闭煤矿伴生矿产类别

类型	储量及埋深	工业品位及开采情况	对应煤矿保有资源量/万 t
Ⅰ	储量多，埋藏浅	达到工业生产品位	91 313.1
Ⅱ	储量不多，分布不稳定	品级高，有小型冶炼厂	76 748.8
Ⅲ	零星富集，埋藏较深	品位较低，难以利用	108 296.0

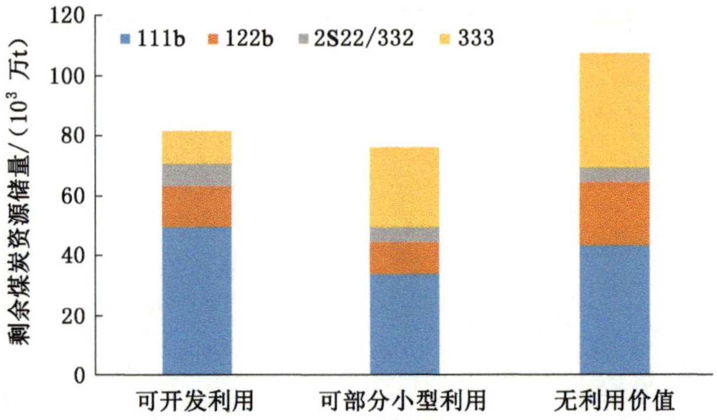

图 6-3　不同类型伴生矿产对应的煤矿剩余煤炭资源

6.2　地下空间资源

煤矿建设、生产过程中会在地下煤岩层形成丰富且体量巨大的地下空间，按空间形态分为井巷空间和采空区。鉴于安全原因，此处仅说明地下空间资源基本特征。

6.2.1　井巷空间

井巷空间指为进行煤炭开采、运输、提升作业，在地层内开凿的一系列通道和硐室的总称；呈条带状，绵延数公里。按井巷作用及服务范围不同可分为开拓巷道、准备巷道和回采巷道。

(1) 开拓巷道

为全矿井、一个水平或若干采区服务的巷道称为开拓巷道，如井筒、井底车场、大巷等。开拓巷道是从地面到采区的通道，这些通道在一个较长时期内为全矿井或阶段服务，服务年限一般在 10～30 年以上。

① 井筒是连接地面和井下的重要通道，为煤矿生产期间提升运输煤炭(或矸石)，运送人员、材料和设备以及通风、排水的通道。按井筒不同倾角分为平硐、斜井和立井。井筒位于地质条件好，不受可预计的自然和地质灾害的威胁，避开法律规定的文物古迹和风景区，且与周边铁路和道路临近的地方，具有良好的支护状态，安全条件好、空间结构稳定。

② 井底车场是连接井筒和大巷或石门的一组巷道和硐室的总称，为煤矿生产期间连接井下运输和提升两个环节的枢纽。井底车场具有良好的支护状态，井底车场内巷道和硐室较密，通常置于地质条件好的稳定岩层中，支护状态好、安全条件好、空间结构稳定。

③ 大巷是服务于开采水平或阶段的水平巷道，按矿井开拓系统中的作用，大巷分为运输大巷和回风大巷。运输大巷服务于整个开采水平的煤炭和辅助运输(人员、矸石、材料、设备等)以及通风、排水和管线敷设。在煤层群开拓中，分为单层布置、分组集中布置和集中布置 3 种方式。回风大巷服务于全矿井或矿井一翼的回风巷道，在井田开拓中，第一水平总回风道一般布置在第一水平上山采区的上部，沿井田走向的上部边界，下一水平的总回风巷道常可利用上水平的运输大巷。

按所在的层位划分，大巷可以分为煤层大巷和岩石大巷。煤层巷道一般布置在煤层顶底板较稳定，煤层较坚硬、易维护，煤层起伏和断层、褶皱小处，可保证巷道较为平直，保证运输设备运行；在没有瓦斯与煤的突出，无严重自然发火等情况下，应优先考虑采用煤层大巷。岩石大巷位置根据我国经验，按不同围岩性质、煤层赋存状态、管理顶板的方法等，岩石大巷距煤层的距离一般为 10～30 m。对于岩石大巷所处层位的岩性选择，避免在岩性松软、吸水膨胀、易于风化、强含水的岩层中布置大巷。

大巷服务期限长，上一水平运输大巷又常常作为下一水平的回风大巷，对大巷支护的要求高。岩层巷道多采用拱形断面，锚喷支护；若围岩条件差、地压大，采用联合支护。煤层巷道采用矩形断面，锚喷支护；当围岩条件差、地压大时，采用拱形断面，并应采用锚喷支护或联合支护。总体上，大巷支护状态好、安全条件好、空间结构稳定。

(2) 准备巷道

为准备采区而掘进的主要巷道称为准备巷道，如采区石门、采区上山、采区下山和采区车场等。准备巷道是在采区、盘区或带区范围内，从已开掘好的开拓巷道起，到达区段或分带斜巷的通道。这些通道在一定时期内为全采区服务，服务年限一般在 3～5 年或 5 年以上。这些巷道随采区采完而废弃。

(3) 回采巷道

形成采煤工作面及为其服务的巷道称为回采巷道，如工作面运输巷、工作面回风巷和开切眼等。回采巷道服务年限较短，一般在 1 年左右。这些巷道随着工作面的推进而废弃。

6.2.2 采空区

采空区是指在煤矿作业过程中，将地下煤炭资源开采完成后留下的空洞或空腔。煤矿开采过程中，随着采煤工作面不断向前推进，顶板悬露面积越来越大，为了保证工作面的安全和正常生产，需要及时对采空区进行处理。据收集资料可知，关闭煤矿采空区的处理方式为全部垮落法，该方法是指当工作面从开切眼推进一定距离后，主动撤除采煤工作空间以外的支架，使直接顶自然垮落，以后随工作面推进，每隔一定距离就按预定计划回柱放顶。这样，不仅可以及时减少工作面的控顶面积，而且由于顶板垮落后破碎岩石体积膨胀而充填采空区，从而减轻工作面压力，防止对工作面产生不良影响。煤层采出后形成的采空区必须及时封闭，还必须随采煤工作面的推进逐个封闭通至采空区的连通巷道。采区开采结束后45天内，必须在所有与已采区相连通的巷道中设置密闭墙，全部封闭。

总的来说，井筒、大巷和井底车场这些地下空间服务年限长，在设计之初采用了高强支护材料和特殊的结构形式，支护强度高、结构较为牢固，在生产期间配套有完善的运输、供电、通风、进水、排水系统，瓦斯等有害气体浓度相对较低，关闭后能完整保留下来，开发利用时只需要改造、加固和修缮即可，较新建地下工程空间可以节省大量投资，有较好的可利用性。而采空区会随煤层开采顶板岩石垮落而重新充填，形成积气、积水的裂隙空间，这些地下空间大多不具有空间尺寸、环境恶劣，开发利用时对其进行有针对性的改造、修复难度大，没有可利用性。

6.3 地面资源

本书涉及遥感解译的工作量为1 704.72 km^2，其中重点调查区为1 275.44 km^2，一般调查区429.28 km^2。重点调查区共解译地理要素图斑49 503个，解译环境要素图斑808个；一般调查区共解译地理要素图斑21 337个，解译环境要素图斑263个。共解译地质灾害点共481个，其中崩塌73个，崩塌隐患32个，地面塌陷247个，地裂缝27个，滑坡61个，滑坡隐患8个，泥石流4个，不稳定边坡28个，景观破坏1个。

6.3.1 重点调查区

根据实际关闭煤矿矿界，本次山西省关闭煤矿重点调查区153个煤矿解译总面积为1 275.44 km^2，其中地面资源包括耕地、园地(种植园用地)、林地、草地、商业服务业用地、工矿用地、住宅用地、公共管理与公共服务用地、特殊用地、交通运输用地、水域及水利设施用地、湿地及其他土地，其面积和占比详见表6-4及图6-4。山西省关闭煤矿重点调查区土地利用结构中主要为耕地、林地、草地和工矿用地，这四大类面积之和占到山西省关闭煤矿重点调查区面积的88.79%，其余九个一级分类面积占山西省关闭煤矿重点调查区面积的11.21%。

表6-4 山西省关闭煤矿重点调查区土地利用现状一级分类面积汇总表

土地类别	土地面积/km^2	所占比例/%
耕地	351.41	27.55
种植园用地	21.29	1.67
林地	526.12	41.25
草地	192.00	15.05
商业服务业用地	11.24	0.88
工矿用地	63.56	4.98

表 6-4(续)

土地类别	土地面积/km²	所占比例/%
住宅用地	59.23	4.64
公共管理与公共服务用地	4.22	0.33
特殊用地	3.15	0.25
交通运输用地	26.33	2.06
水域及水利设施用地	7.50	0.59
湿地	1.06	0.08
其他土地	8.33	0.65
辖区总面积	1 275.44	100.00

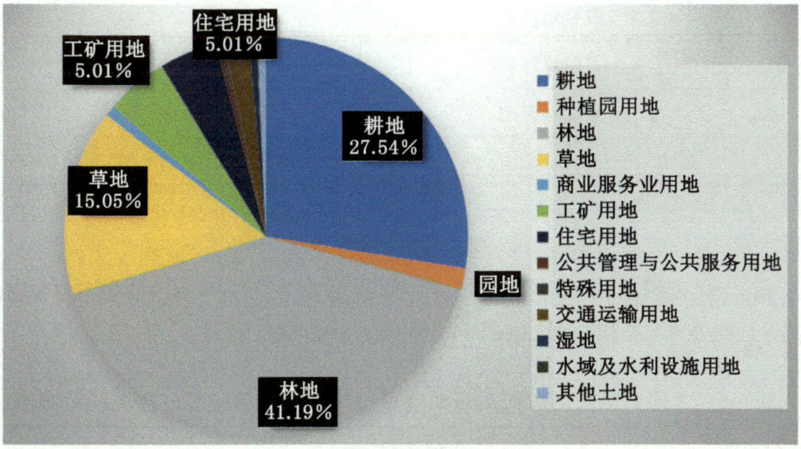

图 6-4 重点调查区土地利用现状饼图

关闭煤矿主要分布在17个煤炭国家规划矿区中。重点调查区煤矿共有148个,有4个煤矿不在规划矿区中(表6-5)。

表 6-5 山西省关闭煤矿重点调查区土地利用现状分矿区汇总表

序号	规划矿区或煤产地名称	面积/km²	所占比例/%
1	大同矿区	229.84	18.02
2	平朔矿区	27.32	2.14
3	轩岗矿区	45.25	3.55
4	岚县矿区	27.83	2.18
5	河保偏矿区	6.96	0.55
6	离柳矿区	25.50	2.00
7	石隰矿区	6.49	0.51
8	乡宁矿区	49.72	3.90
9	东山矿区	44.49	3.49
10	阳泉矿区	177.48	13.92

表 6-5(续)

序号	规划矿区或煤产地名称	面积/km²	所占比例/%
11	武夏矿区	21.70	1.70
12	汾西矿区	72.47	5.68
13	霍州矿区	139.42	10.93
14	霍东矿区	52.08	4.08
15	潞安矿区	48.87	3.83
16	晋城矿区	205.13	16.08
17	西山矿区	82.33	6.46
18	广灵煤产地	2.90	0.23
19	五台煤产地	2.82	0.22
20	平陆煤产地	5.73	0.45
21	垣曲煤产地	1.11	0.09
合计		1 275.44	100.00

(1) 大同矿区

大同矿区重点调查区共 24 个关闭煤矿，总面积为 229.84 km²，其中林地占比最大、草地和耕地次之，三类面积之和占比为 89.76%(表 6-6)(图 6-5)。

表 6-6　大同矿区关闭煤矿重点调查区土地利用现状一级分类面积汇总表

土地类别	土地面积/km²	所占比例/%
耕地	56.18	24.44
种植园用地	0.01	0.01
林地	89.13	38.78
草地	61.00	26.54
商业服务业用地	0.92	0.40
工矿用地	10.09	4.39
住宅用地	5.31	2.31
公共管理与公共服务用地	0.51	0.22
特殊用地	0.14	0.06
交通运输用地	3.79	1.65
水域及水利设施用地	0.28	0.12
湿地	0.70	0.30
其他土地	1.80	0.78
辖区总面积	229.84	100.00

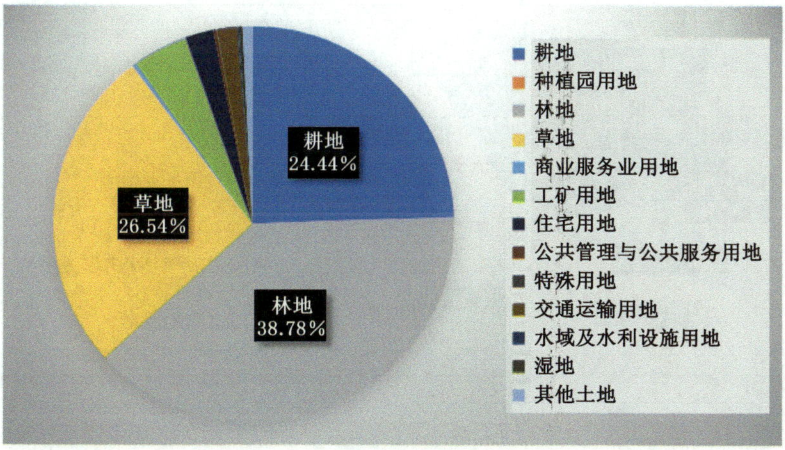

图 6-5　大同矿区重点调查区土地利用现状饼图

(2) 东山矿区

东山矿区重点调查区共 4 个关闭煤矿，总面积为 44.49 km²，其中林地占比最大，为 47.06%，住宅用地次之，占比 12.43%(表 6-7)(图 6-6)。

表 6-7　东山矿区关闭煤矿重点调查区土地利用现状一级分类面积汇总表

土地类别	土地面积/km²	所占比例/%
耕地	4.15	9.32
种植园用地	2.39	5.37
林地	20.93	47.06
草地	3.49	7.84
商业服务业用地	2.26	5.09
工矿用地	1.27	2.85
住宅用地	5.53	12.43
公共管理与公共服务用地	0.89	1.99
特殊用地	0.75	1.70
交通运输用地	1.67	3.76
水域及水利设施用地	0.12	0.27
湿地	0	0
其他土地	1.04	2.33
辖区总面积	44.49	100.00

(3)汾西矿区

汾西矿区重点调查区共 8 个关闭煤矿，总面积为 72.47 km²，其中林地和耕地面积相近，

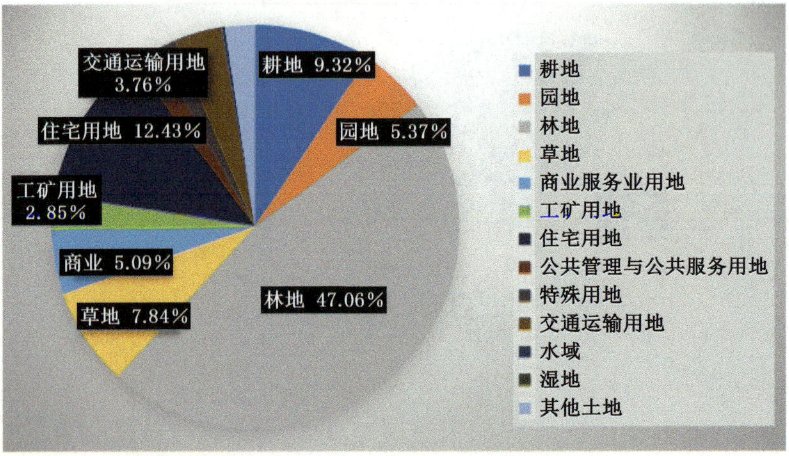

图 6-6　东山矿区重点调查区土地利用现状饼图

分别为 25.99 km^2 和 25.38 km^2，工矿用地面积为 8.06 km^2，占比 11.13%（表 6-8）（图 6-7）。

表 6-8　汾西矿区关闭煤矿重点调查区土地利用现状一级分类面积汇总表

土地类别	土地面积/km^2	所占比例/%
耕地	25.38	35.02
种植园用地	1.16	1.60
林地	25.99	35.86
草地	6.59	9.09
商业服务业用地	0.19	0.26
工矿用地	8.06	11.13
住宅用地	2.62	3.62
公共管理与公共服务用地	0.29	0.40
特殊用地	0.20	0.27
交通运输用地	1.13	1.56
水域及水利设施用地	0.45	0.63
湿地	0.06	0.09
其他土地	0.35	0.48
辖区总面积	72.47	100

（4）河保偏矿区

河保偏矿区重点调查区共 2 个关闭煤矿，总面积为 6.96 km^2，其中耕地面积最大，为 2.62 km^2，占比 37.57%，林地次之，面积和占比分别为 1.73 km^2 和 24.81%（表 6-9）（图 6-8）。

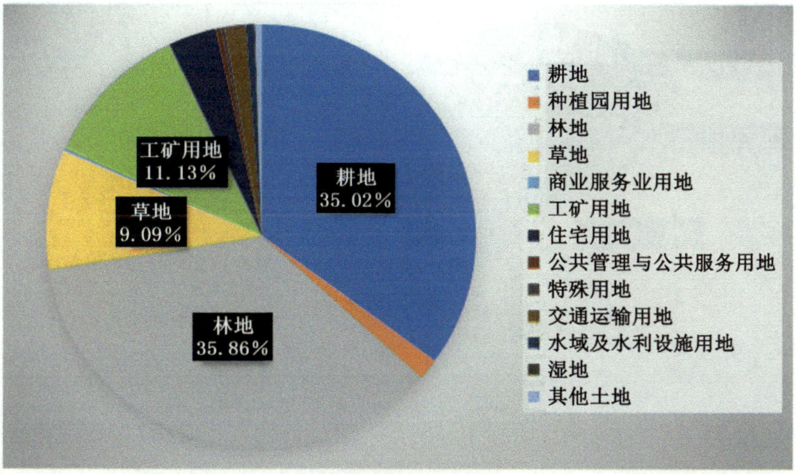

图 6-7 汾西矿区重点调查区土地利用现状饼图

表 6-9 河保偏矿区关闭煤矿重点调查区土地利用现状一级分类面积汇总表

土地类别	土地面积/km^2	所占比例/%
耕地	2.62	37.57
种植园用地	0.11	1.53
林地	1.73	24.81
草地	1.32	18.99
商业服务业用地	0.02	0.35
工矿用地	0.24	3.48
住宅用地	0.54	7.78
公共管理与公共服务用地	0.03	0.42
特殊用地	0.02	0.25
交通运输用地	0.26	3.71
水域及水利设施用地	0.05	0.74
湿地	0	0
其他土地	0.03	0.36
辖区总面积	6.96	100.00

(5) 霍东矿区

霍东矿区重点调查区共5个关闭煤矿，总面积52.08 km^2，其中林地面积为37.21 km^2，占比71.46%，耕地次之，面积和占比分别为9.63 km^2和18.49%，其余地面类别占比基本小于2%(表6-10)(图6-9)。

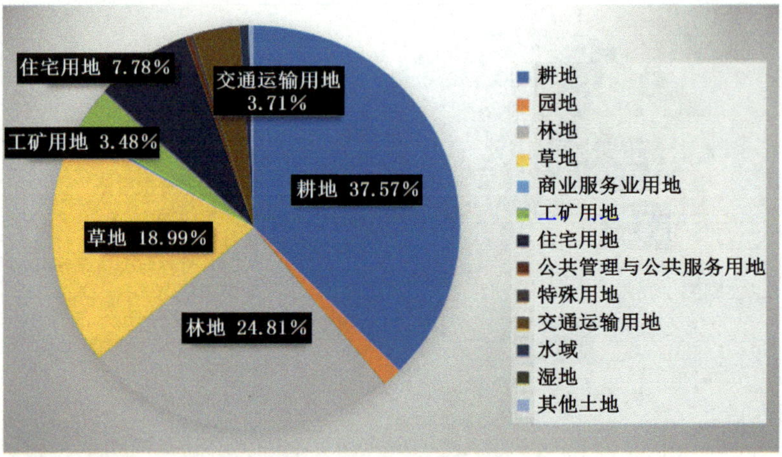

图 6-8　河保偏矿区重点调查区土地利用现状饼图

表 6-10　霍东矿区关闭煤矿重点调查区土地利用现状一级分类面积汇总表

土地类别	土地面积/km^2	所占比例/%
耕地	9.63	18.49
种植园用地	0.01	0.01
林地	37.21	71.46
草地	2.76	5.31
商业服务业用地	0.04	0.07
工矿用地	0.86	1.65
住宅用地	0.75	1.44
公共管理与公共服务用地	0.02	0.04
特殊用地	0.02	0.03
交通运输用地	0.58	1.12
水域及水利设施用地	0.14	0.27
湿地	0	0
其他土地	0.05	0.11
辖区总面积	52.08	100.00

（6）霍州矿区

霍州矿区重点调查区共 12 个关闭煤矿，总面积 139.42 km^2，其中耕地的面积最大，为 59.70 km^2，占比 42.82%，林地和草地面积次之，分别为 33.96 km^2 和 31.07 km^2，其余土地类别占比基本小于 2%（表 6-11）（图 6-10）。

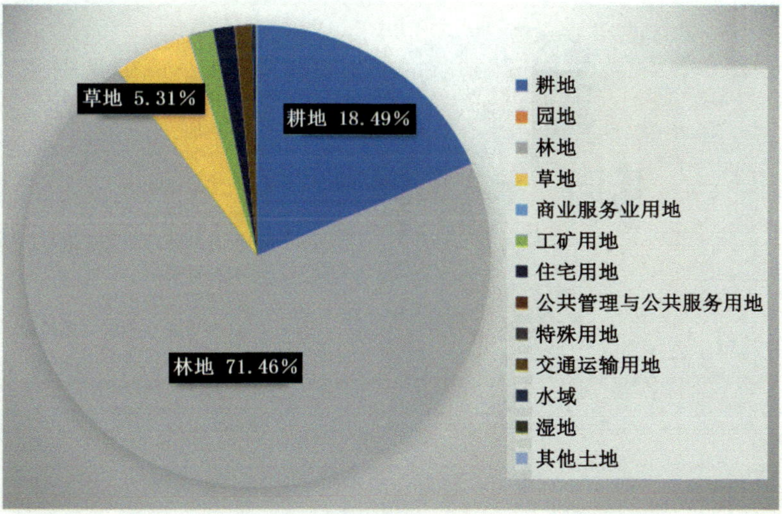

图 6-9 霍东矿区重点调查区土地利用现状饼图

表 6-11 霍州矿区关闭煤矿重点调查区土地利用现状一级分类面积汇总表

土地类别	土地面积/km^2	所占比例/%
耕地	59.70	42.82
种植园用地	0.40	0.28
林地	33.96	24.36
草地	31.07	22.29
商业服务业用地	0.32	0.23
工矿用地	2.98	2.14
住宅用地	7.47	5.36
公共管理与公共服务用地	0.28	0.20
特殊用地	0.03	0.02
交通运输用地	2.01	1.44
水域及水利设施用地	0.62	0.45
湿地	0.02	0.01
其他土地	0.55	0.40
辖区总面积	139.42	100.00

(7) 晋城矿区

晋城矿区重点调查区共 26 个关闭煤矿，总面积 205.13 km^2，其中，耕地面积最大，为 84.38 km^2，占比 41.13%，林地面积次之，为 54.64 km^2，占比 26.64%，其余土地类别基本小于 5%(表 6-12)(图 6-11)。

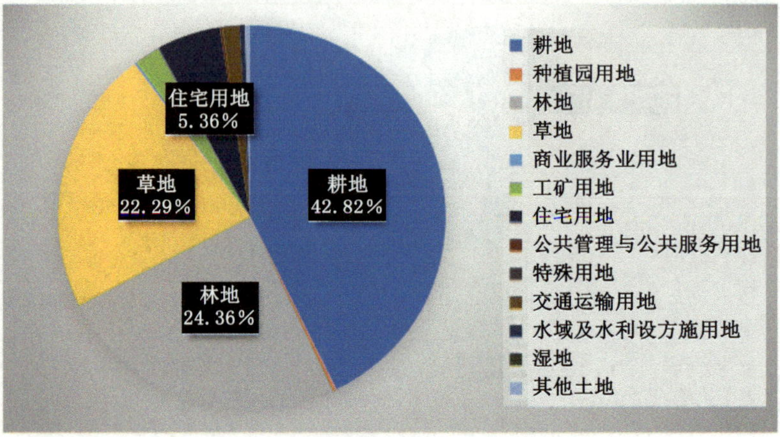

图 6-10 霍州矿区重点调查区土地利用现状饼图

表 6-12 晋城矿区关闭煤矿重点调查区土地利用现状一级分类面积汇总表

土地类别	土地面积/km^2	所占比例/%
耕地	84.38	41.13
种植园用地	7.17	3.50
林地	54.64	26.64
草地	12.02	5.86
商业服务业用地	6.18	3.01
工矿用地	9.97	4.86
住宅用地	19.49	9.50
公共管理与公共服务用地	0.99	0.48
特殊用地	0.74	0.36
交通运输用地	6.42	3.13
水域及水利设施用地	1.61	0.79
湿地	0	0
其他土地	1.51	0.74
辖区总面积	205.13	100.0

(8) 岚县矿区

岚县矿区重点调查区共 3 个关闭煤矿，总面积 27.83 km^2，其中，林地面积最大，为 10.82 km^2，耕地面积次之，为 8.51 km^2，再次为草地，面积为 7.68 km^2，其余类别土地占比基本小于 1%(表 6-13)(图 6-12)。

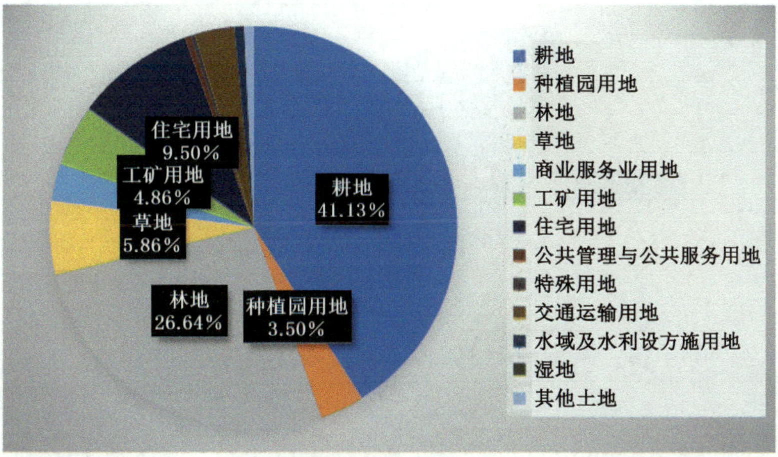

图 6-11 晋城矿区重点调查区土地利用现状饼图

表 6-13 岚县矿区关闭煤矿重点调查区土地利用现状一级分类面积汇总表

土地类别	土地面积/km^2	所占比例/%
耕地	8.51	30.58
种植园用地	0	0
林地	10.82	38.86
草地	7.68	27.61
商业服务业用地	0	0
工矿用地	0.20	0.71
住宅用地	0.27	0.97
公共管理与公共服务用地	0.01	0.03
特殊用地	0.01	0.02
交通运输用地	0.15	0.55
水域及水利设施用地	0.03	0.12
湿地	0.14	0.50
其他土地	0.01	0.04
辖区总面积	27.83	100.00

(9) 离柳矿区

离柳矿区重点调查区共 4 个关闭煤矿，总面积为 25.50 km^2，其中，草地面积最大，为 7.68 km^2，林地面积次之，为 7.44 km^2，再次为耕地，面积为 6.08 km^2，其余类别土地占比基本小于 8%(表 6-14)(图 6-13)。

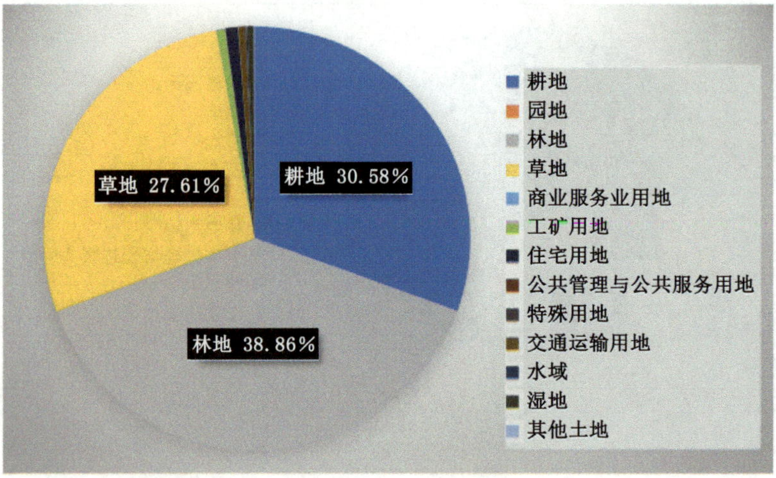

图 6-12　岚县矿区重点调查区土地利用现状饼图

表 6-14　离柳矿区关闭煤矿重点调查区土地利用现状一级分类面积汇总表

土地类别	土地面积/km^2	所占比例/%
耕地	6.08	23.83
种植园用地	2.05	8.03
林地	7.44	29.17
草地	7.68	30.11
商业服务业用地	0	0
工矿用地	0.68	2.60
住宅用地	0.63	2.47
公共管理与公共服务用地	0.02	0.08
特殊用地	0	0
交通运输用地	0.26	1.01
水域及水利设施用地	0.09	0.36
湿地	0	0
其他土地	0.57	2.25
辖区总面积	25.50	100.00

（10）潞安矿区

潞安矿区重点调查区共 5 个关闭煤矿，总面积为 48.87 km^2，其中，耕地面积最大，为 21.93 km^2，林地面积次之，为 13.19 km^2，再次为工矿用地，面积为 4.66 km^2，其余类别土地占比基本小于 5%（表 6-15）（图 6-14）。

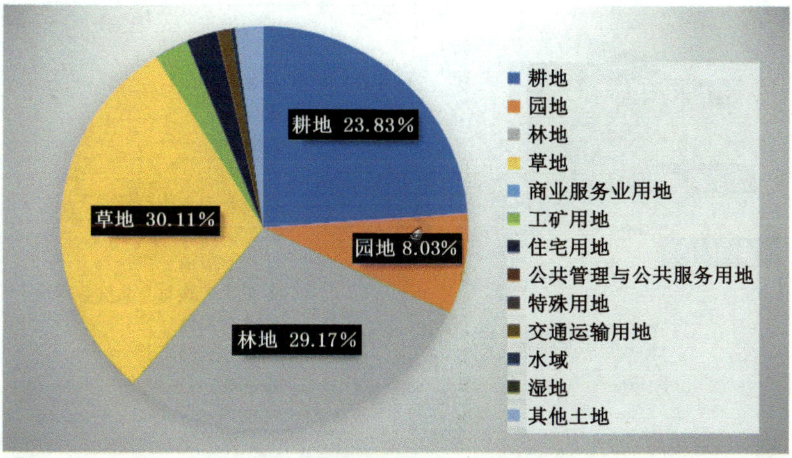

图 6-13 离柳矿区重点调查区土地利用现状饼图

表 6-15 潞安矿区关闭煤矿重点调查区土地利用现状一级分类面积汇总表

土地类别	土地面积/km^2	所占比例/%
耕地	21.93	44.87
种植园用地	0.26	0.53
林地	13.19	27.00
草地	2.40	4.91
商业服务业用地	0.15	0.31
工矿用地	4.66	9.53
住宅用地	4.20	8.59
公共管理与公共服务用地	0.22	0.44
特殊用地	0.07	0.14
交通运输用地	1.02	2.09
水域及水利设施用地	0.34	0.70
湿地	0.06	0.11
其他土地	0.39	0.79
辖区总面积	48.87	100.00

(11) 平朔矿区

平朔矿区重点调查区共 6 个关闭煤矿，总面积 27.32 km^2，其中，耕地面积最大，为 8.94 km^2，林地面积次之，为 7.16 km^2，再次为草地，面积为 6.51 km^2(表 6-16)(图 6-15)。

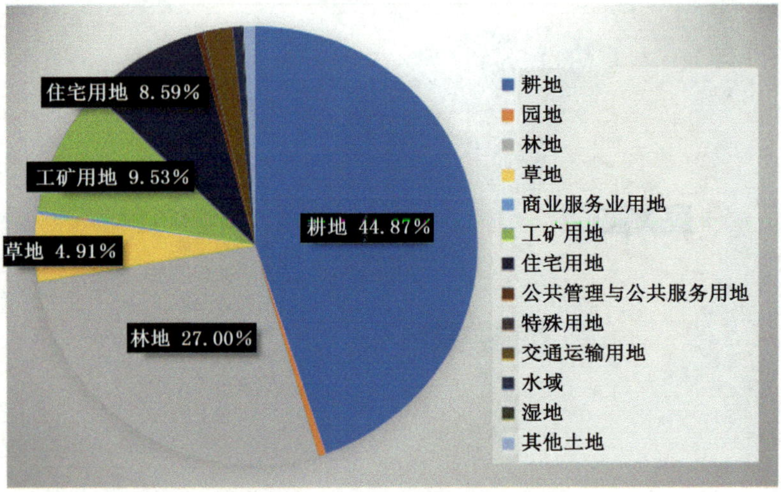

图 6-14　潞安矿区重点调查区土地利用现状饼图

表 6-16　平朔矿区关闭煤矿重点调查区土地利用现状一级分类面积汇总表

土地类别	土地面积/km²	所占比例/%
耕地	8.94	32.72
种植园用地	0.01	0.05
林地	7.16	26.20
草地	6.51	23.82
商业服务业用地	0.10	0.37
工矿用地	2.54	9.31
住宅用地	0.95	3.47
公共管理与公共服务用地	0.09	0.31
特殊用地	0.02	0.08
交通运输用地	0.61	2.22
水域及水利设施用地	0.12	0.46
湿地	0.06	0.22
其他土地	0.21	0.70
辖区总面积	27.32	100.00

(12) 石隰矿区

石隰矿区重点调查区共 1 个关闭煤矿，总面积 6.49 km²，其中，林地面积最大，为 4.54 km²，占比 70.02%，草地面积次之，为 0.78 km²，占比为 12.02%(表 6-17)(图 6-16)。

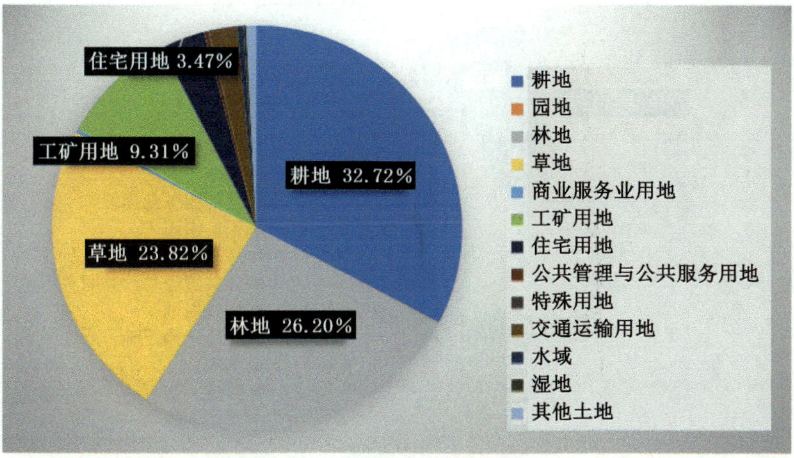

图 6-15 平朔矿区重点调查区土地利用现状饼图

表 6-17 石隰矿区关闭煤矿重点调查区土地利用现状一级分类面积汇总表

土地类别	土地面积/km^2	所占比例/%
耕地	0.57	8.84
种植园用地	0.36	5.55
林地	4.54	70.02
草地	0.78	12.02
商业服务业用地	0	0
工矿用地	0.14	2.08
住宅用地	0.01	0.16
公共管理与公共服务用地	0	0
特殊用地	0	0
交通运输用地	0.05	0.71
水域及水利设施用地	0	0
湿地	0	0
其他土地	0.03	0.54
辖区总面积	6.49	100.00

(13) 武夏矿区

武夏矿区重点调查区共 5 个关闭煤矿，总面积 21.70 km^2，其中，耕地面积最大，为 10.08 km^2，草地面积次之，为 5.26 km^2，再次为林地，面积为 3.19 km^2，其余类别土地占比基本小于 5%(表 6-18)(图 6-17)。

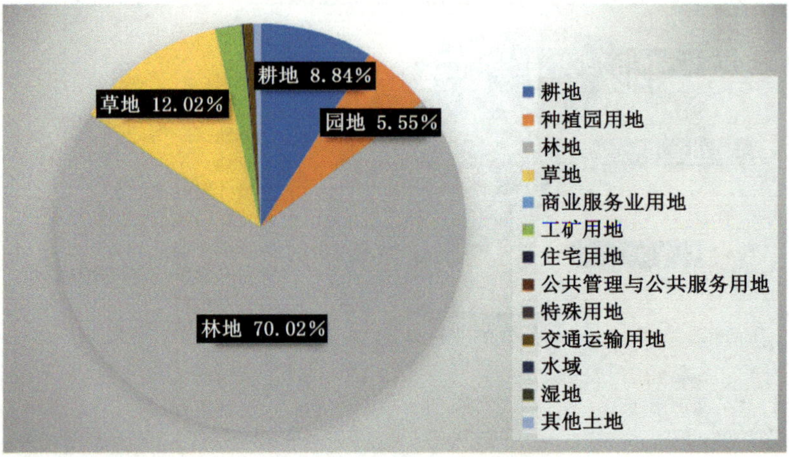

图 6-16　石隰矿区重点调查区土地利用现状饼图

表 6-18　武夏矿区关闭煤矿重点调查区土地利用现状一级分类面积汇总表

土地类别	土地面积/km^2	所占比例/%
耕地	10.08	46.46
种植园用地	0.09	0.44
林地	3.19	14.70
草地	5.26	24.23
商业服务业用地	0.13	0.60
工矿用地	0.87	4.03
住宅用地	1.20	5.53
公共管理与公共服务用地	0.02	0.09
特殊用地	0.01	0.02
交通运输用地	0.45	2.06
水域及水利设施用地	0.12	0.55
湿地	0.24	1.11
其他土地	0.04	0.18
辖区总面积	21.70	100.00

(14) 西山矿区

西山矿区重点调查区共 17 个关闭煤矿，总面积 82.33 km^2，其中，林地面积最大，为 59.17 km^2，草地面积次之，为 7.22 km^2，再次为耕地，面积为 4.41 km^2，其余类别土地占比基本小于 5%(表 6-19)(图 6-18)。

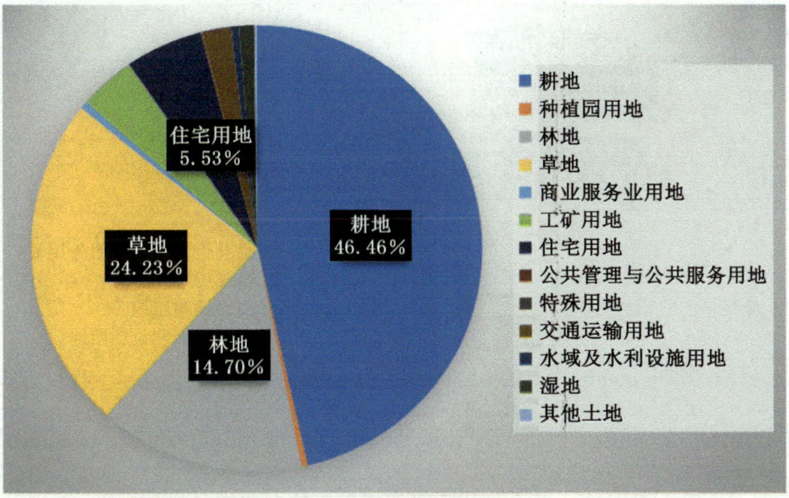

图 6-17 武夏矿区重点调查区土地利用现状饼图

表 6-19 西山矿区关闭煤矿重点调查区土地利用现状一级分类面积汇总表

土地类别	土地面积/km²	所占比例/%
耕地	4.41	5.36
种植园用地	3.05	3.70
林地	59.17	71.87
草地	7.22	8.77
商业服务业用地	0.15	0.18
工矿用地	2.94	3.57
住宅用地	1.83	2.23
公共管理与公共服务用地	0.07	0.08
特殊用地	0.20	0.24
交通运输用地	2.45	2.98
水域及水利设施用地	0.56	0.68
湿地	0	0
其他土地	0.28	0.34
辖区总面积	82.33	100.00

(15) 乡宁矿区

乡宁矿区重点调查区共 7 个关闭煤矿，总面积 49.72 km^2，其中，林地面积最大，为 31.36 km^2，耕地面积次之，为 8.94 km^2，再次为草地，面积为 4.05 km^2，其余类别土地占比基本小于 5%(表 6-20)(图 6-19)。

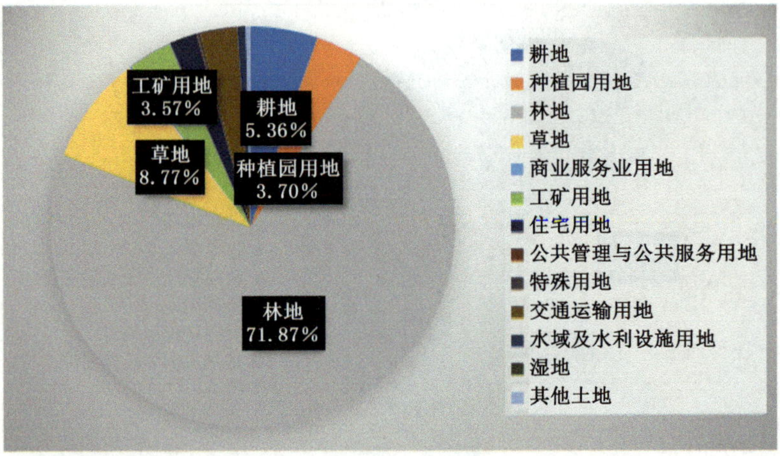

图 6-18　西山矿区重点调查区土地利用现状饼图

表 6-20　乡宁矿区关闭煤矿重点调查区土地利用现状一级分类面积汇总表

土地类别	土地面积/km²	所占比例/%
耕地	8.94	17.98
种植园用地	2.48	4.98
林地	31.36	63.08
草地	4.05	8.14
商业服务业用地	0	0
工矿用地	1.14	2.30
住宅用地	0.74	1.49
公共管理与公共服务用地	0.02	0.04
特殊用地	0	0
交通运输用地	0.72	1.45
水域及水利设施用地	0.07	0.14
湿地	0	0
其他土地	0.20	0.40
辖区总面积	49.72	100.00

(16) 轩岗矿区

轩岗矿区重点调查区共 9 个关闭煤矿，总面积 45.25 km²，其中，草地面积最大，为 19.51 km²，林地面积次之，为 10.67 km²，再次为耕地，面积为 9.64 km²。此外，除了工矿用地占比 8.10%，其余类别土地占比基本小于 2%(表 6-21)(图 6-20)。

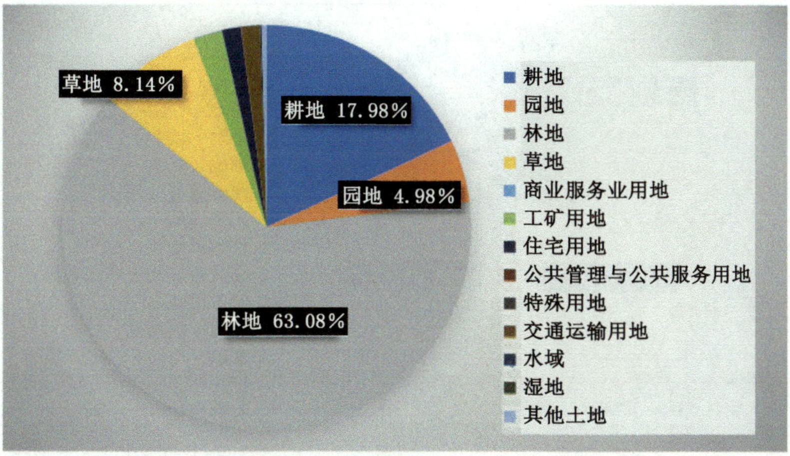

图 6-19 乡宁矿区重点调查区土地利用现状饼图

表 6-21 轩岗矿区关闭煤矿重点调查区土地利用现状一级分类面积汇总表

土地类别	土地面积/km^2	所占比例/%
耕地	9.64	21.29
种植园用地	0	0
林地	10.67	23.58
草地	19.51	43.12
商业服务业用地	0.08	0.17
工矿用地	3.67	8.10
住宅用地	0.98	2.16
公共管理与公共服务用地	0.02	0.05
特殊用地	0.06	0.13
交通运输用地	0.33	0.72
水域及水利设施用地	0.11	0.24
湿地	0	0
其他土地	0.20	0.44
辖区总面积	45.25	100.00

(17) 阳泉矿区

阳泉矿区重点调查区共 10 个关闭煤矿，总面积 177.48 km^2，其中，林地面积最大，为 107.34 km^2，占比达 60.43%，耕地面积次之，为 27.81 km^2，再次为草地，面积为 12.69 km^2，其余类别土地占比基本小于 6%(表 6-22)(图 6-21)。

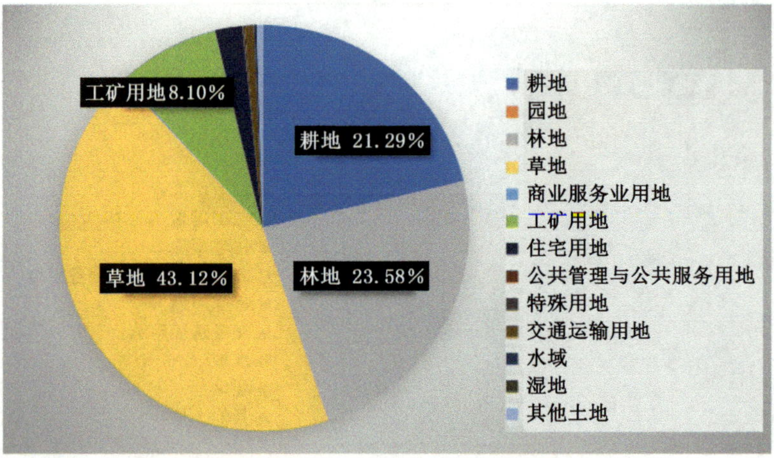

图 6-20 轩岗矿区重点调查区土地利用现状饼图

表 6-22 阳泉矿区关闭煤矿重点调查区土地利用现状一级分类面积汇总表

土地类别	土地面积/km²	所占比例/%
耕地	27.81	15.69
种植园用地	1.98	1.12
林地	107.34	60.43
草地	12.69	7.16
商业服务业用地	0.78	0.44
工矿用地	10.44	5.89
住宅用地	6.84	3.86
公共管理与公共服务用地	0.76	0.43
特殊用地	0.90	0.51
交通运输用地	4.32	2.44
水域及水利设施用地	2.28	1.29
湿地	0.12	0.07
其他土地	1.23	0.69
辖区总面积	177.48	100.00

(18) 矿区外煤产地

广灵煤产地重点调查区共 1 个关闭煤矿，总面积 2.90 km^2，主要为工矿用地，面积为 2.49 km^2，占比达 85.87%(图 6-22)。五台煤产地重点调查区共 1 个关闭煤矿，总面积 2.82 km^2，主要为耕地，面积为 2.31 km^2，占比达 81.90%(图 6-23)。平陆煤产地重点调查区共 2 个关闭煤矿，总面积 5.73 km^2，主要为林地，面积为 4.34 km^2，占比达 75.78%(图 6-24)。垣曲煤产地重点调查区共 1 个关闭煤矿，总面积 1.11 km^2，主要为林地，面积为

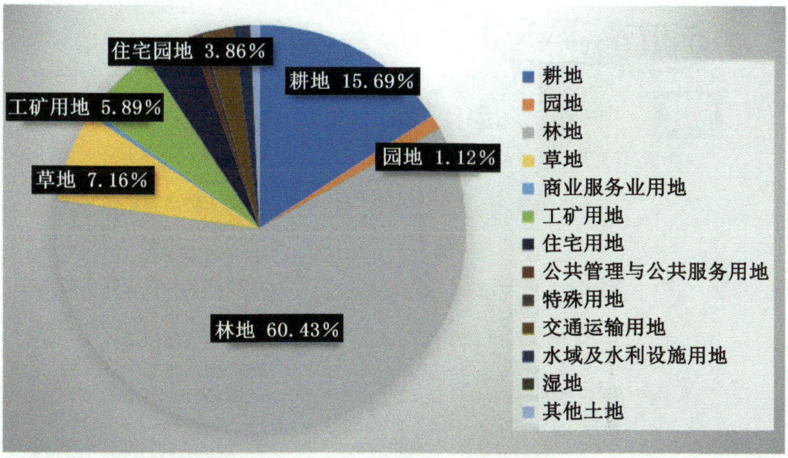

图 6-21　阳泉矿区重点调查区土地利用现状饼图

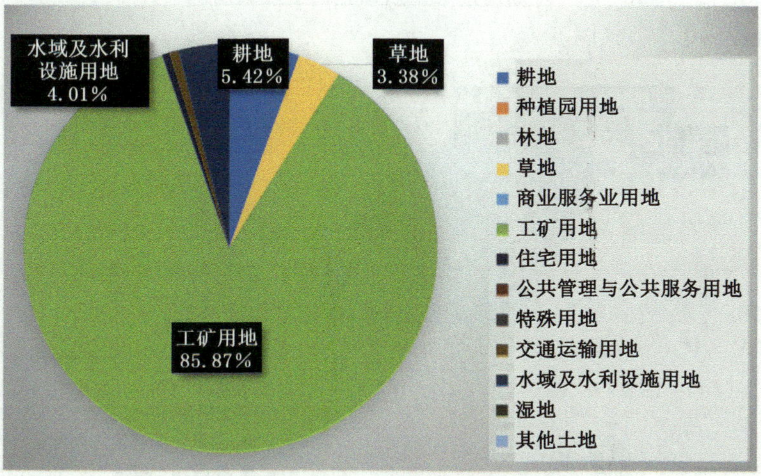

图 6-22　广灵煤产地重点调查区土地利用现状饼图

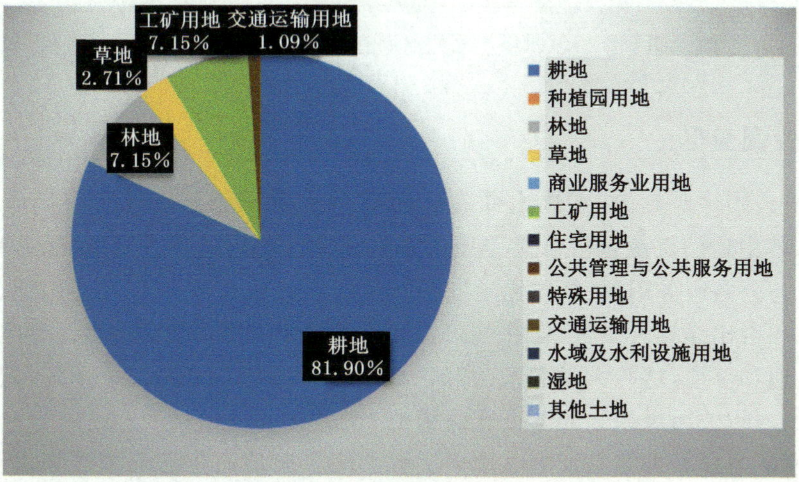

图 6-23　五台煤产地重点调查区土地利用现状饼图

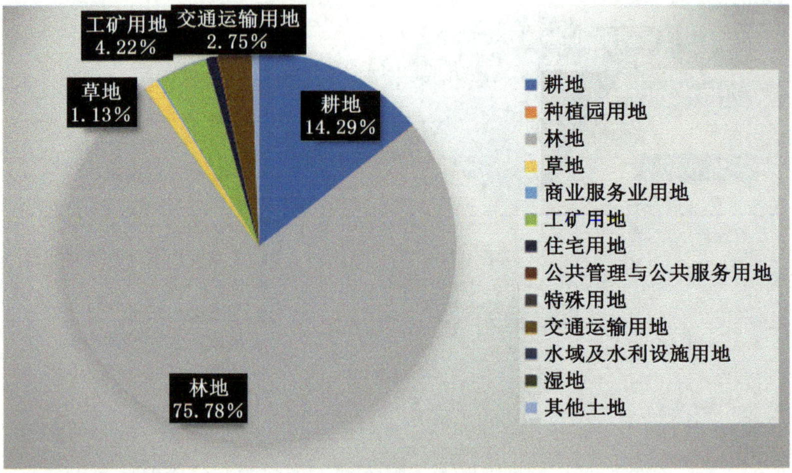

图 6-24　平陆煤产地重点调查区土地利用现状饼图

0.67 km²，占比达 60.57%(图 6-25)。

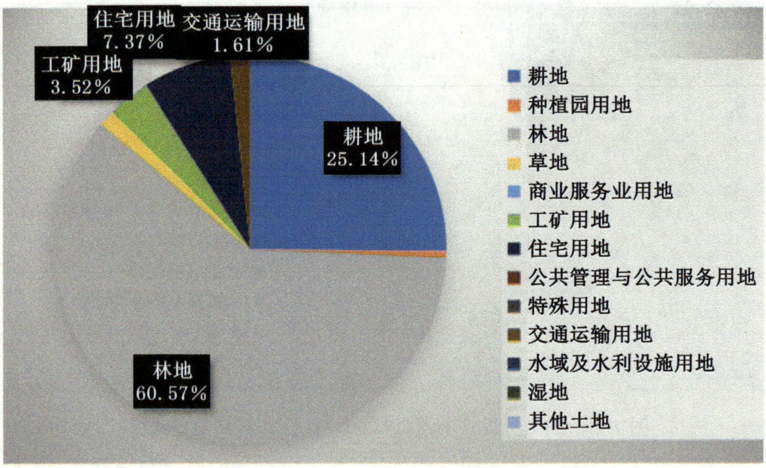

图 6-25　垣曲煤产地重点调查区土地利用现状饼图

6.3.2　一般调查区

根据实际关闭煤矿矿界，本次山西省关闭煤矿一般调查区 566 个煤矿解译总面积为 429.28 km²，其中地面资源包括耕地、园地、林地、草地、商业服务业用地、工矿用地、住宅用地、公共管理与公共服务用地、特殊用地、交通运输用地、水域及水利设施用地、湿地及其他土地，其面积和占比详见表 6-23 及图 6-26。山西省关闭煤矿一般调查区土地利用结构中主要为林地、耕地和草地，这三大类面积之和占到一般调查区面积的 84.18%，其余九个一级分类面积占山西省关闭煤矿一般调查区面积的 15.82%。

环境要素的解译和外业验证能够用于了解关闭煤矿地面生态环境破坏以及恢复情况，为矿山生态环境恢复与治理提供依据。研究中共解译环境要素 808 个，主要包括洗煤厂、堆煤场、矸石堆、矸石堆(已治理)、矸石堆(正在治理)、土地复垦、工业广场、露天采场等。

利用遥感解译调查方法充分掌握关闭煤矿矿界内的地质灾害分布及规模等实际情况，减少地质灾害给人们的生活生产带来的损害，揭示地质灾害发生的特点和规律，为后续实地地质灾害详细调查提供及时、准确的信息，提高调查效率。地质灾害共解译 481 个，主要包括崩塌、滑坡、泥石流、崩塌隐患、滑坡隐患、地面塌陷、地裂缝等。

表 6-23 山西省关闭煤矿一般调查区土地利用现状一级分类面积汇总表

土地类别	土地面积/km^2	所占比例/%
耕地	136.56	31.89
种植园用地	6.87	1.62
林地	157.93	36.68
草地	67.54	15.61
商业服务业用地	2.24	0.53
工矿用地	25.92	6.10
住宅用地	13.63	3.21
公共管理与公共服务用地	0.90	0.21
特殊用地	0.82	0.19
交通运输用地	9.67	2.27
水域及水利设施用地	2.09	0.49
湿地	0.55	0.13
其他土地	4.57	1.07
辖区总面积	429.28	100.00

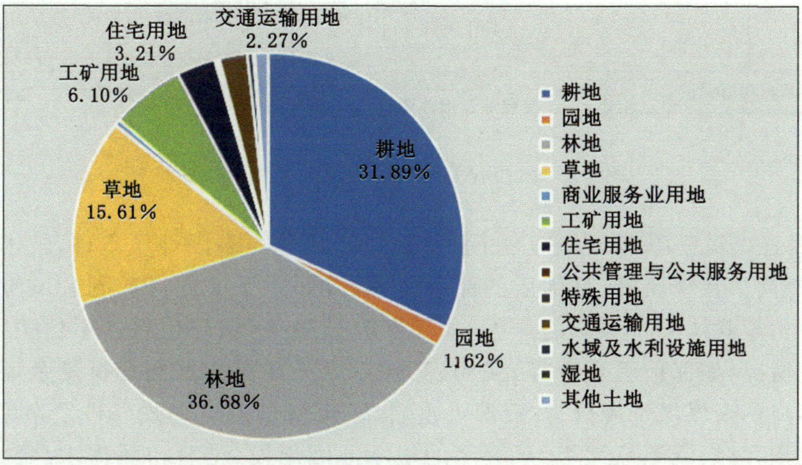

图 6-26 山西省关闭煤矿一般调查区土地利用现状饼图

7 关闭煤矿资源利用前景

7.1 剩余煤炭资源利用前景

本次评价对象为山西省关闭的830座煤矿，但受到有些煤矿年代久远，收集资料困难等因素限制，剩余煤炭资源利用评价主要集中在2016—2020年因去产能政策而关闭的150座煤矿，因此基于本次评价，提取构建了关闭煤矿剩余煤炭评价体系，以期应用于全省其余关闭煤矿剩余煤炭资源的评价(图7-1)，其具体思路如下所述。

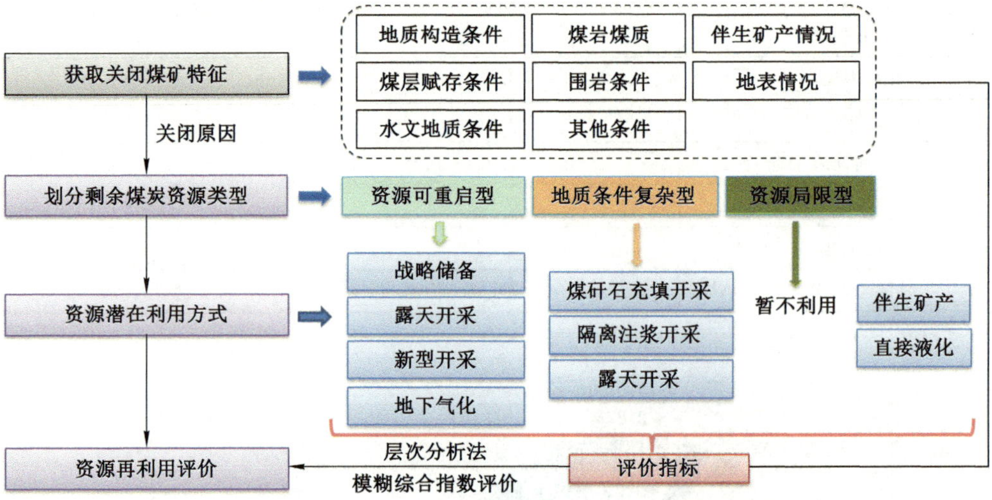

图7-1 山西省关闭煤矿剩余煤炭利用模式

(1) 山西省煤炭资源丰富，煤矿关闭原因多样，部分煤炭因地质条件、技术条件受限而无法开采。然而多数煤质好，是优质的储备能源，因而对于关闭煤矿剩余煤炭的再利用评价，首先需要初步确认关闭煤矿的原因，如因资源枯竭关闭、开采条件不佳关闭、政策去产能关闭、地表情况(如保护组重叠等)关闭、其他原因关闭等。据此分析剩余煤炭资源形成的主要原因，将剩余煤炭资源分为“资源可重启型”煤炭资源、“地质条件复杂型”煤炭资源和“资源局限型”煤炭资源三大类，从关闭的根本原因出发，结合市场需求、经济水平、技术支持等实施可行性高的评价。

(2) 粗略划分煤矿类别后，缩小了评价范围。有针对性地分别开展战略储备资源、地下气化、井下修复性开采、直接液化、煤系伴生矿产资源开采等评价，确定评价指标参数，建立对应的评价指标体系。实际评价中会出现单个矿区有多类别剩余煤炭类别的情况，以主要剩余资源量类别为代表即可。

(3) 指标化评价后,建立对应的综合评价体系,进行关闭煤矿剩余煤炭资源评价。资源再利用的第一步需优先选取潜力大的矿区,即进行典型示范矿区的剩余煤炭资源评价,对示范矿区分区分级开展剩余煤炭资源的利用开采,特别是地下气化的利用方式,对山西省资源转型利用具有一定意义。

7.2 煤层气资源利用前景

目前在关闭煤矿采空区煤层气资源评价、地面钻井技术、抽采工艺、装备研发、技术攻关、标准制定等方面都有一定进展。在晋城矿区采空区共施工 54 口地面抽采井,运行 25 口井,日产气量约 4.5×10^4 m^3。2013 年在晋圣永安宏泰煤矿施工了 1 口废弃矿井煤层气抽采井 JSCK-02 井,并成功实现产气,初始产能达 6 000 m^3/d,经过 6 年的抽采,目前该井仍保持日产气量约 3 000 m^3 水平。西山矿区采空区共施工 56 口地面抽采井,运行 20 口井,日产气量约 3.5×10^4 m^3,主要分布在屯兰、马兰、东曲等矿区。抽采的高浓度煤层气直接并网管输利用,部分低浓度煤层气资源就地提纯利用(赵向东,2020)。针对废弃矿井采空区煤层气抽采浓度差异大的特点,考虑到煤层气抽采安全性和高效性,将废弃矿井采空区煤层气抽采利用分为高浓度($CH_4>30\%$)和低浓度($CH_4\leqslant30\%$)煤层气抽采利用技术体系(图 7-2)。

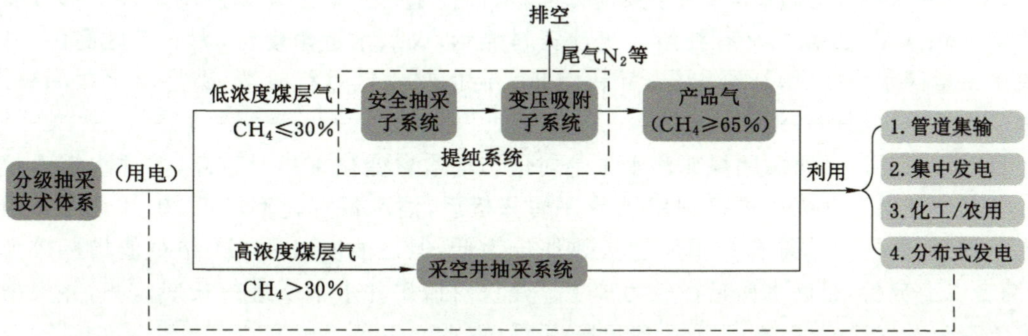

图 7-2 关闭采空区煤层气分级抽采利用技术体系示意图(赵向东,2020)

山西省关闭煤矿煤层气资源主要集中分布于阳泉矿区、晋城矿区中。晋城矿区演礼、天安圣华等高瓦斯关闭煤矿采空区为 3 号煤层单层采空区,矿井面积及采空区面积小,呈相对分散分布,采空区煤层气资源量有限,但深部 15 号未动用煤层原位煤层气资源较丰富,可以考虑采空区地面直井抽采或过采空区下部煤层气抽采方式。晋城矿区东部集中分布的凤凰山、古书院、王台铺 3 个低瓦斯关闭煤矿采空区煤层气资源量较大,垂向上存在 3 号、9 号、15 号煤层三层采空区,3 号煤层采空区埋深主体介于 100～200 m,9 号、15 号煤层采空区基本垂向叠置,面积大、相互连通,埋深主体介于 200～400 m,15 号煤层的煤层气含量介于 1.11～2.71 m^3/t,处于氮气至甲烷带。可以选择错开 3 号煤层采空区,施工地面直井抽采 9 号、15 号煤层采空区煤层气资源。阳泉矿区富鑫、泰昌、燕龛高瓦斯关闭煤矿垂向上虽然存在多层采空区,但以 15 号煤层采空区为主,采空区面积小,分布相对分散,采煤方法落后,工作面回采率低,15 号煤层采空区地面直井抽采为最佳选择。三矿、南庄煤矿 3 号煤层采空区时间久远(大于30年),逸散严重,12号、15号煤层以长壁式综采为主,工作面回采率高,采空区连续分布,但甲烷浓度不高,可开展地面直井或L型井抽采方式,后者沟通侧向采空区群,从而减少施工成本、提高抽采效率。此外,矿井中原位煤层气资源丰富,在靠近原位煤层的采空区,可考虑采空区煤层气与水平邻近原位煤层气合采。

7.3 矿井水资源利用前景

(1) 各矿区前景概述

大同矿区的大小煤矿主要集中在口泉沟和云岗沟及其两侧。本区的主要水系是口泉河和十里河,它们也是生活污水、工业废水及矿井排水的主要出口。本区有重要的工业区。地面水污染较为严重,这是由于工矿企业生产及居民生活废水排入河道,废渣堆放于河谷。环境部门相关监测结果显示,本区大部分河流为劣V类水质,基本上失去使用功能。大部分矿井水经过沉淀、过滤处理后,用于井下喷雾、注水、灌浆、灭火、机组冷却、冲刷地面等。这部分矿井水将随煤炭带走、蒸发、消耗外,大部分又流回矿井的中央水仓,被循环利用。部分矿井水经过处理后用于绿化、地面生产、生活用水,其余外排。统计资料表明,大同煤矿集团公司矿井总涌水量 5.1×10^4 m^3/d,利用量 3.1×10^4 m^3/d,外排量 2×10^4 m^3/d,矿井水的利用大有潜力。前期不能利用的水资源可以用于开展生态环境建设,待形成良性循环后,维护用水将大为减少,再用于其他方面,从而使生态及矿区建设协调发展。部分煤矿的采空区积水量大,且积水有补给。统计资料显示,仅从水量角度看,大同矿区高山、马营等煤矿采空区水量较大,补给充分,可利用开采后的采空区进行改造,满足储水空间要求,使之成为地下水源储备地。

目前阳泉矿区8座关闭煤矿涌水量绝对值与涌水量变化率相对较高,矿井水潜力较为一般。其中在对万和兴矿进行利用风险评估分析后,涌水量变化率较低,矿井水可利用量较大,pH值波动适中,综合利用风险指数评价为低,但是浊度以及pH相对值指标较为一般,综合以上分析,目前水质指标较为理想。建议对该矿井水水质进行长期监测,并根据用水单位需求及水质标准,将其复用于工业、生活、农业与生态。

晋城矿区主要充水水源有:径流至本区的地表水、第四系松散层孔隙水、基岩裂隙水、煤系中薄层灰岩岩溶水、中奥陶系岩溶裂隙水、老窑水等。矿区内矿井涌水量变化率相对其余矿区较低,由晋城矿区古书院矿、北岩煤矿综合风险评价指标分析可知,古书院矿水质指标较差,需要进行深度处理才能达到利用要求。北岩煤矿涌水量绝对值最高且矿井涌水量变化率较低,pH相对值、浊度等水质指标较好,矿化度指标较差。建议对矿区关闭煤矿水质进行长期监测。目前,北岩煤矿矿井水可重点针对高矿化度这一异常水质指标进行处理,使之满足用水需求。

潞安、武夏矿区是我国严重缺水的矿区,在矿区内普遍存在缺水和排水的矛盾问题,矿井水资源化利用意义重大。矿井排水是潞安、武夏矿区长期、可靠、稳定的水资源。由上述分析可以得到,潞安、武夏矿区矿井水的水质、水量、技术与经济等各个方面都为区内矿井水的治理及综合利用提供了有利的条件,为潞安、武夏矿区矿井水资源化奠定了基础。

西山矿区太原南峪煤矿涌水量较高,涌水量变化率适中,水量较稳定;水质方面,有毒物质含量低,pH相对值低,但浊度、矿化度高。建议对南峪煤矿水质进行长期监测,可以对矿坑水进行去悬浮物与除盐等处理，根据相应的水质标准，将其用于工业用水、农业用水或者灌溉景观用水等。

山西霍州矿区是我国优质的焦煤主产基地之一，地处霍西煤田中南部，矿区内水源充足、矿藏丰富，交通运输便利。区内地下水流场属于汾河流域，位于郭庄泉域径流排泄区，水文地质条件复杂，构造纵横交错，历来是山西受水害威胁极其严重的矿区之一。近年来，随着霍州矿区潜藏煤炭资源的不断枯竭，开采深度不断向深部带压区域延伸，随之而来的煤炭资源、岩溶水害与水资源破坏之间的矛盾愈发不可调和。部分矿的采空区积水量大，且积水有补给。统计资料显示，仅从水量角度看，与大同矿区类似，霍州矿区丰峪、天煜新星等矿采空区水量较大，补给较为充分，可对开采后的采空区进行改造，满足储水空间要求，使之成为地下水源储备地。

(2) 矿井水开发前景评价

山西省水资源总量在全国各省(区、市)中居倒数第二位，水资源多年平均总量为116.1 亿 m^3，人均水资源量低于 500 m^3，属于极度缺水地区。因此，充分开发利用关闭煤矿矿井水对缓解山西省用水紧张局面具有十分重要的意义。

矿井水是否适于开发，除水资源量满足条件外，仍需要具体考虑属地水资源供给需求状况、环境保护管控界线、泉域水源地保护区划、水资源监管政策及关闭煤矿影响范围等因素。本次从关闭煤矿影响范围和泉域水源地保护区划两个方面考虑，对满足资源条件，即富水程度等级在中等之上且矿井无正在开采的煤层及不在保护区范围内的关闭矿井进行统计与初步的概略性评价(表 7-1)。目前，国内外对废弃(关闭)矿井水的开发利用方向主要有以下 4 个方面：建立储备水源地(地下水库)、矿井水地热资源开发利用、构建矿井水资源化供水体系和地下污水处理中心建设。

表 7-1 关闭煤矿富水程度在中等以上的矿井信息统计

矿区	矿井简称	采空蓄积/(万 m^3)	推测预估动储量/(m^3/h)	评估等级	开发条件
大同矿区	山西右玉元堡煤业	1 889.35	156	强	适宜
平朔矿区	山西中煤杨涧煤业	1 598.32	68	中等	适宜
平朔矿区	山西中煤西沙河煤业	1 124.24	58	中等	适宜
晋城矿区	王台铺矿	846.93	880	强	适宜
大同矿区	山阴金海洋高山煤业	789.62	210	强	适宜
阳泉矿区	盂县万和兴煤业	714.10	25	中等	适宜
阳泉矿区	平定古州富鑫煤业	369.12	38	中等	适宜
西山矿区	新桃园煤矿	367.70	30	中等	适宜
大同矿区	山阴金海洋马营煤业	354.77	38	中等	适宜
西山矿区	太原西峪煤矿	354.62	209	强	适宜
轩岗矿区	潞宁大木厂煤业	317.96	60	中等	适宜
霍州矿区	丰峪煤业	299.68	250	强	适宜
霍州矿区	蒲县天煜新星煤业	257.23	39	中等	适宜

表 7-1(续)

矿区	矿井简称	采空蓄积/(万 m^3)	推测预估动储量/(m^3/h)	评估等级	开发条件
晋城矿区	翼城下交煤业	233.99	47	中等	适宜
西山矿区	山西西山白家庄矿业	226.79	434	强	适宜
潞安矿区	赵屋煤业	205.27	42	中等	适宜
轩岗矿区	原平龙矿盘道煤业	200.32	75	中等	适宜
东山矿区	太原东山煤矿	194.50	620	强	适宜
西山矿区	太原南峪煤业	160.88	230	强	适宜
霍东矿区	晋辽下辛佛煤业	145.11	50	中等	适宜
平陆煤产地	大金禾乌金煤业	143.71	33	中等	适宜
轩岗矿区	石豹沟煤矿长梁沟井田	142.10	68	中等	适宜
武夏矿区	三元古韩永丰煤业	138.88	50	中等	适宜
晋城矿区	店上煤业	115.01	135	中等	适宜
晋城矿区	北岩煤矿	95.74	300	强	适宜
离柳矿区	王家焉煤业	92.40	37	中等	适宜
东山矿区	长沟矿	89.00	68	中等	适宜
潞安矿区	山西潞安小南村煤业	51.78	80	中等	适宜
晋城矿区	晋圣七岭煤业	47.52	86	中等	适宜
潞安矿区	山西潞安石圪节煤业	47.25	120	强	适宜
晋城矿区	凤凰山矿	30.10	648	强	适宜
石隰矿区	赵家沟煤业	21.43	34	中等	适宜
阳泉矿区	燕龛煤矿	21.40	55	中等	适宜
轩岗矿区	同轩榆树底煤业	17.96	38	中等	适宜
西山矿区	嘉乐泉煤矿	14.60	75	中等	适宜
阳泉矿区	鸿泰煤业	13.83	41	中等	适宜
晋城矿区	古书院矿	13.63	570	强	适宜
阳泉矿区	南庄煤矿	7.60	85	中等	适宜
岚县矿区	潞宁大汉沟煤业	2.54	160	强	适宜
岚县矿区	潞宁忻岭煤业	2.37	32	中等	适宜
霍东矿区	山西古县晋辽柳沟煤业	2.18	83	中等	适宜
霍东矿区	山西梅园嘉元煤业	0.04	40	中等	适宜

7.4 其他资源利用前景

7.4.1 伴生矿产资源

由山西省剩余煤炭煤系伴生矿产分析结果可知，北部的大同矿区伴生锂矿产、镓矿产潜力大，且相应剩余煤炭资源量相对较高，可作为剩余煤炭煤系伴生矿产潜在有利矿区。南部的晋城矿区部分关闭煤矿可作为煤系伴生高岭土矿产有利矿区。煤系伴生铝矿产资源潜力大，总体来看，煤灰中含有的 Al_2O_3 含量在 33%～39%之间（孙富民等，2016），且高铝煤矸石主要分布在大同、阳泉、晋城矿区。山西省煤中锗含量低，不适合作为煤系伴生锗矿产有利矿区，但稀土资源有待进一步挖掘，目前山西省未查明稀土资源储量，且因为稀土元素赋存的特殊性，从中分离难度大，但煤中稀土元素含量不低，对于关闭煤矿 REE 含量特征有待进一步分析测试确定，关闭煤矿中稀土资源开发利用前景广阔。此外，关于煤中放射性铀的富集，在大同矿区北部煤中铀的含量一般为 5.0～92.0 μg/g，部分已经超过了建议工业指标（40 μg/g）。山西省煤矿顶底板大部分为砂岩，是铀矿富集的良好场所，因此对于关闭煤矿内铀矿的利用还需要开展深入的调查研究。

7.4.2 地下空间资源

大同矿区井下空间主要集中于大同市南郊区矿区内，矿区内井巷空间围岩多为坚硬致密砂岩，围岩稳定性较好。大同矿区建设有山西省内第一个国家级矿山公园，其发展起步较早，晋华宫国家矿山公园与云冈石窟景区相邻，成为石窟景区的配套旅游项目，促进了当地的旅游业发展。但当前利用技术体系不成熟，井下的空间利用需求不高，大同地区其他关闭矿井空间资源利用上没有取得较好的发展。大同矿区主采煤层有“两硬”（煤层硬、顶底板岩层硬），为井巷空间提供了良好的围岩稳定环境，稳定的井巷空间有利于作为空气压缩储能电站、战备资源存储库。

霍州矿区水文地质条件较为复杂，井巷空间存在积水，可对矿区内条件稳定区域进行详细勘探，选取有利区建设关闭煤矿地下水库。西山矿区内部分关闭煤矿已进行地下空间开发利用规划，白家庄矿关停后，保留矿山开采工业遗迹，转型开发建设为太原西山国家矿山公园。太原西山国家矿山公园项目是全国唯一地处省会城市的国家级矿山公园，打造全国性关闭煤矿资源利用示范园区，促进太原区域经济转型发展，同时进行生态环境修复。西山、东山关闭煤矿地下空间利用围绕西山国家矿山公园周边需求及太原市区开发利用需求进行规划，可实现资源的合理开发。

阳泉矿区属于山西沁水煤田，煤层气储量丰富，建议利用关闭煤矿井巷空间建设地下储气库，目前国内在关闭煤矿遴选、储气压力确定、井筒封闭、储气能力计算等关键技术方面取得了一定的研究成果，提出了关闭煤矿地下储气库建设对地层渗透率和孔隙度、漏气通道密封、极限压力控制等关键技术指标，这在加快阳泉矿区关闭煤矿转型国家战略能源储库方向提供了技术支撑。

潞安矿区石圪节煤矿具有深厚的历史文化积淀和光荣的革命传统，有近百年开采历史，呈现了从手工开采到炮采、普采到综采的历史脉络，成为中国煤矿发展的历史缩影。在中国革命和煤炭行业发展的各个历史时期都做出了具有突破性、传奇性的杰出贡献，形成了具备完整发展脉络的石圪节精神，可依托井下空间进行工业遗产的保护和开发。

晋城矿区关闭煤矿资源多分布于晋城市区周边，以北岩、凤凰山、古书院、王台铺等中大型煤矿为代表，其矿井井巷空间资源储量较大，开发需求性高，可对其范围内井田地质条件进行详查，有针对性地提出详细、合理、可持续的地下空间开发利用方案，建设晋城市关闭煤矿"城市区域"地下空间资源开发利用示范区。

综上所述，山西省关闭煤矿各类剩余资源丰富，建议向对口管理机构呈报专报，推动关闭煤矿剩余资源开发利用规划方案编制工作。经初步潜力评价已获得典型剩余资源的资源量，建议下一步选择典型煤矿、典型资源、典型利用方式开展更为精细的评价和研究工作，为精准开发利用奠定基础。值得说明的是，关闭煤矿各类资源利用均存在一定风险，建议同步开展有针对性的风险评估和生态安全评估，为精准开发利用做好风险控制。

参考文献

曹代勇，钱光谟，关英斌，等，1998. 晋获断裂带发育对煤矿区构造的控制[J]. 中国矿业大学学报，27(1)：5-8.

曹腾飞，2021. 潞安矿区煤层气产能差异的地质控制[D]. 徐州：中国矿业大学.

陈崇域，2018. 山西榆社—武乡区块太原组“三气”储层特征与叠置成藏研究[D]. 徐州：中国矿业大学.

崔炳玉，崔红英，2007. 气候变化和人类活动对于滹沱河区水资源变化的影响[J]. 山西水利科技(1)：64-66.

崔艳，2018. 我国煤系共伴生矿产资源分布与开发现状[J]. 洁净煤技术，24(增刊1)：27-32.

董清雷，2004. 山西省石炭纪本溪期铝土矿成因及成矿规律探讨[J]. 华北国土资源(1)：33-36.

杜景卫，2015. 潞安矿区低渗煤层孔隙特征研究[D]. 焦作：河南理工大学.

傅雪海，秦勇，周荣福，等，2005. 采动影响区煤层动态含气量数值模拟[J]. 天然气地球科学，16(3)：359-362.

郭建军，2022-11-01. 山西十年来累计煤炭产量约占全国的1/4[N]. 中国经济导报(4).

郭万忠，程岳宏，高宇平，等，2015. 大同煤田构造特征及太原组赋煤边界[J]. 煤田地质与勘探，43(5)：1-7.

虎维岳，周建军，闫兰英，2010. 废弃矿井水位回弹诱致环境与安全灾害分析[J]. 西安科技大学学报，30(4)：436-440.

黄温钢，王作棠，许豫，2015. 中国残留煤资源分布特征研究[J]. 中国矿业，24(10)：4-9.

李春生，冯月新，刘善斌，2001. 大同煤田北部瓦斯赋存规律[J]. 中国煤田地质，13(4)：22-24.

李俊，2019. 大同云冈沟矿区采空区水资源化技术研究[D]. 淮南：安徽理工大学.

李日富，2014. 采动影响稳定区煤层气储层及资源量评估技术的研究与应用[D]. 重庆：重庆大学.

李兴，2008. 大同矿区现采侏罗系煤层瓦斯治理初探[J]. 山西煤炭，28(4)：42-43.

李阳，张浪，舒龙勇，等，2014. 潞安矿区煤储层特征及瓦斯含量分布规律研究[J]. 煤炭科学技术，42(12)：65-69.

李志勇，2010. 太原西山矿区煤层瓦斯赋存特征[J]. 山西焦煤科技，34(1)：34-36.

梁寅娇，2015. 山西省平原区孔隙地下水脆弱性评价[J]. 山西水利，31(5)：17-18.

令狐建设，闫志铭，徐超，2020. 阳泉矿区差异地质构造对煤体突出物性参数的影响[J]. 煤矿安全，51(9)：20-23.

刘东娜，2015. 大同双纪含煤盆地煤变质作用与沉积—构造岩浆活动的耦合关系[D]. 太原：

太原理工大学.
刘东娜,曾凡桂,赵峰华,等,2018.山西省煤系伴生三稀矿产资源研究现状及找矿前景[J].煤田地质与勘探,46(4):1-7.
刘汉斌,李淼,郭彦霞,等,2017.宁武煤田煤炭共伴生矿产分布特征和前景分析[J].能源与环保,39(7):59-64.
刘汉斌,张亚宁,程芳琴,2019.山西关闭煤矿资源利用现状及开发利用建议[J].煤炭经济研究,39(10):78-82.
刘埔,孙亚军,2011.闭坑矿井地下水污染及其防治技术探讨[J].矿业研究与开发,31(4):91-95.
刘小峰,刘帅帅,2018.潞安矿区3号煤煤层气储层物性综合评价[J].中国煤层气,15(6):34-39.
刘正,2014.山西省煤层气资源量及可采潜力[J].中国煤炭地质,26(9):17-23.
陆刚,2010.衰老矿井残煤可采性评价与复采技术研究[D].徐州:中国矿业大学.
吕华,刘洪量,马振民,等,2005.淄博市洪山、寨里煤矿地下水串层污染形成原因及防治[J].中国煤田地质,17(4):24-27.
孟召平,师修昌,刘珊珊,等,2016.废弃煤矿采空区煤层气资源评价模型及应用[J].煤炭学报,41(3):537-544.
倪倩,2015.山西煤田构造及控煤构造特征[J].西部探矿工程,27(9):113-116.
潘玥,刘勇,徐红霞,等,2018.徐州东部废弃矿井地下水化学及其时空演化特征分析[J].高校地质学报,24(2):257-262.
逄建东,王震,姚长华,等,2016.岩浆活动对西山煤田煤层含气量的控制作用[J].科技通报,32(3):29-33.
秦可敏,2019.大同矿区煤中有害微量元素的赋存特征及其环境效应[D].徐州:中国矿业大学.
任辉,吴国强,宁树正,等,2018.加快关闭煤矿煤层气资源开发利用的思考与建议[J].中国煤炭地质,30(11):1-4.
苏育飞,张庆辉,胡晓兵,2020.山西省关闭煤矿资源普查方法及资源开发利用重要性评述[J].中国煤炭地质,32(9):79-87.
孙富民,张绍韡,王进纲,2016.山西省煤炭中共伴生矿产资源开发利用研究[J].煤炭经济研究,36(11):22-25.
孙腾,潘结南,邓晓伟,2016.潞安矿区构造-热演化特征[J].煤田地质与勘探,44(6):45-50.
孙玉壮,赵存良,李彦恒,等,2014.煤中某些伴生金属元素的综合利用指标探讨[J].煤炭学报,39(4):744-748.
唐军,2018.山西省重点煤矿区煤层气开发单元划分:以晋城和阳泉矿区为例[D].徐州:中国矿业大学.
唐跃刚,程爱国,王海生,等,2013.山西省太原组和山西组煤质特征分析[J].煤炭科学技术,41(7):10-15.
王连国,陆银龙,杨新华,等,2010.霍州矿区地应力分布规律实测研究[J].岩石力学与工程学报,29(增1):2768-2774.

王胜利，2020. 山西省地下水资源类型及分布特征[J]. 中国水利(5)：12-14.
王昕，2013. 2014 年：山西煤炭工业发展报告[M]. 太原：山西经济出版社.
王耀锋，2020. 中国煤矿瓦斯抽采技术装备现状与展望[J]. 煤矿安全，51(10)：67-77.
王银川，李昭坤，翟自峰，等，2011. 山西本溪组铝土矿成矿条件及成矿规律探讨[J]. 西北地质，44(4)：82-88.
卫彦升，冯志强，闫涛，等，2022. 华北板块中部中生代构造演化：以山西为例[J]. 吉林大学学报(地球科学版)，52(4)：1127-1152.
文光才，孙海涛，李日富，等，2018. 煤矿采动稳定区煤层气资源评估方法及其应用[J]. 煤炭学报，43(1)：160-167.
吴艳，贾建称，2016. 晋城矿区(中区)煤储层渗透率影响因素及变化规律研究[J]. 中国煤炭地质，28(6)：35-41.
夏鹏，曾凡桂，宋晓夏，2019. 西山煤田古交矿区煤层气分布模式及开发效果评价[J]. 煤炭科学技术，47(1)：245-254.
谢和平，高明忠，刘见中，等，2018. 煤矿地下空间容量估算及开发利用研究[J]. 煤炭学报，43(6)：1487-1503.
薛圆圆，2014. 阳泉五矿 15＃煤瓦斯赋存规律与控制因素[D]. 徐州：中国矿业大学.
晏达宇，2004. 我国煤系共伴生矿产资源概况及开发利用的意义[J]. 煤炭加工与综合利用(6)：44-47.
杨飞，2019. 山西省老空突水的水文地质结构模式与致灾机制[D]. 徐州：中国矿业大学.
杨晶晶，2013. 平朔煤灰中铝和锂综合提取工艺研究[D]. 邯郸：河北工程大学.
杨兆彪，唐军，李国富，等，2018. 山西省典型煤炭国家规划矿区煤层气储层物性对比[J]. 煤炭科学技术，46(6)：34-39.
袁亮，姜耀东，王凯，等，2018. 我国关闭/废弃矿井资源精准开发利用的科学思考[J]. 煤炭学报，43(1)：14-20.
袁亮，杨科，2021. 再论废弃矿井利用面临的科学问题与对策[J]. 煤炭学报，46(1)：16-24.
袁瑞强，龙西亭，王鹏，等，2015. 山西省降水量时空变化及预测[J]. 自然资源学报，30(4)：651-663.
袁远，曹代勇，林中月，等，2011. 大同煤田构造控煤特征研究[J]. 中国煤炭地质，23(8)：63-65.
曾玲，孙晓光，崔少华，等，2019. 西山煤田构造-水文地质对煤层气成藏的控制作用[J]. 煤炭科学技术，47(9)：80-88.
张广慧，2008. 2008 年：山西煤炭工业发展报告[M]. 山西：山西经济出版社.
张慧，2001. 煤孔隙的成因类型及其研究[J]. 煤炭学报，26(1)：40-44.
张农，阚甲广，王朋，2019. 我国废弃煤矿资源现状与分布特征[J]. 煤炭经济研究，39(5)：4-8.
赵向东，2020. 山西省废弃矿井采空区煤层气地面抽采实践[J]. 中国煤层气，17(1)：35-38.
赵玉杰，2021. 高阳煤矿矿山地质环境评价与治理研究[D]. 太原：太原理工大学.